中学基礎がため100%

できた! 中1数学

関数・図形・データの活用

関数・図形・データの活用 本書の特長と使い方

本シリーズは，十分な学習量による繰り返し学習を大切にしているので，
中1数学は「計算」と「関数・図形・データの活用」の2冊構成となっています。

1 例などを見て，解き方を理解	新しい解き方が出てくるところには「例」がついています。 1問目は「例」を見ながら，解き方を覚えましょう。
2 1問ごとにステップアップ	問題は1問ごとに少しずつレベルアップしていきます。 わからないときには，「例」や少し前の問題などをよく見て考えましょう。
3 答え合わせをして，考え方を確認	別冊解答には，「答えと考え方」が示してあります。 解けなかったところは「考え方」を読んで，もう一度やってみましょう。

▼ 問題ページ

新しい内容は，
例を見ながら問題を解く。

答えを直接書き込む
《書き込み式》

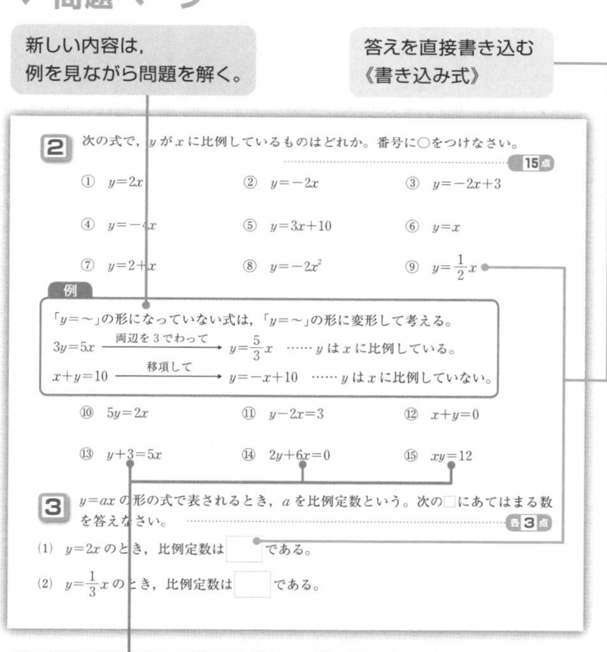
2 次の式で，y が x に比例しているものはどれか。番号に○をつけなさい。 15点

① $y=2x$　② $y=-2x$　③ $y=-2x+3$
④ $y=-4x$　⑤ $y=3x+10$　⑥ $y=x$
⑦ $y=2+x$　⑧ $y=-2x^2$　⑨ $y=\frac{1}{2}x$

例
「$y=\sim$」の形になっていない式は，「$y=\sim$」の形に変形して考える。
$3y=5x$ →(両辺を3でわって) $y=\frac{5}{3}x$ ……y は x に比例している。
$x+y=10$ →(移項して) $y=-x+10$ ……y は x に比例していない。

⑩ $5y=2x$　⑪ $y-2x=3$　⑫ $x+y=0$
⑬ $y+3=5x$　⑭ $2y+6x=0$　⑮ $xy=12$

3 $y=ax$ の形の式で表されるとき，a を比例定数という。次の□にあてはまる数を答えなさい。 各3点

(1) $y=2x$ のとき，比例定数は □ である。
(2) $y=\frac{1}{3}x$ のとき，比例定数は □ である。

問題は1問ごと，1回ごとに少しずつステップアップ。

▼ 別冊解答

わからなかったところは別冊解答の
「答」と「考え方」を読んで直す。

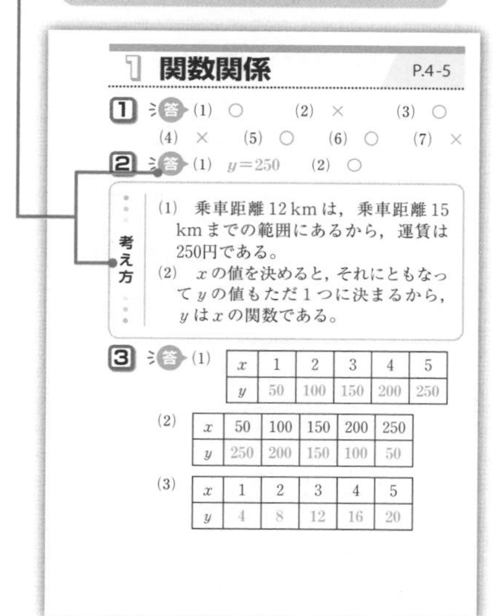
1 関数関係 P.4-5

1 答 (1) ○　(2) ×　(3) ○　(4) ×　(5) ○　(6) ○　(7) ×

2 答 (1) $y=250$　(2) ○

考え方
(1) 乗車距離12 kmは，乗車距離15 kmまでの範囲にあるから，運賃は250円である。
(2) x の値を決めると，それにともなって y の値もただ1つに決まるから，y は x の関数である。

3 答 (1)

x	1	2	3	4	5
y	50	100	150	200	250

(2)

x	50	100	150	200	250
y	250	200	150	100	50

(3)

x	1	2	3	4	5
y	4	8	12	16	20

問題の途中に，下記マークが出てきます。
それぞれには，たいせつなことがらが書かれていますから役立てましょう。

- Memo ……… は暗記しておくべき公式など
- ポイント ……… はここで学習する重要なポイント
- ヒント ……… は問題を解くためのヒント
- 注意 ……… は間違えやすい点

関数・図形・データの活用

中1数学
計算のご案内

正の数・負の数の加法・減法 / 乗法・除法，
正の数・負の数の四則，素因数分解，文字を使った式，
式の値，式の計算，関係を表す式，方程式，
1次方程式の解き方，1次方程式の応用，比例式

『教科書との内容対応表』から，自分の教科書の部分を切りとってここにはりつけ，学習するときのページ合わせに活用してください。

1 関数関係

月　　日　　　点　　答えは別冊2ページ

ポイント

xの値を決めると，それにともなってyの値もただ1つ決まるとき，

　　yはxの関数である

という。xの値を決めても，yの値がただ1つに決まらなければ，yはxの関数であるとはいわない。また，このx，yのように，いろいろな値をとる文字を，変数という。

1 次のxとyの関係のうち，yがxの関数であるものには○を，そうでないものには×を，それぞれ[　]の中に書きなさい。　各5点

(1) 重さ10gの消しゴムx個の重さをygとする。　[　　]

(2) 年齢(ねんれい)がx歳(さい)の人の身長を$y$cmとする。　[　　]

(3) 縦$x$cm，横$y$cmの長方形の面積が24cm^{2}となる。　[　　]

(4) 周りの長さが$x$cmの長方形の面積を$y$cm^{2}とする。　[　　]

(5) x円の品物を買って，1000円を出したときのおつりをy円とする。　[　　]

(6) 半径$x$cmの円の面積を$y$cm^{2}とする。　[　　]

(7) ある日の気温がx度のとき，その日の水道の使用量をyLとする。　[　　]

2 ある鉄道の運賃は，右の表のように乗車距離(きょり)によって変わる。乗車距離を$x$km，運賃をy円として，次の問いに答えなさい。　各8点

乗車距離	運賃
3kmまで	150円
6kmまで	180円
10kmまで	210円
15kmまで	250円
20kmまで	300円

(1) $x=12$のときのyの値を求めなさい。

[　　　]

(2) yがxの関数であれば○を，そうでなければ×を，[　]の中に書きなさい。　[　　　]

3

次の x と y の関係で，それぞれ y は x の関数である。x の値に対応する y の値を求め，下の表を完成させなさい。 各5点

(1) 50円の鉛筆(えんぴつ)を x 本買ったときの代金 y 円

x	1	2	3	4	5
y					

(2) 300ページの本を x ページ読んだとき，残りのページ数 y ページ

x	50	100	150	200	250
y					

(3) 時速 4 km で x 時間歩いたとき，歩いた道のり y km

x	1	2	3	4	5
y					

(4) 面積が $60\,cm^2$ の長方形の横の長さ x cm と，そのときの縦の長さ y cm

x	3	4	5	6	10
y					

(5) 1 辺の長さが x cm の正方形の面積 $y\,cm^2$

x	1	2	3	4	5
y					

4

右の図の正三角形で，1 辺の長さを x cm，周りの長さを y cm として，次の問いに答えなさい。 各8点

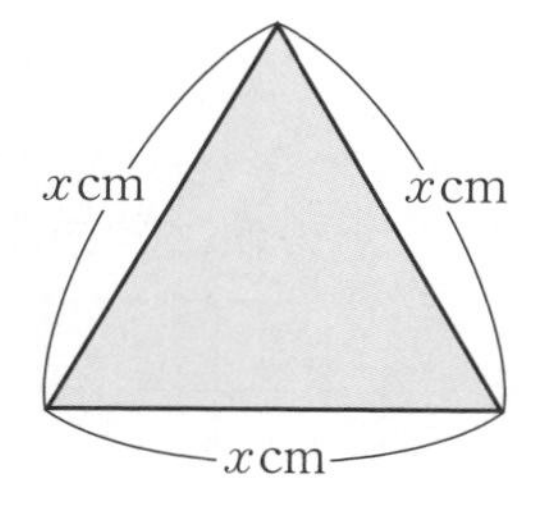

(1) x の値に対応する y の値を求め，下の表を完成させなさい。

x	1	2	3	4	5
y					

(2) y を x の式で表しなさい。 [ ]

(3) y が x の関数であれば○を，そうでなければ×を，[ ] の中に書きなさい。

[ ]

2 変数と変域

月　日　点　答えは別冊2ページ

1

30Lの水が入る空の水そうに，今から毎分3Lずつ，水そうがいっぱいになるまで水を入れる。今からx分後の水そうの中の水の量をyLとするとき，次の問いに答えなさい。

(1)〜(3) 各4点　(4)，(5)□ 各3点

(1) xの値に対応するyの値を求め，下の表を完成させなさい。

x	0	1	2	3	4	5	6	7	8	9	10
y	0	3									

(2) yをxの式で表しなさい。　[　　　　]

(3) 上の表は，なぜxが10までの欄(らん)しかないのか答えなさい。

[　　　　]

(4) 変数yは□以上，□以下の範囲(はんい)に限られる。□の中をうめなさい。

Memo 覚えておこう

この例のように，変数にはとりうる値の範囲が限られる場合がある。
変数のとりうる値の範囲を，変域という。
この例では，yの変域を，$0 \leqq y \leqq 30$と書き表す。

(5) 上と同じように，□の中をうめて，xの変域を求めなさい。

□$\leqq x \leqq$□

2

A地点から30km離(はな)れたB地点まで時速5kmで歩いた。出発してからの時間をx時間，進んだ道のりを$y$kmとするとき，次の問いに答えなさい。

(1)〜(3) 各5点　(4)□ 各2点

(1) xの値に対応するyの値を求め，下の表を完成させなさい。

x	0	1	2	3	4	5	6
y							

(2) yをxの式で表しなさい。　[　　　　]

(3) B地点に着くのに何時間かかるか答えなさい。　[　　　　]

(4) 次の□の中をうめて，x，yの変域をそれぞれ求めなさい。

□$\leqq x \leqq$□，□$\leqq y \leqq$□

3

360ページある本を1日40ページずつ読み進んだ。読んだ日数を m 日，読み終わったページ数を n ページとするとき，次の問いに答えなさい。

(1)〜(3) 各5点　(4)□ 各2点

(1) m の値に対応する n の値を求め，下の表を完成させなさい。

m	0	1	2	3	4	5	6	7	8	9
n										

(2) n を m の式で表しなさい。

[　　　　]

(3) 全部読み終わるのに何日かかるか答えなさい。

[　　　　]

(4) 次の□の中をうめて，m，n の変域をそれぞれ求めなさい。

□ $\leqq m \leqq$ □，□ $\leqq n \leqq$ □

4

りんごを何個か箱につめていく。箱だけの重さは1.8kgで，りんごを36個つめると箱がいっぱいになる。1個0.2kgのりんご x 個を箱につめたときの全体の重さを y kg とするとき，次の問いに答えなさい。　各5点

(1) y を x の式で表しなさい。

[　　　　]

(2) りんご36個を箱につめたときの全体の重さは何kgか求めなさい。

[　　　　]

(3) x，y の変域をそれぞれ求めなさい。

[　　　　，　　　　]

5

次の変数がとりうる変域を，不等号を使って表しなさい。　各3点

(1) x は1以上，9以下。

[　　　　]

(2) y は−2以上，10未満。

[　　　　]

(3) m は3より大きい。

[　　　　]

(4) n は0より大きく5より小さい。

[　　　　]

(5) z は−3より大きく，2以下。

[　　　　]

3 比　例①

月　日　点　答えは別冊3ページ

1 次の変数 x とそれにともなって変わる変数 y について，下の表を完成させ，y を x の式で表しなさい。また，(4)，(5)の問いに答えなさい。

表各6点　[ ]各5点

(1)　1辺が x cmの正方形の周の長さを y cmとする。

x	1	2	3	4	5	6	7	…
y								…

[　　　　]

(2)　1Lのガソリンで20 km走る自動車が x Lのガソリンで走る距離(きょり)を y kmとする。

x	0	1	2	3	4	5	6	7	…
y									…

[　　　　]

(3)　縦が4 cm，横が x cmの長方形の周の長さを y cmとする。

x	1	2	3	4	5	6	7	8	…
y									…

[　　　　]

(4)　上の3つの例で，x の値が2倍，3倍になると，対応する y の値も2倍，3倍となっているものはどれか。(1)，(2)，(3)の番号で答えなさい。

[　　　　]

(5)　上の3つの例で，$y=ax$ の形の式で表されているものはどれか。(1)，(2)，(3)の番号で答えなさい。

[　　　　]

ポイント

y が x の関数で，$y=ax$ の形の式で表されるとき，y は x に比例するという。

注意 上の(3)のように，$y=ax+b$ の形で表されるとき，y は x にともなって変わる変数であるが，比例するとはいわない。

2 次の式で，y が x に比例しているものはどれか。番号に○をつけなさい。

15点

① $y=2x$　② $y=-2x$　③ $y=-2x+3$

④ $y=-4x$　⑤ $y=3x+10$　⑥ $y=x$

⑦ $y=2+x$　⑧ $y=-2x^2$　⑨ $y=\frac{1}{2}x$

例

「$y=\sim$」の形になっていない式は，「$y=\sim$」の形に変形して考える。

$3y=5x$ —両辺を3でわって→ $y=\frac{5}{3}x$ ……y は x に比例している。

$x+y=10$ —移項して→ $y=-x+10$ ……y は x に比例していない。

⑩ $5y=2x$　⑪ $y-2x=3$　⑫ $x+y=0$

⑬ $y+3=5x$　⑭ $2y+6x=0$　⑮ $xy=12$

3 $y=ax$ の形の式で表されるとき，a を比例定数という。次の□にあてはまる数を答えなさい。

各3点

(1) $y=2x$ のとき，比例定数は □ である。

(2) $y=\frac{1}{3}x$ のとき，比例定数は □ である。

4 次の式で，x，y は変数で他の文字は定数である。比例定数を答えなさい。

各3点

(1) $y=10x$ □　(2) $y=-3x$ □

(3) $y=-2x$ □　(4) $y=x$ □

(5) $y=-x$ □　(6) $y=\frac{1}{2}x$ □

(7) $y=-\frac{1}{4}x$ □　(8) $y=\frac{x}{3}$ □

(9) $y=\frac{2x}{5}$ □　(10) $y=cx$ □

(11) $y=abx$ □　(12) $y=\frac{1}{m}x$ □

4 比　例②

月　日　　点　答えは別冊 3 ページ

1 次の問いに答えなさい。 [ ]，□ 各3点

(1) 右の表をもとに，y を x の式で表しなさい。

x	0	1	2	3	4	5
y	0	5	10	15	20	25

[　　　　]

(2) 次の□の中をうめなさい。

この例において，上の表から比例定数を求めるには，$x=0$，$y=0$ 以外のどれか1組の□の値を□の値でわればよい。

一般(いっぱん)に，y が x に比例するときの比例定数を求めるには，どれか1組の□の値を□の値でわればよい。

(3) 比例定数を求めなさい。 [　　　　]

2 次の問いに答えなさい。 [ ] 各3点

(1) y は x に比例し，$x=3$ のとき $y=12$ である。

① 比例定数を求めなさい。 [　　　　]
② y を x の式で表しなさい。 [　　　　]

(2) n は m に比例し，$m=5$ のとき $n=10$ である。

① 比例定数を求めなさい。 [　　　　]
② n を m の式で表しなさい。 [　　　　]

(3) y は x に比例し，$x=2$ のとき $y=-12$ である。

① 比例定数を求めなさい。 [　　　　]
② y を x の式で表しなさい。 [　　　　]

(4) y は x に比例し，$x=10$ のとき $y=4$ である。

① 比例定数を求めなさい。 [　　　　]
② y を x の式で表しなさい。 [　　　　]

(5) y は x に比例し，$x=-15$ のとき $y=-5$ である。

① 比例定数を求めなさい。 [　　　　]
② y を x の式で表しなさい。 [　　　　]

3 次の問いに答えなさい。 [ ]各4点

(1) y は x に比例し，$x=100$ のとき $y=300$ である。

① y を x の式で表しなさい。

[ ]

② $x=0$ のときの y の値を求めなさい。

[ ]

③ $x=-2$ のときの y の値を求めなさい。

[ ]

(2) y は x に比例し，$x=-2$ のとき $y=10$ である。

① y を x の式で表しなさい。

[ ]

② $x=0$ のときの y の値を求めなさい。

[ ]

③ $x=10$ のときの y の値を求めなさい。

[ ]

④ $y=30$ のときの x の値を求めなさい。

[ ]

(3) n は m に比例し，$m=4$ のとき $n=-8$ である。

① n を m の式で表しなさい。

[ ]

② $m=2$ のときの n の値を求めなさい。

[ ]

③ $n=-10$ のときの m の値を求めなさい。

[ ]

(4) y は x に比例し，$x=24$ のとき $y=4$ である。

① y を x の式で表しなさい。

[ ]

② $x=9$ のときの y の値を求めなさい。

[ ]

③ $y=-30$ のときの x の値を求めなさい。

[ ]

5 比　例③

月　日　点　答えは別冊3ページ

1 次の y を x の式で表し，y が x に比例している場合には，比例定数を求めなさい。ただし，y が x に比例しないものが1つだけある。その場合には，比例定数の[　]の中に×を書きなさい。 [ ] 各3点

(1) 時速20kmで進んだとき，かかった時間 x 時間と進んだ道のり y km

①式 [　　　　]　②比例定数 [　　　　]

(2) 1個50gの卵が x 個あるときの重さの合計 y g

①式 [　　　　]　②比例定数 [　　　　]

(3) 生徒にみかんを1個ずつ配るとき，生徒の人数 x 人と配るのに必要なみかんの個数 y 個

①式 [　　　　]　②比例定数 [　　　　]

(4) 縦が x cm，横が $2x$ cmの長方形の面積 y cm^2

①式 [　　　　]　②比例定数 [　　　　]

(5) 直径が x mの円の円周の長さ y m(円周率は π とする。)

①式 [　　　　]　②比例定数 [　　　　]

(6) 50円の鉛筆(えんぴつ)を x 本と120円のノートを x 冊買ったときの代金の合計 y 円

①式 [　　　　]　②比例定数 [　　　　]

(7) 縦が x cm，横が $2x$ cmの長方形の周の長さ y cm

①式 [　　　　]　②比例定数 [　　　　]

2 15Lのガソリンで240km走る自動車がある。ガソリンの使用量と走行距離（きょり）が比例するとして，次の問いに答えなさい。 [ ]各6点

(1) ガソリン1Lあたりの走行距離は何kmか求めなさい。

[ ]

(2) ガソリンの使用量xLと走行距離$y$kmの関係を式で表しなさい。また，比例定数を求めなさい。

①式 [ ] ②比例定数 [ ]

(3) 2Lのガソリンでは何km走ることができるか求めなさい。

[ ]

(4) 400kmを走るのに何Lのガソリンが必要か求めなさい。

[ ]

3 90Lの水が入る空の水そうの中に，一定の割合で水を入れていった。水を入れ始めてから12分後の水の量は54Lであった。水を入れ始めてからx分後の水そうの中の水の量をyLとするとき，次の問いに答えなさい。 [ ]各4点

(1) 水そうの中に，1分間あたり何Lの水を入れたことになるか求めなさい。

[ ]

(2) yをxの式で表しなさい。また，比例定数を求めなさい。

①式 [ ] ②比例定数 [ ]

(3) 水を入れ始めてから10分後の水そうの中の水の量は何Lか求めなさい。

[ ]

(4) 水そうの中の水の量が36Lになるのは，水を入れ始めてから何分後か求めなさい。

[ ]

(5) 水そうの中の水の量がいっぱいになるのは，水を入れ始めてから何分後か求めなさい。

[ ]

(6) x，yの変域をそれぞれ求めなさい。

[,]

6 反比例①

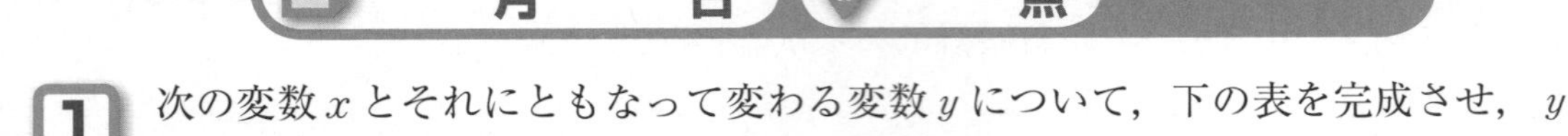

月　日　点

答えは別冊4ページ

1 次の変数xとそれにともなって変わる変数yについて，下の表を完成させ，yをxの式で表しなさい。また，(4)，(5)の問いに答えなさい。

表，[ ] 各5点

(1) 60個のりんごをx人で分けるとき，1人あたりのりんごの個数をy個とする。

x	2	4	5	10	15	20
y						

[　　　　]

(2) 面積が48 cm^{2}の長方形の縦の長さをx cmとするとき，横の長さをy cmとする。

x	1	2	4	6	8	16
y						

[　　　　]

(3) 100枚の色紙を持っていてx枚使ったとき，残りの色紙の枚数をy枚とする。

x	5	10	20	30	50	80
y						

[　　　　]

(4) 上の3つの例で，xの値が2倍，3倍になると，対応するyの値が$\frac{1}{2}$，$\frac{1}{3}$となっているものはどれか。(1)，(2)，(3)の番号で答えなさい。

[　　　　]

(5) 上の3つの例で，$y=\frac{a}{x}$の形の式で表されているものはどれか。(1)，(2)，(3)の番号で答えなさい。

[　　　　]

ポイント

yがxの関数で，$y=\frac{a}{x}$の形の式で表されるとき，
yはxに反比例するという。

2 次の式で，y が x に反比例しているものはどれか。番号に○をつけなさい。

12点

① $y=\frac{6}{x}$　② $y=\frac{20}{x}$　③ $y=\frac{120}{x}$

④ $y=12x$　⑤ $y=\frac{1}{x}$　⑥ $y=-\frac{4}{x}$

例

「$y=$～」の形になっていない式は，「$y=$～」の形に変形して考える。

$xy=12$ —両辺を x でわると→ $y=\frac{12}{x}$ ……y は x に反比例している。

⑦ $xy=10$　⑧ $xy=300$　⑨ $xy=-4$

⑩ $xy=\frac{1}{2}$　⑪ $\frac{y}{x}=4$　⑫ $y=\frac{x}{6}$

注意 **$xy=a$ の形の式で表されるとき，y は x に反比例する。**

3 $y=\frac{a}{x}$ の形の式で表されるとき，a を比例定数という。次の□にあてはまる数を答えなさい。

各4点

(1) $y=\frac{30}{x}$ のとき，比例定数は□である。

(2) $xy=12$ のとき，比例定数は□である。

4 次の式で，x，y は変数で他の文字は定数である。比例定数を答えなさい。

各4点

(1) $y=\frac{20}{x}$ □　(2) $y=\frac{2}{x}$ □

(3) $y=\frac{1}{x}$ □　(4) $y=-\frac{6}{x}$ □

(5) $xy=10$ □　(6) $xy=50$ □

(7) $xy=-6$ □　(8) $xy=\frac{1}{5}$ □

(9) $y=\frac{m}{x}$ □　(10) $xy=c$ □

7 反比例②

月　日　点　答えは別冊4ページ

1 36km離(はな)れたA町へ行くのに，時速$x$kmの速さで行くとy時間かかる。次の問いに答えなさい。　(1) 6点 (2)[ ] 各3点

(1) 右の表を完成させなさい。

x	2	3	4	6	12	18	36
y							

(2) yをxの式で表し，比例定数を求めなさい。

式[　　　　]　比例定数[　　　　]

2 120Lの水が入る空の水そうがある。毎分xLずつ水を入れたとき，水を入れ始めてからいっぱいになるまでにy分かかる。次の問いに答えなさい。　(1) 6点 (2)[ ]，□ 各3点

(1) 右の表を完成させなさい。

x	2	3	5	10	20	30	60
y							

(2) yをxの式で表し，比例定数を求めなさい。また，下の□の中をうめなさい。

式[　　　　]　比例定数[　　　　]

yがxに反比例するときの，比例定数を求めるには，どれか1組の□の値と□の値をかけ合わせればよい。

3 次の反比例の関係の比例定数を求め，yをxの式で表しなさい。　[ ] 各3点

(1) yはxに反比例し，$x=2$のとき$y=5$である。
①比例定数　②式
[　　　　]　[　　　　]

(2) yはxに反比例し，$x=3$のとき$y=-4$である。
①比例定数　②式
[　　　　]　[　　　　]

(3) yはxに反比例し，$x=6$のとき$y=10$である。
①比例定数　②式
[　　　　]　[　　　　]

4 次の問いに答えなさい。 ［ ］各4点

(1) y は x に反比例し，$x=3$ のとき $y=6$ である。

① y を x の式で表しなさい。

［　　　　　　］

② $x=1$ のときの y の値を求めなさい。

［　　　　　　］

③ $y=2$ のときの x の値を求めなさい。

［　　　　　　］

(2) y は x に反比例し，$x=8$ のとき $y=-3$ である。

① y を x の式で表しなさい。

［　　　　　　］

② $x=1$ のときの y の値を求めなさい。

［　　　　　　］

③ $x=-6$ のときの y の値を求めなさい。

［　　　　　　］

④ $y=1$ のときの x の値を求めなさい。

［　　　　　　］

(3) q は p に反比例し，$p=5$ のとき $q=8$ である。

① q を p の式で表しなさい。

［　　　　　　］

② $p=1$ のときの q の値を求めなさい。

［　　　　　　］

③ $q=10$ のときの p の値を求めなさい。

［　　　　　　］

(4) y は x に反比例し，$x=40$ のとき $y=\frac{1}{2}$ である。

① y を x の式で表しなさい。

［　　　　　　］

② $x=80$ のときの y の値を求めなさい。

［　　　　　　］

③ $y=1$ のときの x の値を求めなさい。

［　　　　　　］

8 反比例③

月　日　　点　答えは別冊4ページ

1 次の y は x に反比例している。y を x の式で表し，比例定数を求めなさい。

[ ] 各3点

(1)　2 mのテープを x 等分すると，1本分の長さは y cmになる。

①式 [　　　　] ②比例定数 [　　　　]

(2)　600 mの池の周囲に等間隔（とうかんかく）に木を植える。x m間隔に植えると，y 本の木が必要である。

①式 [　　　　] ②比例定数 [　　　　]

(3)　400ページの本を2冊読むとき，1日 x ページずつ読むと，y 日間で読み終える。

①式 [　　　　] ②比例定数 [　　　　]

2 A地からB地まで時速24 kmで行くと，3時間かかるという。次の問いに答えなさい。

(1), (3) 各6点　(2), (4)[ ] 各4点

(1)　A地とB地の間の道のりは何kmか求めなさい。

[　　　　]

(2)　A地からB地まで時速 x kmで行くと，y 時間かかるとして，y を x の式で表しなさい。また，比例定数を求めなさい。

①式 [　　　　] ②比例定数 [　　　　]

(3)　A地からB地まで時速9 kmで行くとき，かかる時間を求めなさい。

[　　　　]

(4)　A地とB地の間を8時間で往復すると，①時速何kmで行くことになるか求めなさい。②時速 x kmで往復するときの時間を y 時間として，y を x の式で表しなさい。

① [　　　　] ② [　　　　]

3

縦20cm，横30cmの長方形で，面積を変えずに縦の長さと横の長さを変えていく。次の問いに答えなさい。 各6点

(1) 縦の長さを$x$cm，横の長さを$y$cmとして，yをxの式で表しなさい。

[　　　　]

(2) 縦の長さが15cmのときの，横の長さを求めなさい。

[　　　　]

(3) 横の長さが50cmのときの，縦の長さを求めなさい。

[　　　　]

4

空の水そうに毎分50Lずつ水を入れると，40分間でいっぱいになる。この水そうに毎分xLずつ水を入れると，y分間でいっぱいになるとするとき，次の問いに答えなさい。 各6点

(1) yをxの式で表しなさい。

[　　　　]

(2) 25分間で水そうをいっぱいにするには，毎分何Lずつ水を入れたらよいか求めなさい。

[　　　　]

(3) 毎分125Lずつ水を入れると，何分間で水そうはいっぱいになるか求めなさい。

[　　　　]

5

次の問いに答えなさい。 各6点

(1) yはxに反比例し，$x=6$のとき$y=4$である。$x=8$のときのyの値を求めなさい。

[　　　　]

(2) nはmに反比例し，$m=30$のとき$n=\frac{1}{5}$である。比例定数を求めなさい。

[　　　　]

(3) yはxに反比例し，$x=1$のとき$y=1$である。yをxの式で表しなさい。

[　　　　]

9 比例と反比例

月　日　点　答えは別冊5ページ

1 速さ，時間，道のりの間には次の関係がある。

（速さ）×（時間）＝（道のり）

次の関係で，あてはまる番号に○をつけなさい。　各2点

(1) 速さが一定のとき，時間と道のりの間の関係

｛ ①比例　②反比例　③比例，反比例のどちらでもない ｝

(2) 時間が一定のとき，速さと道のりの間の関係

｛ ①比例　②反比例　③比例，反比例のどちらでもない ｝

(3) 道のりが一定のとき，速さと時間の間の関係

｛ ①比例　②反比例　③比例，反比例のどちらでもない ｝

2 3つの数量A，B，Cの間に$A=B\times C$の関係があるとき，次の関係で，あてはまる番号に○をつけなさい。　各2点

(1) Aが一定のとき，BとCの間の関係

｛ ①比例　②反比例　③比例，反比例のどちらでもない ｝

(2) Bが一定のとき，AとCの間の関係

｛ ①比例　②反比例　③比例，反比例のどちらでもない ｝

(3) Cが一定のとき，AとBの間の関係

｛ ①比例　②反比例　③比例，反比例のどちらでもない ｝

3 次の式で，yがxに比例しているものには○を，反比例しているものには△を，どちらでもないものには×を，□の中に書きなさい。　各2点

① $y=3x$ □　② $y=\dfrac{6}{x}$ □　③ $y=\dfrac{x}{10}$ □

④ $y=x+1$ □　⑤ $y=\dfrac{2}{5}x$ □　⑥ $y=-\dfrac{12}{x}$ □

⑦ $xy=20$ □　⑧ $y=\dfrac{1}{x}$ □　⑨ $y=-x$ □

⑩ $y=2x^2$ □　⑪ $xy=-1$ □　⑫ $x+y=5$ □

⑬ $y-2x=0$ □　⑭ $y=2x+3$ □

4 次の場合について，x と y の関係を式で表し，比例定数を求めなさい。

[ ] 各3点

(1) 毎分 5L ずつ x 分間水そうに水を入れたとき，水そうの中の水の量 yL

①式 [ ]　②比例定数 [ ]

(2) 面積が $50\,cm^2$ の長方形の縦の長さ x cm と横の長さ y cm

①式 [ ]　②比例定数 [ ]

(3) 20L のガソリンで 360km 走る自動車が，x L のガソリンで走る距離(きょり) y km

①式 [ ]　②比例定数 [ ]

(4) 時速 20km の速さで行くと 5 時間かかる地点に，時速 x km で行くと y 時間かかる。

①式 [ ]　②比例定数 [ ]

(5) 底辺の長さが 20cm，高さが x cm の三角形の面積 $y\,cm^2$

①式 [ ]　②比例定数 [ ]

5 次の問いに答えなさい。

各6点

(1) y は x に反比例し，$x=2$ のとき $y=20$ である。y を x の式で表しなさい。

[ ]

(2) y は x に比例し，$x=-8$ のとき $y=12$ である。比例定数を求めなさい。

[ ]

(3) y は x に反比例し，$x=-6$ のとき $y=-8$ である。$x=4$ のときの y の値を求めなさい。

[ ]

(4) y は x に比例し，$x=\frac{3}{2}$ のとき $y=9$ である。$x=4$ のときの y の値を求めなさい。

[ ]

(5) y は x に反比例し，$x=-4$ のとき $y=1$ である。比例定数を求めなさい。

[ ]

10 比例・反比例の応用

答えは別冊5ページ

1 右の図のような針金の束がある。この重さをはかったら1.2 kg あった。同じ針金5 mの重さをはかったら50 g であった。この針金の束は何mあるか求めたい。次の問いに答えなさい。 ……………… 各7点

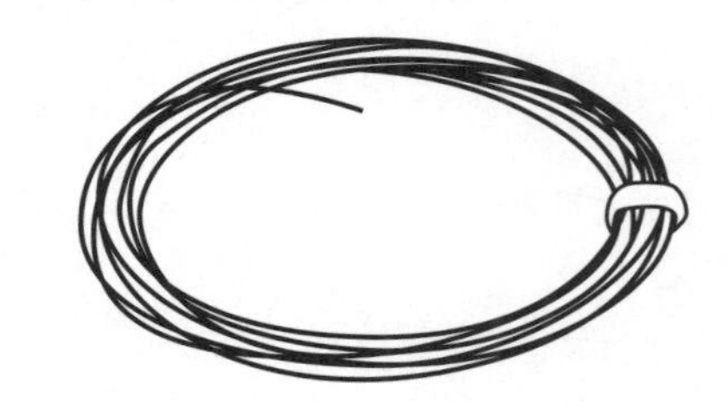

(1) この針金の1 mの重さは何gか求めなさい。

[　　　　　]

(2) この針金の長さが x mのときの重さを y g として，y を x の式で表しなさい。

[　　　　　]

(3) この針金の束は何mあるか求めなさい。

[　　　　　]

2 厚紙を切りぬいて，右の図のような形をつくった。この形の面積を調べるのに，同じ厚紙で，縦20 cm，横30 cmの長方形をつくって重さをはかったら20 g であった。右の図のような形の重さが130 g であるとき，その面積は何 cm^2 か求めなさい。 ……………… 8点

[　　　　　]

3 右の図のような時計がある。次の問いに答えなさい。 ……………… 各7点

(1) 24分間に，短針は何度回転するか求めなさい。

[　　　　　]

(2) 長針が240°回転するとき，短針は何度回転するか求めなさい。

[　　　　　]

4 800 m^2 のかべにペンキをぬるのに，４人では１人あたりのぬる面積が広いので，人数を増やすことにした。１人あたりのぬる面積を最初の $\frac{1}{3}$ にするには，人数を何人にすればよいか求めなさい。 ……………… 8点

［　　　　］

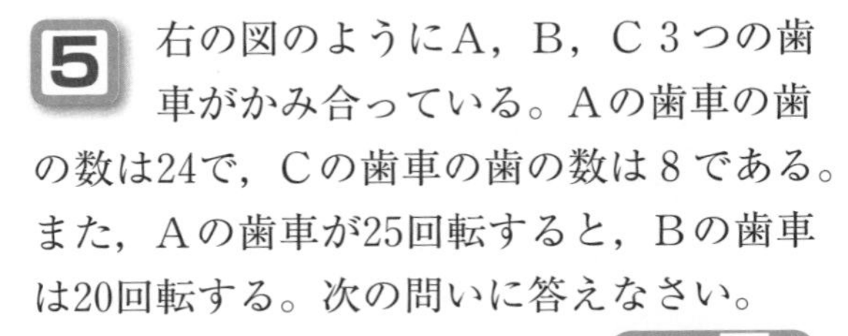

5 右の図のようにA，B，C３つの歯車がかみ合っている。Aの歯車の歯の数は24で，Cの歯車の歯の数は８である。また，Aの歯車が25回転すると，Bの歯車は20回転する。次の問いに答えなさい。
……………… ［ ］各7点

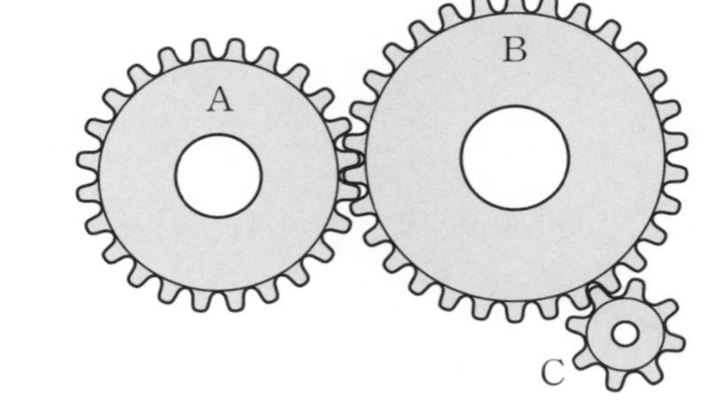

(1) Aの歯車が25回転するとき，Bの歯車とかみ合う歯の数を求めなさい。

［　　　　］

(2) Bの歯車の歯の数を求めなさい。

［　　　　］

(3) Bの歯車が24回転するとき，Cの歯車は何回転するか求めなさい。

［　　　　］

(4) Aの歯車が100回転するとき，B，Cの歯車はそれぞれ何回転するか求めなさい。

B［　　　　］

C［　　　　］

(5) Cの歯車を120回転させるためには，Aの歯車を何回転させればよいか求めなさい。

［　　　　］

(6) Aの歯車が25回転するとき，Bの歯車を50回転させたい。Bを歯の数がいくつの歯車に変えればよいか求めなさい。

［　　　　］

11 比例・反比例のまとめ

月　日　点　答えは別冊 6 ページ

1 次の(1)～(6)について，y を x の式で表しなさい。また，y が x に比例するものには「比」を，反比例するものには「反」を，どちらでもないものには「×」を，□の中に書きなさい。　式，□ 各2点

(1) 1000円札で 1 個 x 円のケーキを 3 個買ったときのおつり y 円

式［　　　　　　］□

(2) 1 日に50ページずつ本を読むとき，x 日間で読んだ総ページ数 y ページ

式［　　　　　　］□

(3) 1000ページの本を 1 日 x ページずつ読むとき，読み終えるのに要する日数 y 日

式［　　　　　　］□

(4) 10 g の重さで 1 cmのびるばねに，x g のおもりをつるしたときのばねののび y cm

式［　　　　　　］□

(5) 底辺が x cm，高さが $2x$ cmの三角形の面積 y cm^2

式［　　　　　　］□

(6) 100 km離(はな)れた町へ行くのに x 時間かかるときの時速 y km

式［　　　　　　］□

2 次の式で，y が x に比例している場合と反比例している場合には比例定数を，どちらでもない場合には「×」を，□の中に書きなさい。　各3点

① $y=4x$ □　② $y=\frac{20}{x}$ □　③ $y=\frac{x}{5}$ □

④ $y=-\frac{6}{x}$ □　⑤ $y=2x^2$ □　⑥ $y=x$ □

⑦ $xy=3$ □　⑧ $y=2x+3$ □　⑨ $y+3x=0$ □

3 次の問いに答えなさい。 各5点

(1) y は x に比例し，$x=3$ のとき $y=12$ である。y を x の式で表しなさい。

[　　　　　　]

(2) y は x に反比例し，$x=-15$ のとき $y=-\frac{2}{3}$ である。比例定数を求めなさい。

[　　　　　　]

(3) y は x に比例し，$x=20$ のとき $y=4$ である。$x=-15$ のときの y の値を求めなさい。

[　　　　　　]

(4) y は x に反比例し，$x=5$ のとき $y=2$ である。y を x の式で表しなさい。

[　　　　　　]

(5) y は x に反比例し，$x=\frac{2}{5}$ のとき $y=-10$ である。$y=8$ のときの x の値を求めなさい。

[　　　　　　]

4 200Lの水が入る空の水そうの中に，一定の割合で水を入れていった。水を入れ始めてから6分後の水の量は75Lであった。水を入れ始めてから x 分後の水そうの中の水の量を y Lとするとき，次の問いに答えなさい。

[ ] 各4点　□ 各1点

(1) 毎分何Lの割合で水を入れたことになるか求めなさい。

[　　　　　　]

(2) y を x の式で表し，比例定数を答えなさい。

①式 [　　　　　　]　②比例定数 [　　　　　　]

(3) 水を入れ始めてから10分後の水そうの中の水の量は何Lか求めなさい。

[　　　　　　]

(4) 水そうの中の水の量がいっぱいになるのは，水を入れ始めてから何分後か求めなさい。

[　　　　　　]

(5) x，y の変域をそれぞれ求めなさい。

□ $\leqq x \leqq$ □，□ $\leqq y \leqq$ □

12 座　標①

月　　日　　　点　答えは別冊 6 ページ

1 点Aを表す数の組を，点Aの座標という。右の図の点A～Lの座標を求め，下の□の中をうめなさい。　A～L 各1点　□各2点

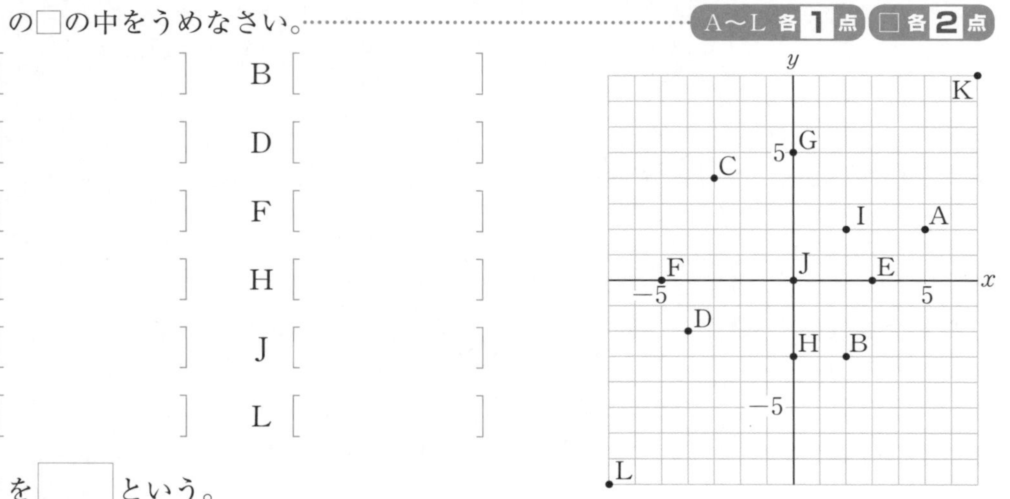

(1)　Jを□という。

(2)　G，H，Jは□軸（じく）上にあり，E，F，Jは□軸上にある。

2 次の点A～Lを，右の図にかき入れ，下の□の中に，A～Lから選んだ記号を書きなさい。　図示 各1点　□各2点

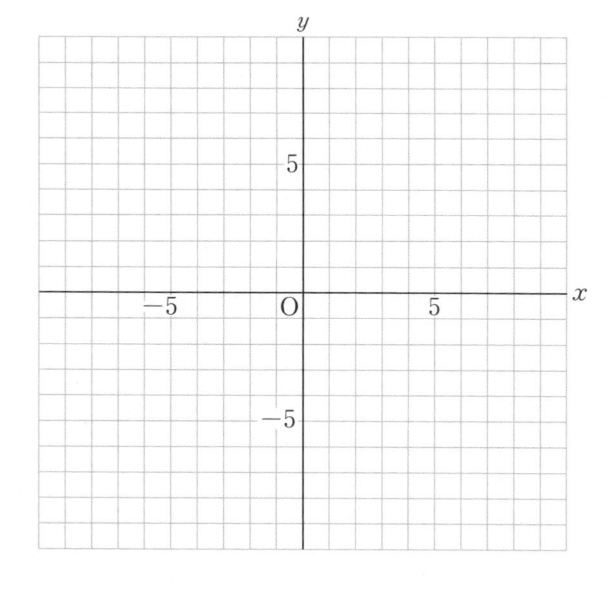

A (5，1)　B (−5，1)

C (1，4)　D (1，−4)

E (4，3)　F (−4，−3)

G (0，2)　H (0，8)

I (3，0)　J (−6，0)

K (−7，−9)　L (7，−9)

(1)　点A～Lのうち，x 軸上にあるのは□と□である。

(2)　点A～Lのうち，y 軸上にあるのは□と□である。

3 次の点A～Jを，右の図にかき入れ，下の□の中に，A～Jから選んだ記号を書きなさい。 図示 各1点 □各2点

A(3, 6)　　B(−3, 6)

C(−3, 2)　　D(−3, −2)

E(2, 0)　　F(7, 0)

G(0, 2)　　H(0, −6)

I(0, 6)　　J(2, −5)

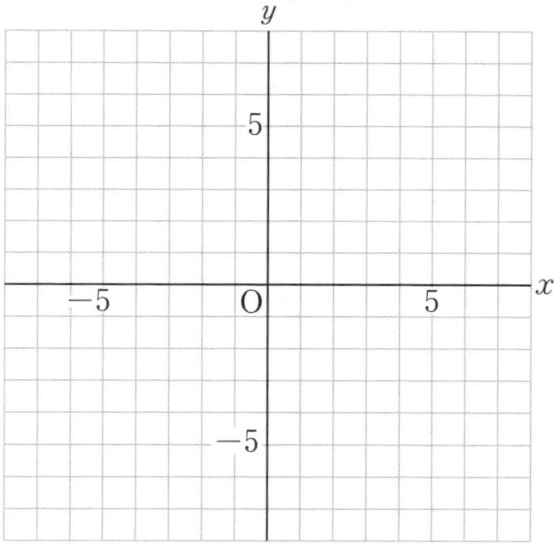

(1) x 座標が 2 である点は□，□

(2) y 座標が 6 である点は□，□，□

(3) x 座標が 0 である点は□，□，□

(4) y 軸上にある点は□，□，□

(5) y 座標が 0 である点は□，□

(6) x 軸上にある点は□，□

4 次の①～⑩の点は，右の図のどの点であるかを，A～I，Oの記号で答えなさい。また，下の□の中に，A～Iから選んだ記号を書きなさい。 ①～⑩ 各1点 □各3点

① (5, −4) [　]　　② (0, 0) [　]

③ (0, 3) [　]　　④ (0, −2) [　]

⑤ (−4, 3) [　]　　⑥ (−3, −5) [　]

⑦ $\left(\frac{3}{2}, 5\right)$ [　]　　⑧ (6, 0) [　]

⑨ (2, 0) [　]　　⑩ (−4, 0) [　]

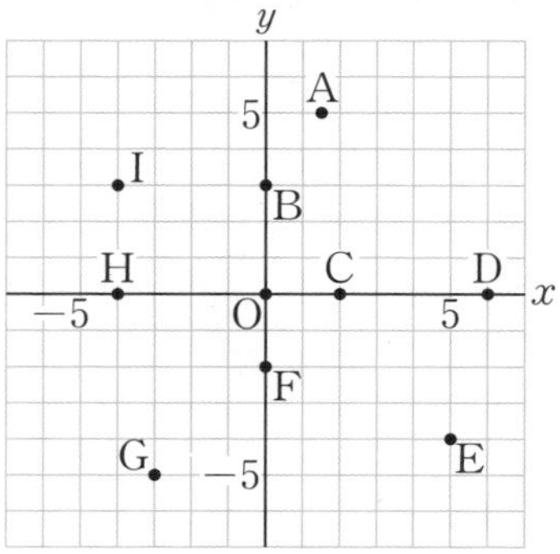

(1) x 座標が 0 である点は□，□，O

(2) y 軸上にある点は□，□，O

13 座標②

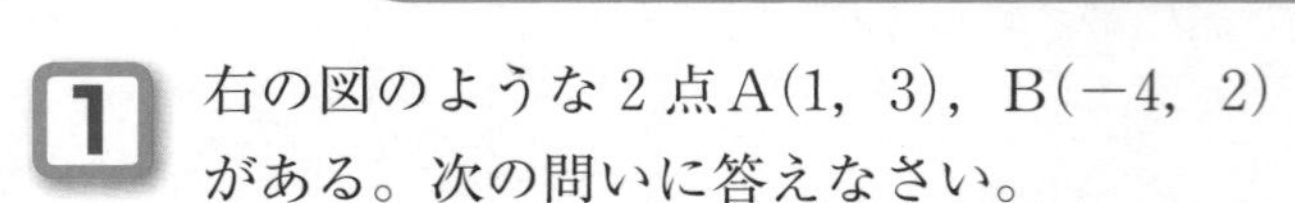

答えは別冊7ページ

1 右の図のような2点A(1, 3), B(−4, 2)があある。次の問いに答えなさい。

図示 各**1**点　[ ] 各**4**点

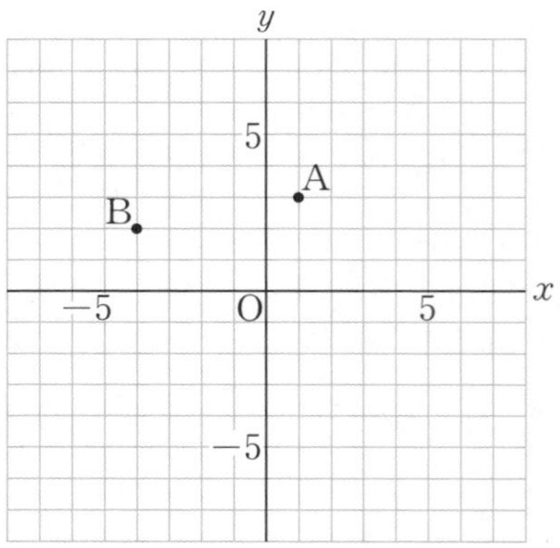

(1) 点Aを右へ4だけ移動した点Cを，右の図にかき入れなさい。また，その座標を答えなさい。

[　　　　]

(2) 点Aを左へ3だけ移動した点Dを，右の図にかき入れなさい。また，その座標を答えなさい。

[　　　　]

(3) 点Bを上へ3だけ移動した点Eを，右の図にかき入れなさい。また，その座標を答えなさい。

[　　　　]

(4) 点Bを下へ2だけ移動した点Fを，右の図にかき入れなさい。また，その座標を答えなさい。

[　　　　]

(5) 点Bを上へ6だけ移動した点の座標を答えなさい。

[　　　　]

(6) 点Bを下へ6だけ移動した点の座標を答えなさい。

[　　　　]

(7) 点Aを上へ3だけ移動した点の座標を答えなさい。

[　　　　]

(8) 点Aを右へ2，上へ3だけ移動した点の座標を答えなさい。

[　　　　]

(9) 点Bを右へ6，下へ6だけ移動した点の座標を答えなさい。

[　　　　]

2 次の点A～Lを右の図にかき入れ，下の□の中をうめなさい。

図示 各1点 □各3点

A(2, 6)　B(−2, 6)

C(5, 3)　D(−5, 3)

E(7, 1)　F(−4, 2)

G(7, −1)　H(−4, −2)

I(3, 7)　J(1, 1)

K(0, −2)　L(−3, −7)

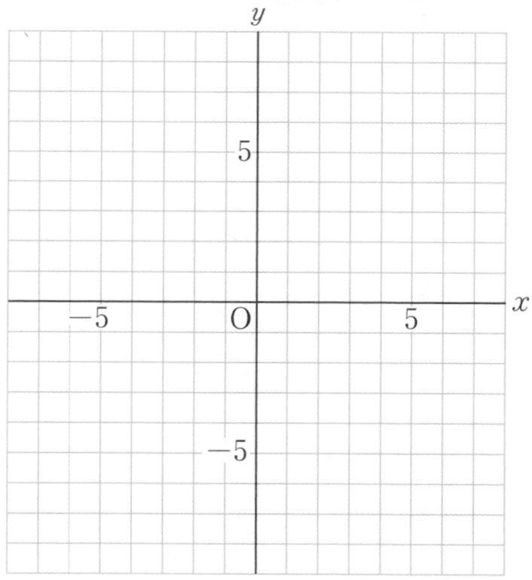

(1) 点Aを右へ□，下へ□だけ移動した点がCである。

(2) 点Bを□へ3，□へ3だけ移動した点がDである。

(3) 点Cを□へ□，□へ□だけ移動した点がJである。

(4) 3点F，H，Kともう1点Mをとって正方形FHKMをつくるとき，Mの座標は(□，□)である。

3 次の点の座標を求めなさい。

各3点

(1) 点(1, 1)を上へ5だけ移動した点　[　　]

(2) 点(1, 1)を右へ3だけ移動した点　[　　]

(3) 点(−1, −1)を左へ4だけ移動した点　[　　]

(4) 点(−1, −1)を下へ2だけ移動した点　[　　]

(5) 点(5, 5)を右へ2，下へ6だけ移動した点　[　　]

(6) 点(−2, 3)を左へ2，上へ3だけ移動した点　[　　]

14 比例のグラフ①

月　日　点　答えは別冊7ページ

1 比例の関係 $y=2x$ について，次の問いに答えなさい。

(1)〜(3) 各6点　(4)，(5) 各8点　(6) 各2点

x	…	-5	-4	-3	-2	-1	0	1	2	3	4	5	…
y	…												…

(1) $y=2x$ の x の値に対応する y の値を求め，上の表を完成させなさい。

(2) 上の表の x，y の値の組を座標とする点を，右の図にかき入れなさい。

(3) (2)でとった点をすべて通るように，右の図に直線をかきなさい。

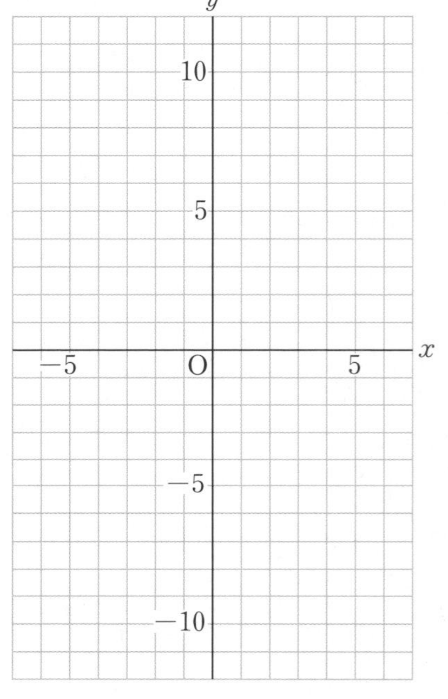

(3)の直線上の点 $(x,\ y)$ はすべて $y=2x$ が成り立つような座標の点である。このようにして得られた直線を $y=2x$ のグラフという。

(4) $y=3x$ の x の値に対応する y の値を下の表に入れて，そのグラフを上の図にかきなさい。

x	…	-3	-2	-1	0	1	2	3	…
y	…								…

(5) $y=x$ の x の値に対応する y の値を下の表に入れて，そのグラフを上の図にかきなさい。

x	…	-3	-2	-1	0	1	2	3	…
y	…								…

(6) 次の①〜③について，比例定数を答えなさい。

① $y=x$ [　　]　　② $y=2x$ [　　]　　③ $y=3x$ [　　]

2 次の(1)〜(3)の比例の関係について，それぞれ下の表を完成させ，**1**と同様にしてグラフをかきなさい。また，(4)の問いに答えなさい。

(1)　$y=-x$

x	-3	-2	-1	0	1	2	3
y							

(2)　$y=-2x$

x	-3	-2	-1	0	1	2	3
y							

(3)　$y=-3x$

x	-3	-2	-1	0	1	2	3
y							

(4)　次の①〜③について，比例定数を答えなさい。

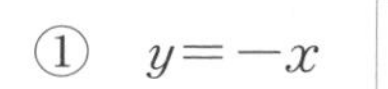
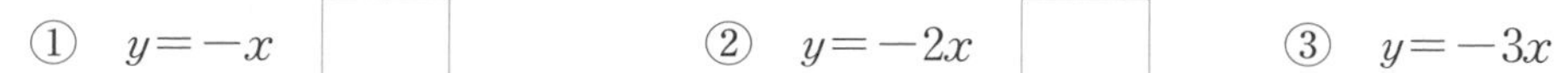

①　$y=-x$ [　　]　　②　$y=-2x$ [　　]　　③　$y=-3x$ [　　]

3 次の比例の関係の式について，比例定数を求めなさい。また，それぞれ下の表を完成させて，そのグラフをかきなさい。　各10点

(1)　$y=\frac{1}{2}x$　　比例定数 [　　　]

x	-6	-4	-2	0	2	4	6
y							

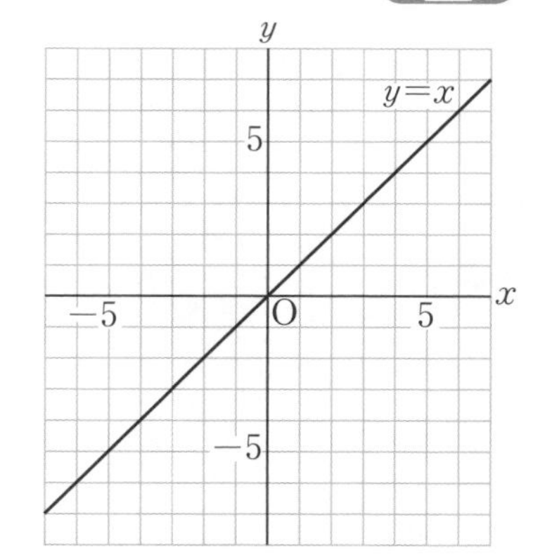

(2)　$y=-\frac{1}{2}x$　　比例定数 [　　　]

x	-6	-4	-2	0	2	4	6
y							

(3)　$y=\frac{1}{3}x$　　比例定数 [　　　]

x	-6	-3	0	3	6
y					

15 比例のグラフ②

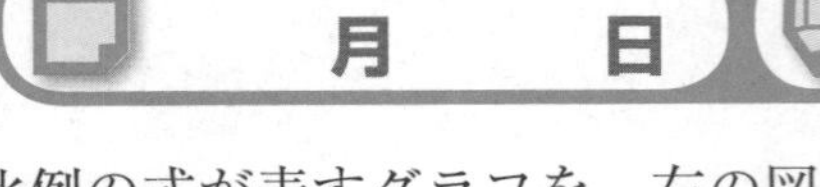

月　日　　点　答えは別冊 8 ページ

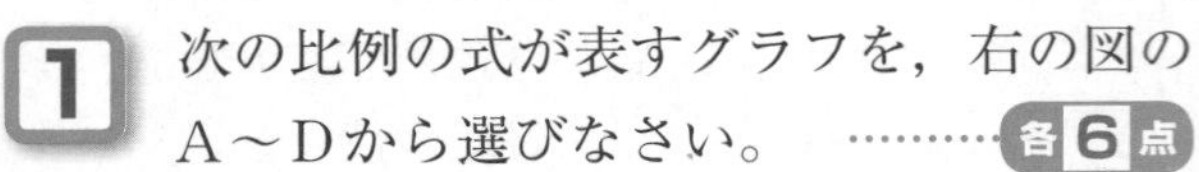

1 次の比例の式が表すグラフを，右の図のA～Dから選びなさい。……… 各6点

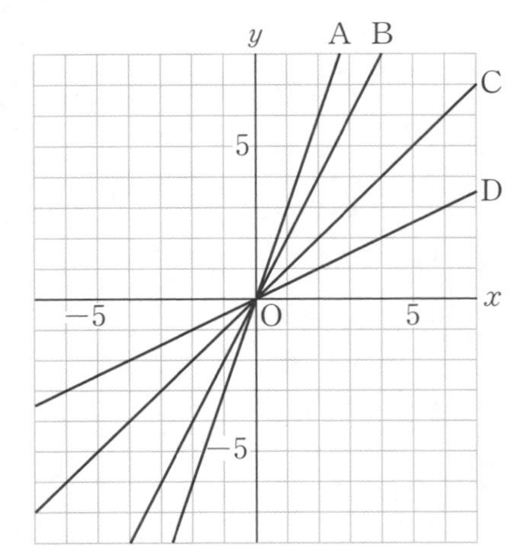

(1)　$y=x$　[　　　]　　(2)　$y=2x$　[　　　]

(3)　$y=3x$　[　　　]　　(4)　$y=\frac{1}{2}x$　[　　　]

ポイント

$y=ax$ のグラフは
原点を通る直線である。

2 次の比例の式が表すグラフを，右の図のE～Hから選びなさい。……… 各6点

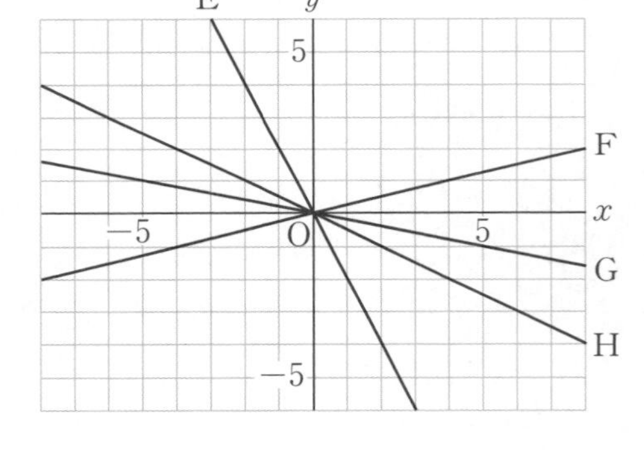

(1)　$y=\frac{1}{4}x$　[　　　]

(2)　$y=-2x$　[　　　]

(3)　$y=-\frac{1}{2}x$　[　　　]

(4)　$y=-\frac{1}{5}x$　[　　　]

3 右の図のI～Lは，比例のグラフである。
比例定数が次の値のときのグラフを，I～Lから選びなさい。……… 各6点

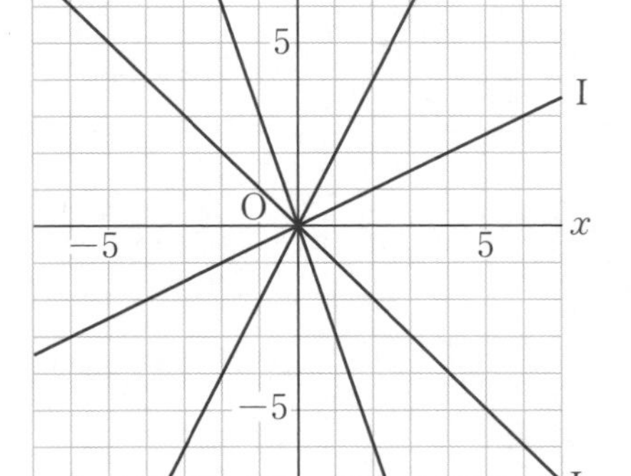

(1)　比例定数が $\frac{1}{2}$ のとき　[　　　]

(2)　比例定数が 2 のとき　[　　　]

(3)　比例定数が −1 のとき　[　　　]

(4)　比例定数が −3 のとき　[　　　]

4

右の図のA～Dの直線は，それぞれ比例のグラフである。次の問いに答えなさい。

各4点

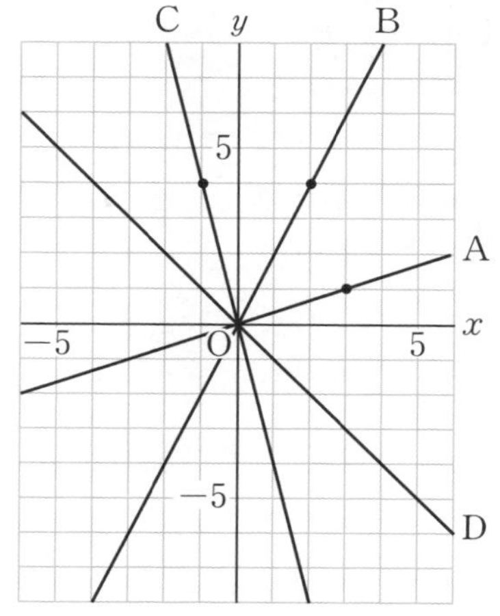

例

Aのグラフは点(3，1)を通っているので，$y=ax$ とおき，この式に $x=3$，$y=1$ を代入すると，$1=a\times3$，これより，$a=\frac{1}{3}$

よって，Aのグラフの式は，$y=\frac{1}{3}x$

(1) Bのグラフは点(2，4)を通る。Bのグラフの式を求めなさい。

[　　　　　　　　]

(2) Cのグラフは点(−1，4)を通る。Cのグラフの式を求めなさい。

[　　　　　　　　]

(3) Dのグラフの式を求めなさい。

[　　　　　　　　]

5

比例のグラフが次の点を通るとき，グラフの式を求めなさい。

各4点

(1) 点(2，6)を通るとき

[　　　　　　　　]

(2) 点(−4，2)を通るとき

[　　　　　　　　]

(3) 点(−4，−16)を通るとき

[　　　　　　　　]

(4) 点(30，−20)を通るとき

[　　　　　　　　]

16 比例のグラフ③

答えは別冊9ページ

1 右の図は，比例 $y=2x$ と $y=3x$ のグラフの変化のようすを示したものである。次の□の中をうめなさい。 ……………… 各5点

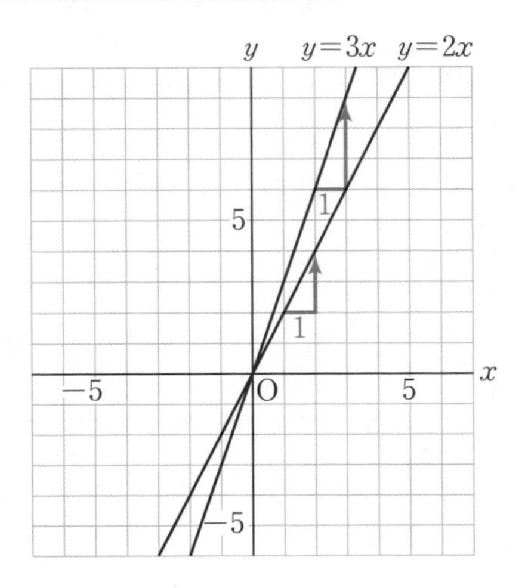

(1) $y=2x$ のグラフでは，x が1ずつ増加すると

y は □ ずつ増加する。

(2) $y=3x$ のグラフでは，x が1ずつ増加すると

y は □ ずつ増加する。

2 右の図は，比例 $y=2x$ と $y=-2x$ のグラフの変化のようすを示したものである。次の□の中をうめなさい。また，(3)では正しい方を選びなさい。

………………

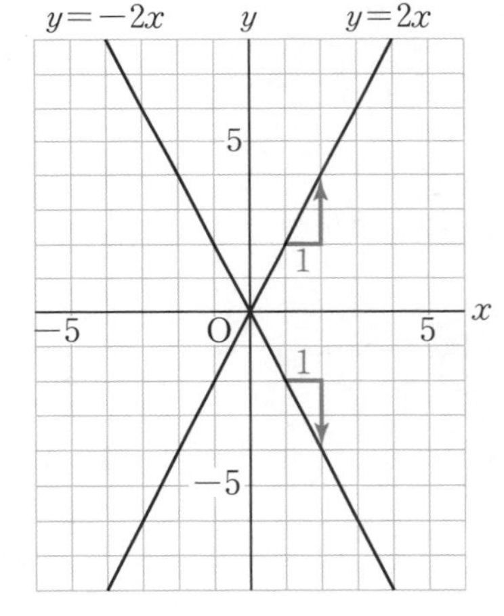

(1) $y=2x$ のグラフでは，

x が1ずつ増加すると y は □ ずつ増加する。

(2) $y=-2x$ のグラフでは，

x が1ずつ増加すると y は □ ずつ減少する。

(3) $y=-3x$ のグラフでは，x が1ずつ増加すると y は3ずつ（ 増加，減少 ）する。

(4) $y=4x$ のグラフでは，x が1ずつ増加すると y は［　ずつ　］する。

(5) $y=-4x$ のグラフでは，x が1ずつ増加すると y は［　ずつ　］する。

(6) $y=-6x$ のグラフでは，x が1ずつ増加すると y は［　ずつ　］する。

(7) $y=x$ のグラフでは，x が1ずつ増加すると y は［　ずつ　］する。

3 右の図のA～Dは比例のグラフである。次の問いに答えなさい。 ［ ］各5点

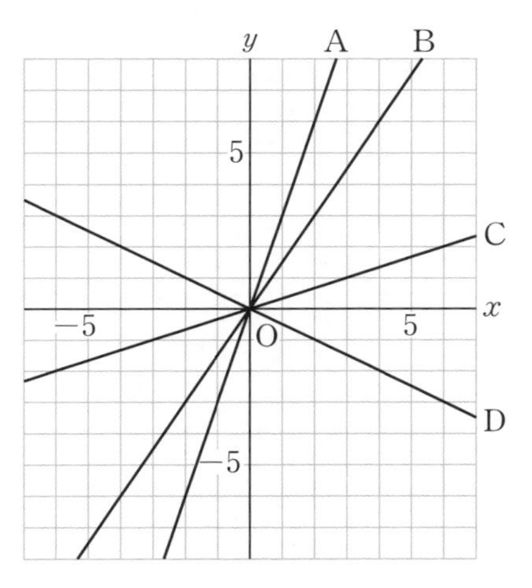

(1) 点(4, 6)を通る比例のグラフをA～Dから選びなさい。また，このグラフの式を求めなさい。

①グラフ ［　　　］

②式 ［　　　］

(2) 比例のグラフAの式を求めなさい。

［　　　］

(3) 比例のグラフAでは，xが1ずつ増加するとyはどれだけ増加するか求めなさい。

［　　　］

(4) xの値が増加すると対応するyの値が減少する比例のグラフを，A～Dから選びなさい。

［　　　］

4 次の問いに答えなさい。 各5点

(1) $y=ax$のグラフが点(3, −12)を通るとき，yをxの式で表しなさい。

［　　　］

(2) $y=ax$のグラフが点(10, 4)を通るとき，yをxの式で表しなさい。

［　　　］

(3) $y=-2x$のグラフが点(4, q)を通るとき，qの値を求めなさい。

［　　　］

(4) $y=3x$のグラフが点(p, −15)を通るとき，pの値を求めなさい。

［　　　］

(5) $y=\frac{2}{5}x$のグラフが点(10, q)を通るとき，qの値を求めなさい。

［　　　］

(6) $y=5x$のグラフで，xが1増加するとyはどれだけ増加するか求めなさい。

［　　　］

17 反比例のグラフ①

月　日　点　答えは別冊 9 ページ

1 反比例の関係 $y=\frac{6}{x}$ について，次の問いに答えなさい。 …… 各10点

x	…	-6	-4	-3	-2	-1	0	1	2	3	4	6	…
y	…	-1	-1.5	-2	-3	-6	╳						…

(1) $y=\frac{6}{x}$ の x の値に対応する y の値を求めて上の表を完成させ，表の x，y の値の組を座標とする点を，右の図にかき入れなさい。

(2) (1)でとった点をすべて通るように，なめらかな曲線で結びなさい。

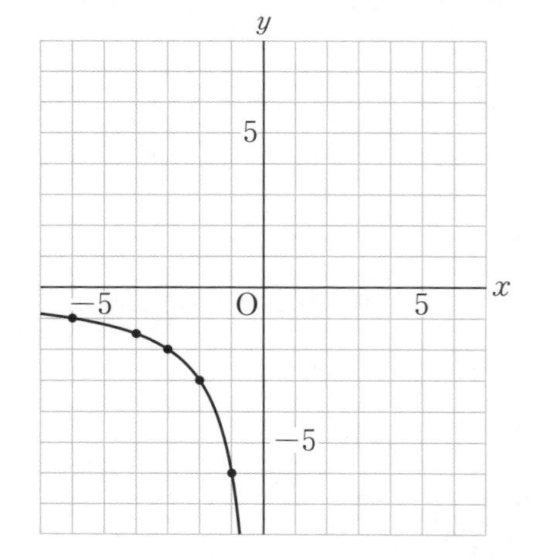

Memo 覚えておこう

反比例

$$y=\frac{a}{x}$$

のグラフは，右の図のようななめらかな曲線で，双曲線（そうきょくせん）とよばれる。

2 反比例の関係 $y=-\frac{6}{x}$ について，次の問いに答えなさい。 …… 各10点

x	…	-6	-4	-3	-2	-1	0	1	2	3	4	6	…
y	…						╳						…

(1) $y=-\frac{6}{x}$ の x の値に対応する y の値を求めて上の表を完成させ，表の x，y の値の組を座標とする点を，右の図にかき入れなさい。

(2) (1)でとった点をすべて通るように，なめらかな曲線で結びなさい。

（**1** の $y=\frac{6}{x}$ のグラフがすでにかきこまれているので，これを参考にしてグラフをかきなさい。）

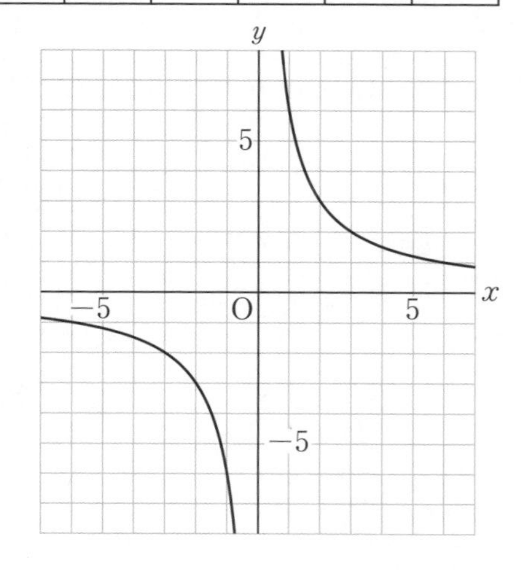

3 反比例 $y=\frac{4}{x}$，$y=\frac{8}{x}$ のグラフを，以下の手順でかきなさい。

表 各5点　グラフ 各10点

(1) 右の①，②の表を完成させなさい。

① $y=\frac{4}{x}$

② $y=\frac{8}{x}$

①

x	−8	−4	−2	−1	0	1	2	4	8
y	−0.5				╳				

②

x	−8	−4	−2	−1	0	1	2	4	8
y					╳				

(2) グラフをかきなさい。

①

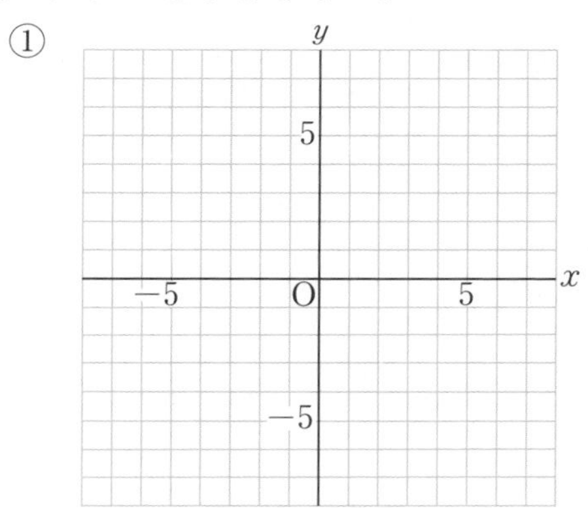

②

4 反比例の関係 $y=-\frac{4}{x}$，$y=-\frac{8}{x}$ について，それぞれ下の表を完成させ，グラフをかきなさい。

表 各5点　グラフ 各10点

(1) $y=-\frac{4}{x}$

x	−4	−2	−1	0	1	2	4
y				╳			

(2) $y=-\frac{8}{x}$

x	−4	−2	−1	0	1	2	4
y				╳			

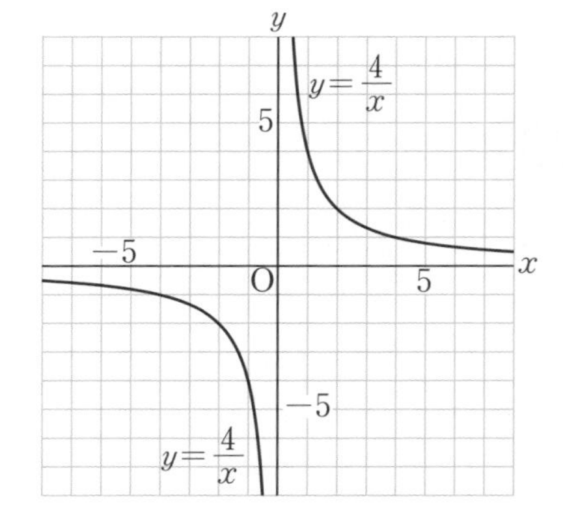

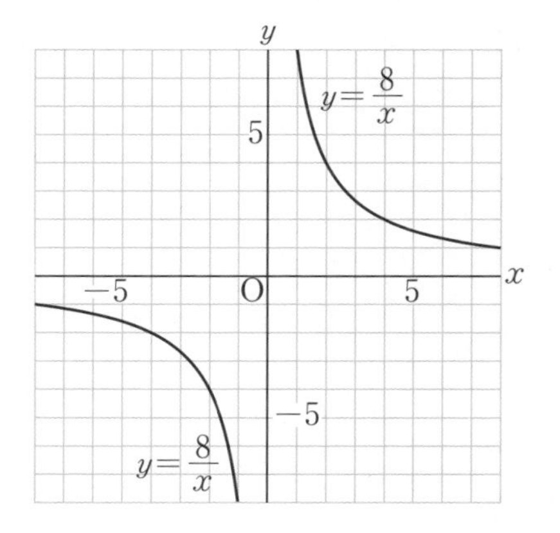

18 反比例のグラフ②

1

次の反比例の式が表すグラフを，右の図のA～Cから選びなさい。 ……各6点

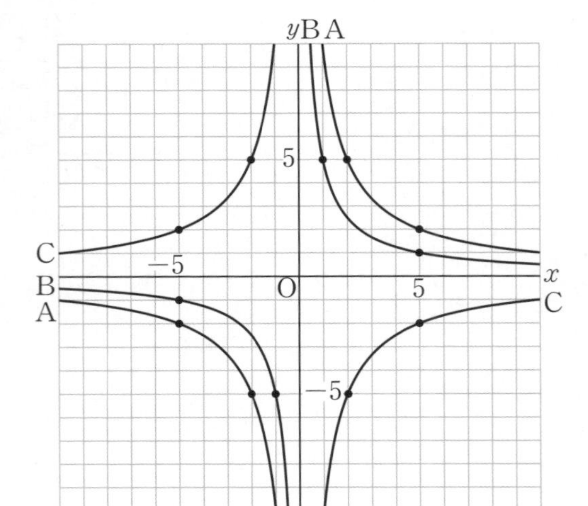

(1) $y=\dfrac{5}{x}$ ［　　］

(2) $y=\dfrac{10}{x}$ ［　　］

(3) $y=-\dfrac{10}{x}$ ［　　］

2

右の図のA～Cは，反比例のグラフである。比例定数が次の値のときのグラフをA～Cから選びなさい。 ……各6点

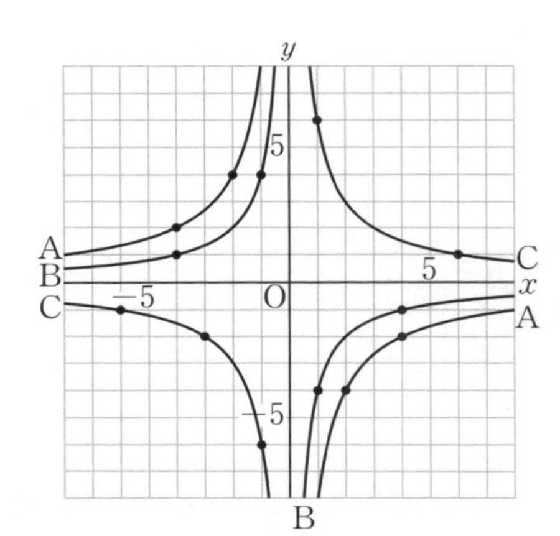

(1) 比例定数が6のとき ［　　］

(2) 比例定数が−4のとき ［　　］

(3) 比例定数が−8のとき ［　　］

3

$c<0<a<b$ のとき，次の反比例の式が表すグラフを，右の図のA～Cから選びなさい。 ……各6点

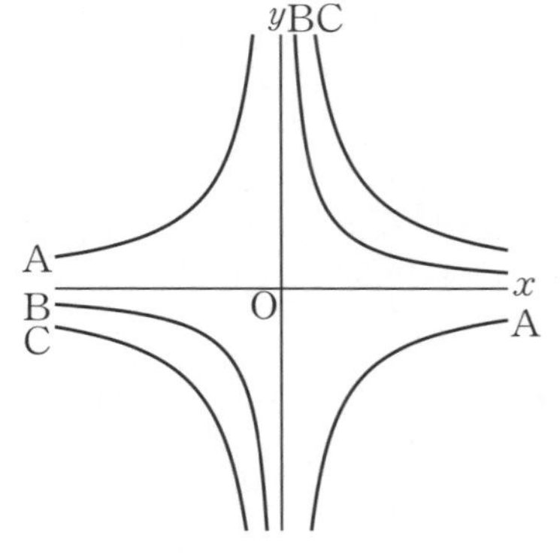

(1) $y=\dfrac{a}{x}$ ［　　］

(2) $y=\dfrac{b}{x}$ ［　　］

(3) $y=\dfrac{c}{x}$ ［　　］

4 右の図のA，Bは反比例のグラフである。次の問いに答えなさい。

各8点

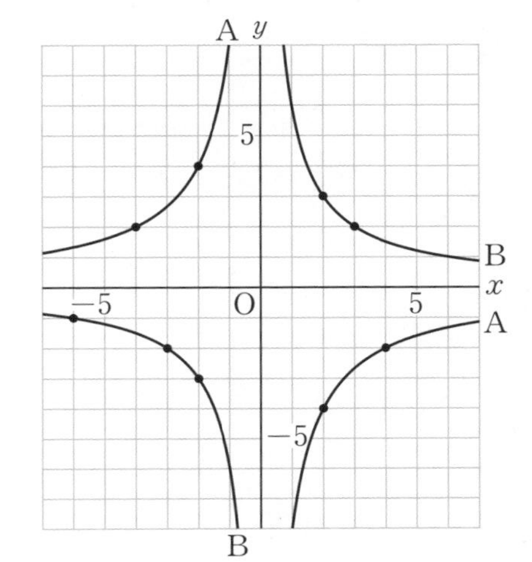

例

Aのグラフは点(−2，4)を通っているので，$y=\frac{a}{x}$ とおき，この式に

$x=-2$，$y=4$ を代入すると，

$4=\frac{a}{-2}$

これより，$a=-8$

よって，$y=-\frac{8}{x}$

(1) Bのグラフで x 座標が3である点の座標は，(3，［　　］)である。

(2) Bのグラフについて，y を x の式で表しなさい。

［　　　　　　］

5 次の問いに答えなさい。

(1) $y=\frac{a}{x}$ のグラフが点(3，4)を通るとき，y を x の式で表しなさい。

［　　　　　　］

(2) $y=\frac{a}{x}$ のグラフが点(−2，5)を通るとき，y を x の式で表しなさい。

［　　　　　　］

(3) $y=\frac{6}{x}$ のグラフが点(−3，q)を通るとき，q の値を求めなさい。

［　　　　　　］

(4) $y=\frac{15}{x}$ のグラフが点(p，5)を通るとき，p の値を求めなさい。

［　　　　　　］

(5) $y=-\frac{20}{x}$ のグラフが点(p，8)を通るとき，p の値を求めなさい。

［　　　　　　］

19 比例・反比例のグラフ①

月　日　点　答えは別冊10ページ

1 右の図の比例のグラフについて，次の問いに答えなさい。　[ ] 各4点

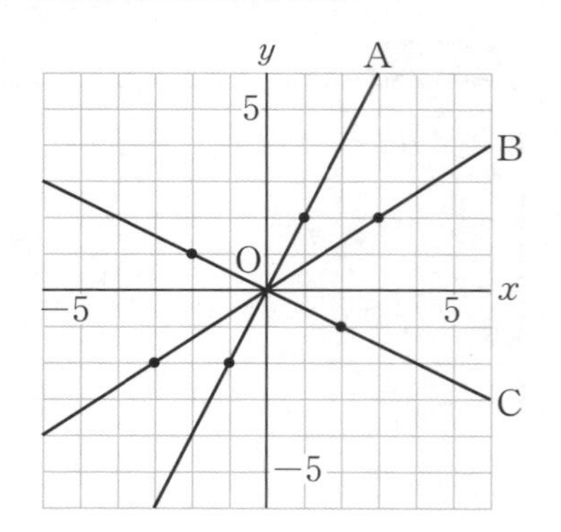

(1) 点(3，2)を通るグラフはどれか。A～Cから選びなさい。また，このグラフの式を求めなさい。

①グラフ [　　　]

②式 [　　　]

(2) $x=-4$ に対応する y の値が2であるグラフはどれか。A～Cから選びなさい。また，このグラフの式を求めなさい。

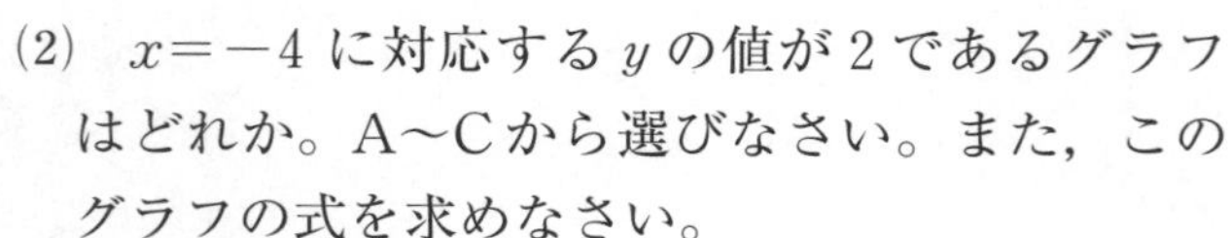

①グラフ　②式

[　　　]　[　　　]

(3) x が1増加すると y が2増加するグラフはどれか。A～Cから選びなさい。また，このグラフの式を求めなさい。

①グラフ　②式

[　　　]　[　　　]

2 右の図の反比例のグラフについて，次の問いに答えなさい。　[ ] 各4点

A　y
5
C
−5
B
B　O　5　x
A
−5

(1) 点(4，−3)を通るグラフは，A，Bのどれか答えなさい。また，このグラフの式を求めなさい。

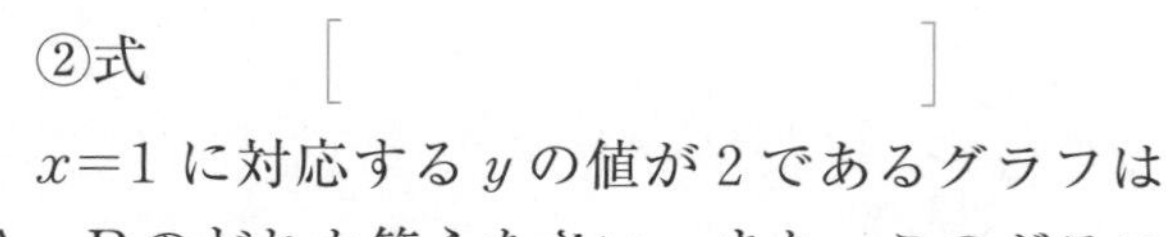

①グラフ [　　　]

②式 [　　　]

(2) $x=1$ に対応する y の値が2であるグラフは，A，Bのどれか答えなさい。また，このグラフの式を求めなさい。

①グラフ　②式

[　　　]　[　　　]

(3) $y=\dfrac{a}{x}$ のグラフが点Cを通るとき，a の値とこのグラフの式を求めなさい。

①a の値 [　　　]　②式 [　　　]

3 右の図の比例や反比例のグラフについて，次の問いに答えなさい。

［ ］各4点

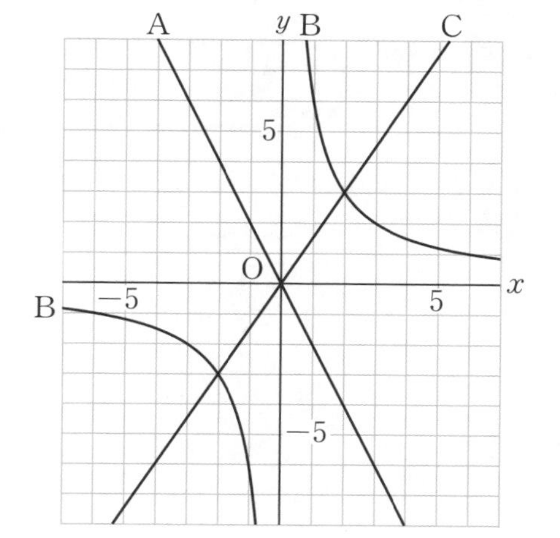

(1) 点 (3, 2) を通るグラフはどれか。A～Cから選びなさい。また，このグラフの式を求めなさい。

①グラフ ［　　　］

②式 ［　　　　　］

(2) 点 (4, 6) を通るグラフはどれか。A～Cから選びなさい。また，このグラフの式を求めなさい。

①グラフ　　　②式

［　　　］　［　　　　　］

(3) xが1増加するとyが2減少するグラフはどれか。A～Cから選びなさい。また，このグラフの式を求めなさい。

①グラフ　　　②式

［　　　］　［　　　　　］

(4) B，Cのグラフはともに点(2, 3)を通る。この点をB，Cのグラフの交点という。B，Cのグラフのもう1つの交点の座標を答えなさい。

［　　　　　］

4 次の問いに答えなさい。

各6点

(1) $y=ax$ のグラフが点(10, −6)を通るとき，yをxの式で表しなさい。

［　　　　　］

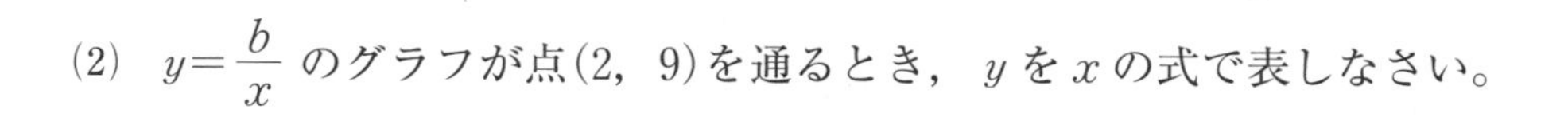

(2) $y=\dfrac{b}{x}$ のグラフが点(2, 9)を通るとき，yをxの式で表しなさい。

［　　　　　］

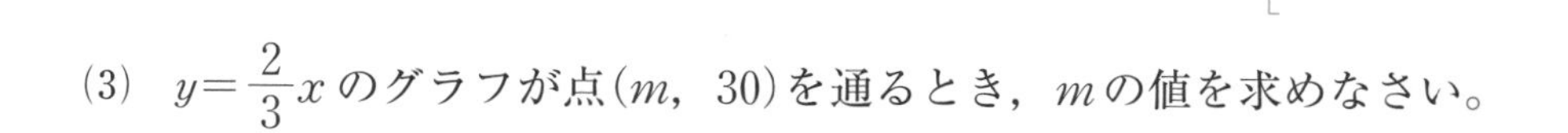

(3) $y=\dfrac{2}{3}x$ のグラフが点(m, 30)を通るとき，mの値を求めなさい。

［　　　　　］

(4) $y=\dfrac{8}{x}$ のグラフが点(20, n)を通るとき，nの値を求めなさい。

［　　　　　］

20 比例・反比例のグラフ②

月　日　点　答えは別冊11ページ

1 右の図のA～Dのグラフの式を求めなさい。 

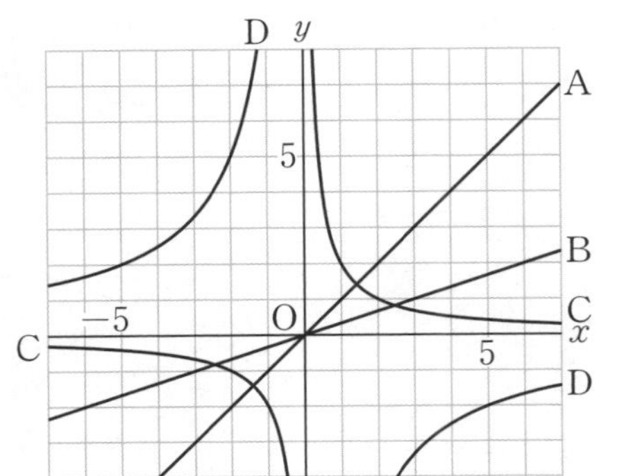

A [　　　　　　　　]

B [　　　　　　　　]

C [　　　　　　　　]

D [　　　　　　　　]

2 右の図のA～Dのグラフは，比例や反比例のグラフで，次の点を通る。それぞれの式を求めなさい。また，(5)～(7)の問いに答えなさい。 各4点

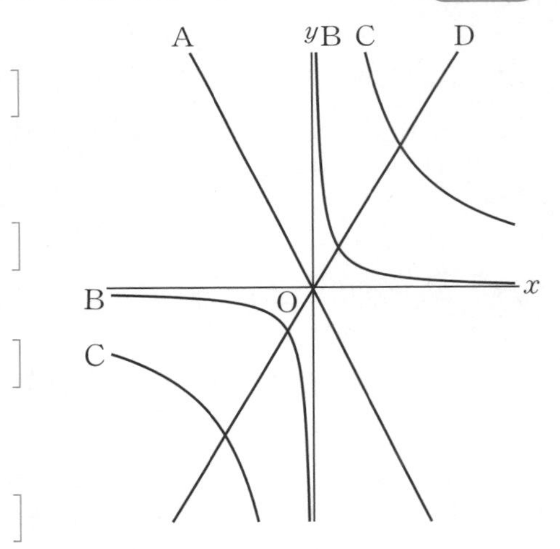

(1) Aは点$(-2,\ 4)$を通る。

[　　　　　　　　]

(2) Bは点$\left(\dfrac{1}{2},\ 2\right)$を通る。

[　　　　　　　　]

(3) Cは点$(-3,\ -4)$を通る。

[　　　　　　　　]

(4) Dは点$\left(-1,\ -\dfrac{5}{3}\right)$を通る。

[　　　　　　　　]

(5) 点$(2,\ 6)$を通るグラフはどれか。A～Dの記号で答えなさい。

[　　]

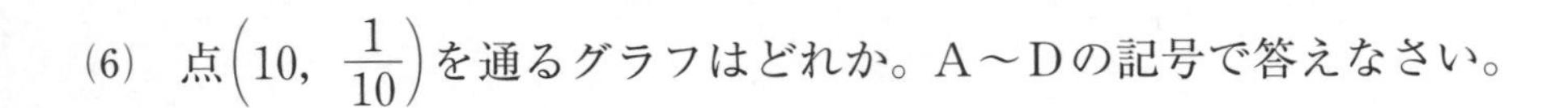

(6) 点$\left(10,\ \dfrac{1}{10}\right)$を通るグラフはどれか。A～Dの記号で答えなさい。

[　　]

(7) 点$(30,\ 50)$を通るグラフはどれか。A～Dの記号で答えなさい。

[　　]

3

右の図のA～Cのグラフは，比例 $y=2x$，$y=\frac{3}{5}x$，$y=-\frac{1}{2}x$ のいずれかのグラフである。次の問いに答えなさい。 ……………………………… [ ] 各**4**点

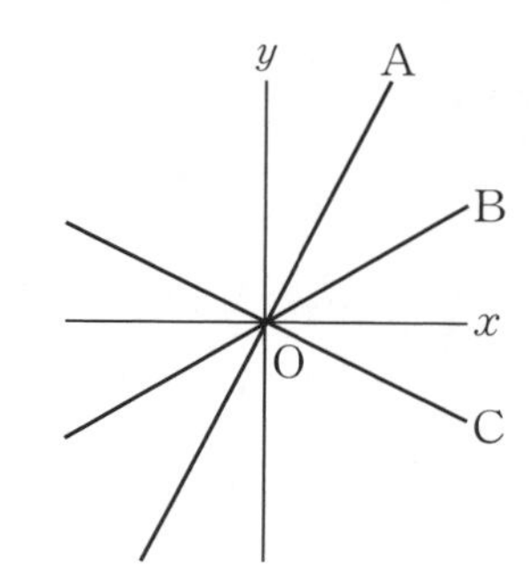

(1) A～Cのグラフに対応する式を答えなさい。

A [　　　　　　]　B [　　　　　　]

C [　　　　　　]

(2) 点(−3，−6)を通るグラフはどれか。A～Cの記号で答えなさい。 [　　]

(3) 点(10，−5)を通るグラフはどれか。A～Cの記号で答えなさい。 [　　]

(4) 点(25，q)がBのグラフ上の点であるとき，q の値を求めなさい。

[　　　　]

4

右の図のA～Cのグラフは，反比例 $y=\frac{16}{x}$，$y=\frac{4}{x}$，$y=-\frac{6}{x}$ のいずれかのグラフである。次の問いに答えなさい。 ……………………………… [ ] 各**4**点

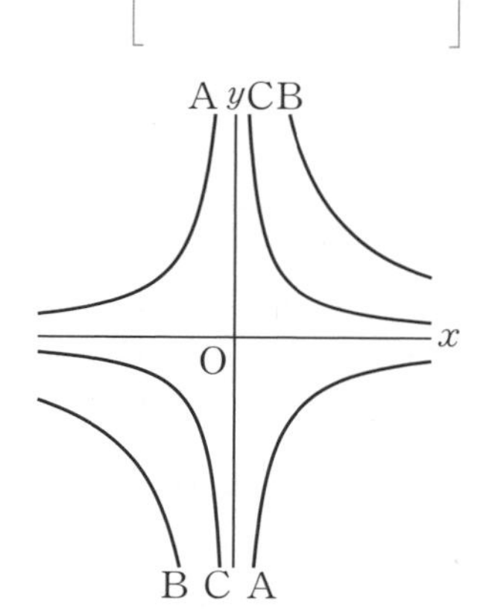

(1) A～Cのグラフに対応する式を答えなさい。

A [　　　　　　]　B [　　　　　　]

C [　　　　　　]

(2) 点(8，2)を通るグラフはどれか。A～Cの記号で答えなさい。 [　　]

(3) 点$\left(-\frac{3}{2}，4\right)$を通るグラフはどれか。A～Cの記号で答えなさい。 [　　]

(4) 点(6，q)がAのグラフ上の点であるとき，q の値を求めなさい。

[　　　　]

5

次の問いに答えなさい。 ……………………………… 各**4**点

(1) 比例のグラフが点(8，16)を通るとき，このグラフの式を求めなさい。

[　　　　]

(2) 反比例のグラフが点(6，3)を通るとき，このグラフの式を求めなさい。

[　　　　]

21 比例・反比例のグラフのまとめ

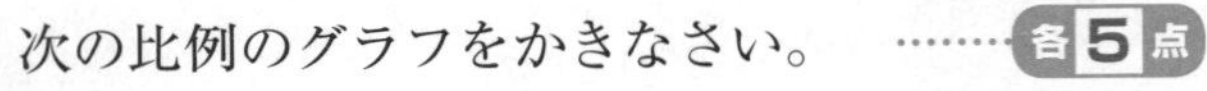

月　日　点　答えは別冊11ページ

1 次の比例のグラフをかきなさい。 ……各5点

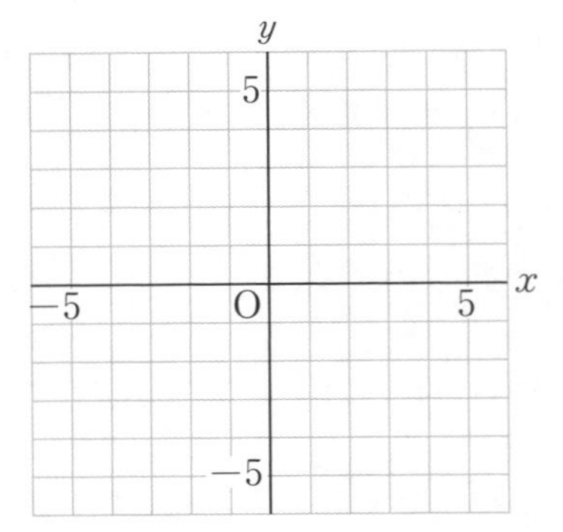

(1) $y=x$

(2) $y=\frac{1}{3}x$

(3) $y=-2x$

2 次の反比例のグラフをかきなさい。 ……各5点

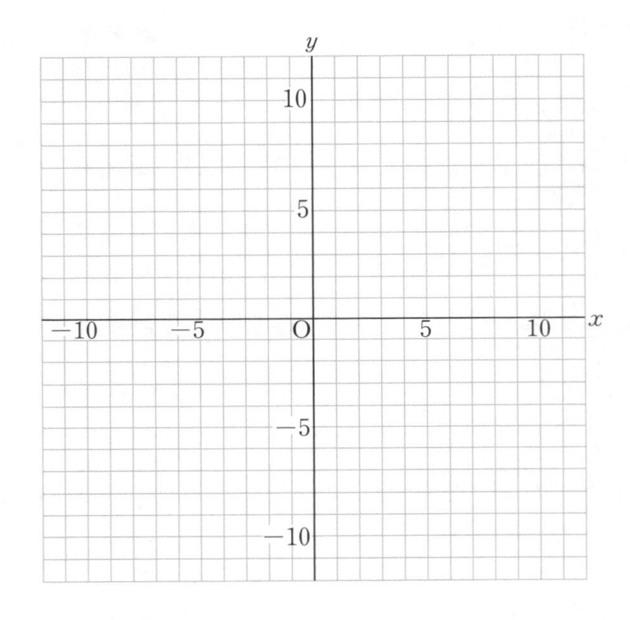

(1) $y=\frac{12}{x}$

(2) $y=\frac{4}{x}$

(3) $y=-\frac{6}{x}$

3 右の図のA～Dのグラフの式を求めなさい(•印の点に注目しなさい)。 ……各4点

A [　　　　　　]

B [　　　　　　]

C [　　　　　　]

D [　　　　　　]

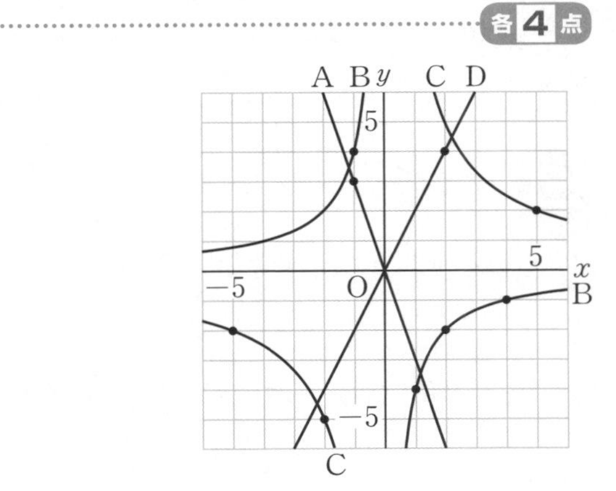

4 右の図の各点の座標について，次の問いに答えなさい。 …………図示，［ ］，□ 各3点

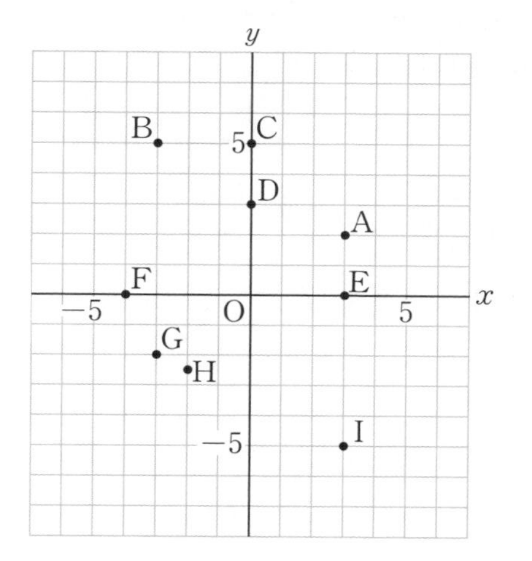

(1) 点A(3, 2)を x 軸(じく)方向に2（右へ2）だけ移動した点Pを，右の図にかき入れなさい。また，その座標を答えなさい。［　　　］

(2) 原点O(0, 0)から右へ2，下へ3だけ移動した点Qを，右の図にかき入れなさい。また，その座標を答えなさい。［　　　］

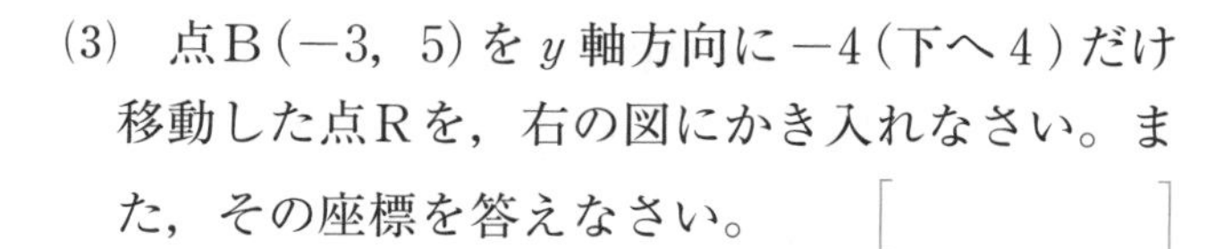

(3) 点B(−3, 5)を y 軸方向に−4（下へ4）だけ移動した点Rを，右の図にかき入れなさい。また，その座標を答えなさい。［　　　］

(4) 点Bを下へ3だけ移動した点Sを，右の図にかき入れなさい。また，その座標を答えなさい。［　　　］

(5) 点Aを左へ6，下へ4だけ移動した点はどの点か。B～Iの記号で答えなさい。また，その座標を答えなさい。　点□　座標［　　　］

(6) y 座標が0である点をA～Iから2つ選び，記号で答えなさい。
［　　　］，［　　　］

5 右の図のA～Dのグラフは，比例や反比例のグラフで，次の点を通る。それぞれの式を求めなさい。また，(5)，(6)は□の中をうめなさい。

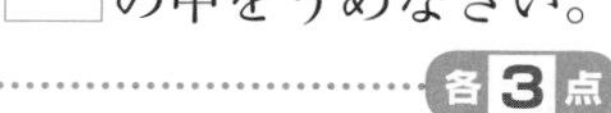

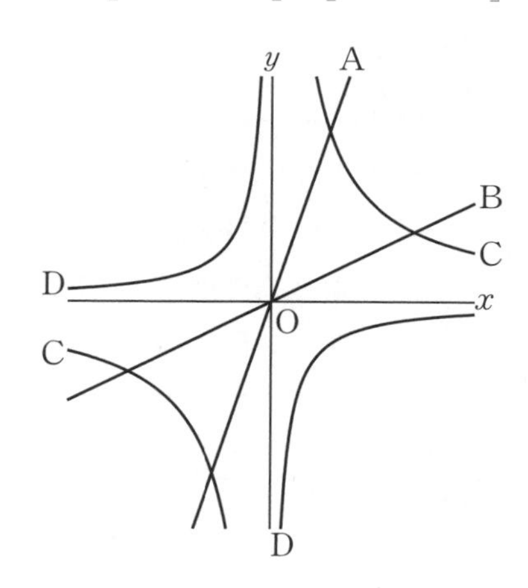

(1) Aは点(2, 6)を通る。［　　　］

(2) Bは点(−2, −1)を通る。［　　　］

(3) Cは点(2, 4)を通る。［　　　］

(4) Dは点(−1, 2)を通る。［　　　］

(5) Aのグラフでは，x が1ずつ増加すると，y は□ずつ□する。

(6) Bのグラフでは，x が4ずつ増加すると，y は□ずつ□する。

22 基本的な作図①

月　日　点　答えは別冊12ページ

1 右の直線の表し方にならって，次の図形をかきなさい。……各4点

(1) 直線CD

C　D

(2) 線分CD

C　D

(3) 半直線CD

C　D

(4) 半直線EF

F　E

直線の表し方

①直線AB

A　B

②線分AB

A　B

③半直線AB

A　B

④半直線BA

A　B

ポイント

1点を通る直線は限りなく多くあるが，2点を通る直線は1つしかない。(直線は2点によって，ただ1つに決まる。)

例

線分ABの長さを，2点A，B間の距離(きょり)といい，ABで表す。

線分ABの長さが3cmである。……AB＝3cm

線分ABと線分CDは長さが等しい。……AB＝CD

線分CDの長さは線分EFの長さの2倍である。……CD＝2EF

2 上の例にならって，次の文を記号を使って表しなさい。……各6点

(1) 線分EFの長さが5cmである。　[　　　]

(2) 線分MNと線分PQは同じ長さである。　[　　　]

(3) 線分ABの長さは線分CDの長さの3倍である。　[　　　]

(4) 線分GHの長さは線分IJの長さの$\frac{1}{2}$である。　[　　　]

(5) 線分ABと線分ACは長さが等しい。　[　　　]

Memo 覚えておこう

●同じ平面上にある２直線の位置関係は
①交わる　　②交わらない(平行である)
のどちらかである。
●２直線が交わるとき，交わってできた角が直角であるとき，
２直線は垂直であるという。

例

2直線ℓとmが平行のとき，記号//を使って，$\ell /\!/ m$と表す。
2直線ℓとmが垂直のとき，記号⊥を使って，$\ell \perp m$と表す。

直線pと直線qが平行である。………$p /\!/ q$
直線ABと直線CDが平行である。……AB//CD
直線EFと直線GHが垂直である。……EF⊥GH

3 上の例にならって，次の文を記号を使って表しなさい。 …… 各6点

(1) 直線MNと直線QRが平行である。 [　　　　]

(2) 線分ABと線分ACが垂直である。 [　　　　]

(3) 直線kと直線ℓが垂直である。 [　　　　]

(4) 線分GHと線分IJが平行である。 [　　　　]

(5) 直線gと直線hが平行である。 [　　　　]

4 次の記号で表されていることを図で示しなさい。 …… 各6点

(1) $g \perp h$ (直線hをかきなさい。)

g

(2) MN//QR (直線QRをかきなさい。)

M　N

(3) $k /\!/ \ell$ (直線ℓをかきなさい。)

k

(4) EF⊥EG (直線EGをかきなさい。)

F　E

23 基本的な作図②

月　　日　　点　　答えは別冊12ページ

ポイント

角の大きさは記号∠を使って，∠AOB，∠aなどのように表す。
（例）　∠ABCの大きさが30°である。……∠ABC＝30°
　　　∠aと∠bの大きさが等しい。……∠a＝∠b

1 右の図の三角形ABCについて，次の文を記号を使って表しなさい。

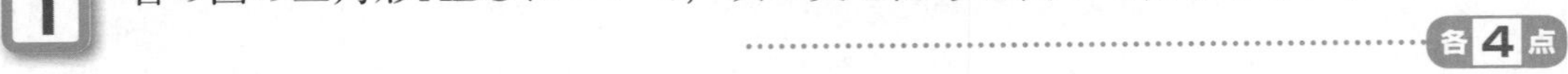

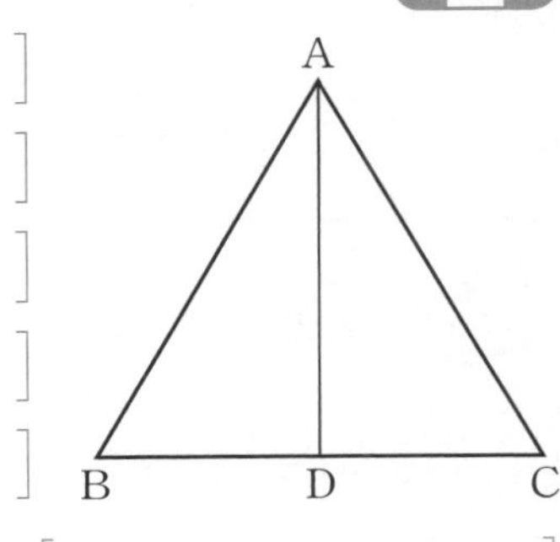

(1)　∠Bと∠Cの大きさが等しい。　［　　　　］

(2)　∠ABCの大きさが60°である。　［　　　　］

(3)　ADとBCは垂直である。　［　　　　］

(4)　BDとCDの長さが等しい。　［　　　　］

(5)　BCの長さはBDの長さの2倍である。　［　　　　］

(6)　∠BADの大きさは∠BACの大きさの$\frac{1}{2}$である。　［　　　　］

2 右の図について，次の□にあてはまる角を，A～Dの文字や記号を使って表しなさい。　□各2点

(1)　①～③の角　　①□　②□　③□

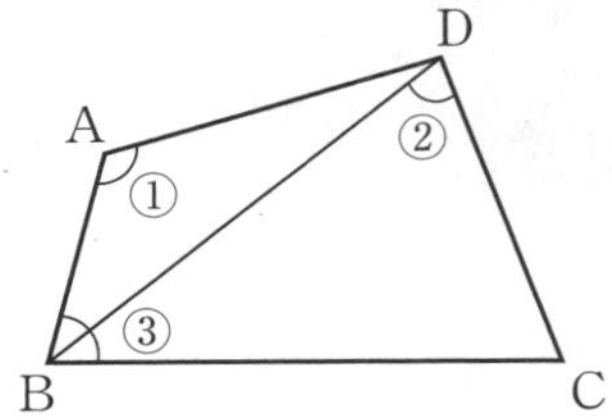

D　A　②　①　③　B　C

(2)　三角形BCDの3つの角の和を表す式

∠BCD＋□＋□＝180°

Memo 覚えておこう

円周上の2点をA，Bとするとき，円周のAからBまでの部分を弧（こ）ABといい，$\overset{\frown}{AB}$と表す。また,円周上の2点を結ぶ線分を弦（げん）といい，$\overset{\frown}{AB}$の両端の点A，Bを結ぶ線分を弦ABという。

3 次の問いに答えなさい。

(1)〜(5) 各5点　(6)□ 各3点

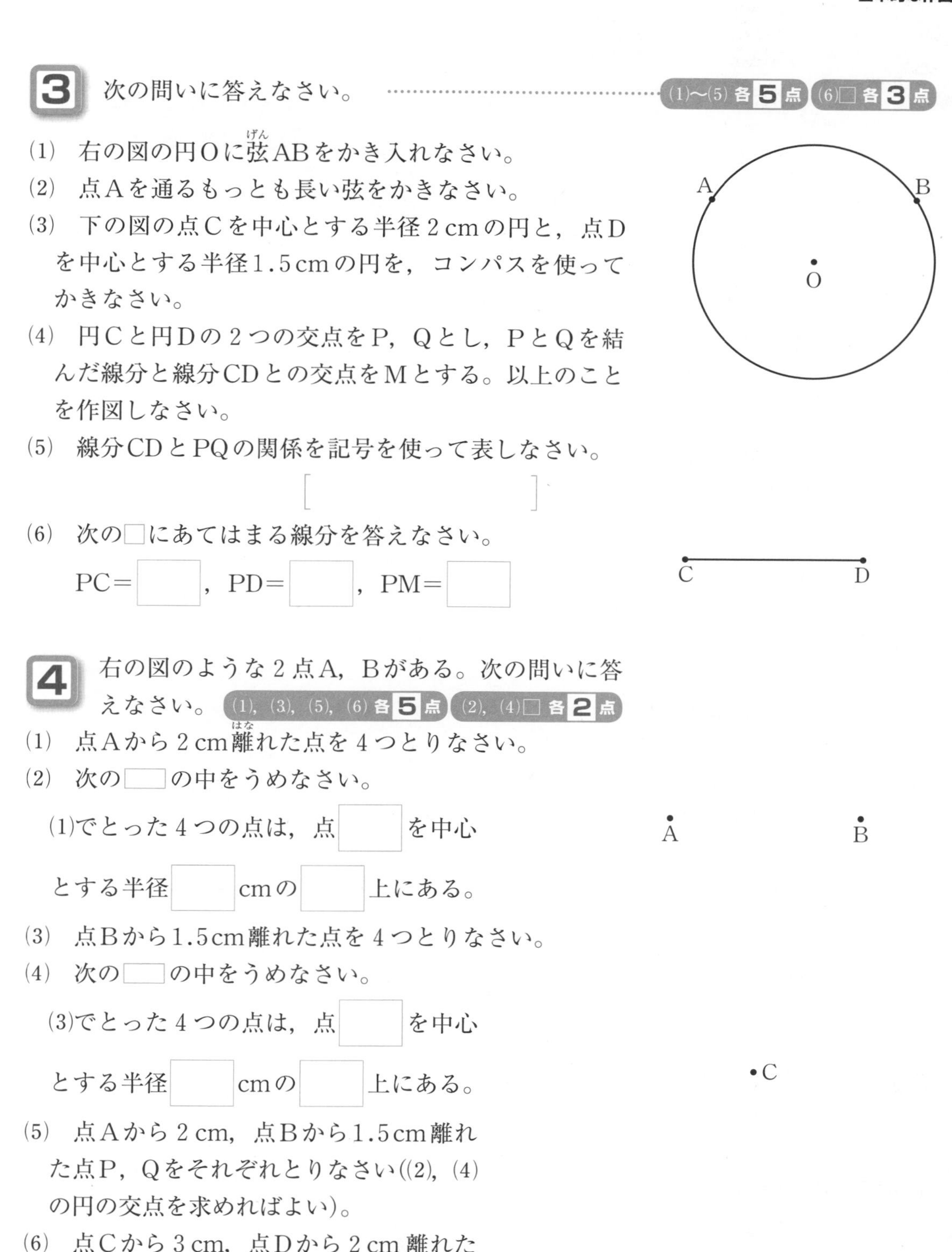

(1)　右の図の円Oに弦(げん)ABをかき入れなさい。

(2)　点Aを通るもっとも長い弦をかきなさい。

(3)　下の図の点Cを中心とする半径2cmの円と，点Dを中心とする半径1.5cmの円を，コンパスを使ってかきなさい。

(4)　円Cと円Dの2つの交点をP，Qとし，PとQを結んだ線分と線分CDとの交点をMとする。以上のことを作図しなさい。

(5)　線分CDとPQの関係を記号を使って表しなさい。

[　　　　　　　]

(6)　次の□にあてはまる線分を答えなさい。

PC=□，PD=□，PM=□

4 右の図のような2点A，Bがある。次の問いに答えなさい。

(1)，(3)，(5)，(6) 各5点　(2)，(4)□ 各2点

(1)　点Aから2cm離(はな)れた点を4つとりなさい。

(2)　次の□の中をうめなさい。

(1)でとった4つの点は，点□を中心とする半径□cmの□上にある。

(3)　点Bから1.5cm離れた点を4つとりなさい。

(4)　次の□の中をうめなさい。

(3)でとった4つの点は，点□を中心とする半径□cmの□上にある。

(5)　点Aから2cm，点Bから1.5cm離れた点P，Qをそれぞれとりなさい((2)，(4)の円の交点を求めればよい)。

(6)　点Cから3cm，点Dから2cm離れた点をそれぞれとりなさい(2つある)。

注意　点Aからの距離が$a$cmである点の集まりで作られた図形は，中心A，半径$a$cmの円である。

24 垂　線

月　日　　点　答えは別冊13ページ

1 次の手順で，直線 ℓ 上にない点Pを通り，ℓ に垂直な直線を作図しなさい。 15点

① 直線 ℓ 上に点Aを適当にとる。
② 点Aを中心とする半径PAの円をかく。
③ 直線 ℓ 上に点Bを適当にとる(点Pからみて点Aの反対側にとるとよい)。
④ 点Bを中心とする半径PBの円をかく。
⑤ 円Aと円Bは点P以外にもう１点で交わっている。その交点をQとする。
⑥ 点Pと点Qを通る直線が ℓ に垂直な直線となる。

P

ℓ

2 1と異なる次のような手順で，直線 ℓ 上にない点Pを通り，ℓ に垂直な直線を作図しなさい。 15点

① 点Pを中心とする直線 ℓ に交わる円をかき，ℓ との交点をA，Bとする。
② 点A，Bを中心とする等しい半径の円をかき，その交点のうちの１つをCとする。
③ 点Pと点Cを通る直線をひくと，ℓ に垂直な直線となる。

P

ℓ

注意　1の②，④，2の②で円をかく場合，円全体ではなく，交点をふくむように円の一部をかけばよい。

3 右の図で，点Pを通り，ℓ に垂直な直線を作図しなさい。 10点

ℓ

P

ポイント
２直線が垂直であるとき，一方の直線を他方の直線の垂線という。
垂直な直線をひくことを，垂線をひくという。

4 次の手順で，直線ℓ上の１点Pを通り，ℓに垂直な直線を作図しなさい。……**10点**

① 点Pを中心とする適当な半径の円をかいて，直線ℓとの交点をA，Bとする。

② 点A，Bを中心とする等しい半径の円をかく（２つの円が交わるような半径をとる）。

③ ２つの円の交点を結ぶと，その直線はPを通り，直線ℓに垂直である。

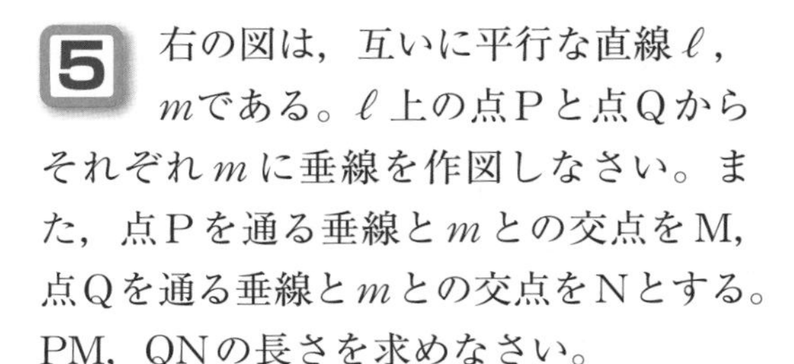

5 右の図は，互いに平行な直線ℓ，mである。ℓ上の点Pと点Qからそれぞれmに垂線を作図しなさい。また，点Pを通る垂線とmとの交点をM，点Qを通る垂線とmとの交点をNとする。PM，QNの長さを求めなさい。

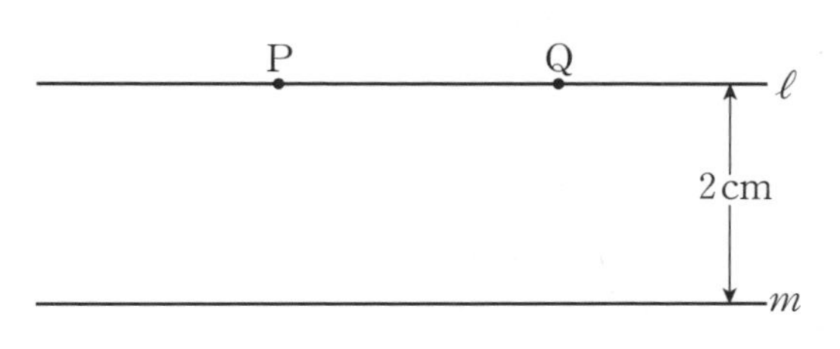

……**作図，［ ］各5点**

PM＝［　　　］cm，QN＝［　　　］cm

ポイント

5で，垂線PMの長さを，点Pと直線mの距離（きょり）という。平行な２直線ℓ，mで，ℓ上のどの点からも直線mとの距離が等しく，これらの距離を直線ℓとmの距離という。

6 右の図について，次の問いに答えなさい。ただし，方眼の１目盛りを１cmとする。**各7点**

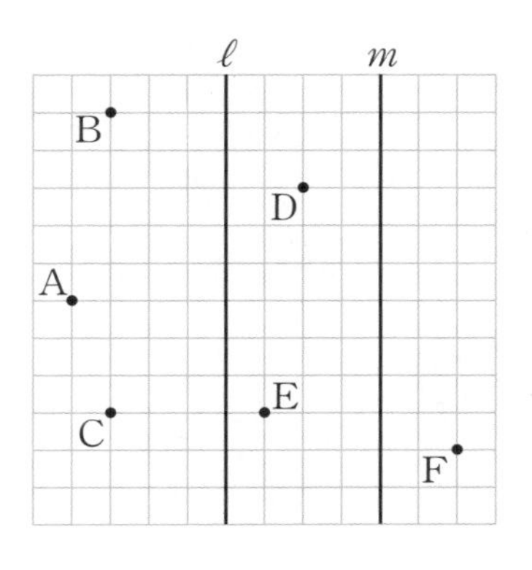

(1) 直線ℓとの距離がもっとも短い点を答えなさい。

［　　　］

(2) 直線ℓとの距離がもっとも長い点を答えなさい。

［　　　］

(3) 直線ℓとmの距離を求めなさい。

［　　　］

(4) 線分BCの長さを求めなさい。

［　　　］

(5) 点Bと直線mの距離を求めなさい。

［　　　］

25 垂直二等分線

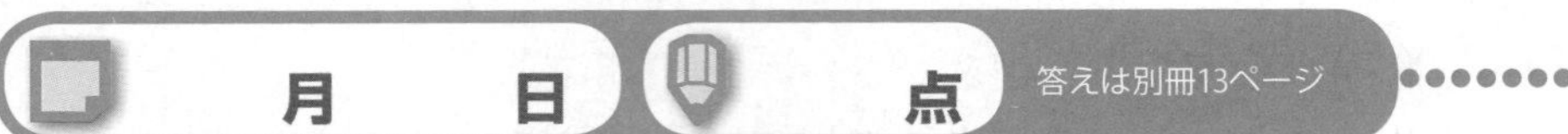

1 右の図で，次の①～④の点を作図によって求めなさい（コンパスを使って，２点A，Bを中心とする等しい半径の円をかき，２つの円の交点を求める）。また，下の(1)，(2)の問いに答えなさい。……各5点

① ２点A，Bからの距離（きょり）がどちらも２cmである２点P，P′

② ２点A，Bからの距離がどちらも2.5cmである２点Q，Q′

③ ２点A，Bからの距離がどちらも３cmである２点R，R′

④ ２点A，Bからの距離がどちらも3.5cmである２点S，S′

（８つの点P，Q，R，S，P′，Q′，R′，S′は一直線上に並ぶことを，SとS′を結ぶことによって確かめなさい。）

A―――――B

(1) 線分ABと線分SS′の関係を記号を使って書き表しなさい（図を見て判断しなさい）。［　　　　］

(2) 線分ABと線分SS′の交点をMとするとき，線分AMと線分BMの関係を記号を使って書き表しなさい（図を見て判断しなさい）。［　　　　］

ヒント 点Mは線分ABを２等分している。この点Mを線分ABの中点という。

ポイント

２点A，Bからの距離が等しい点は無数にある。この条件をみたす点の集まりは，線分ABの中点を通り，ABに垂直な直線である。線分の中点を通り，その線分に垂直な直線を，その線分の垂直二等分線という。

2 **1**をもとに，線分の垂直二等分線の作図のしかたを考え，右の図の線分PQの垂直二等分線を作図しなさい（線分PQの中点も同様に作図できる）。……10点

P―――――Q

注意 **1**で，８つの点P，Q，R，S，P′，Q′，R′，S′はすべて一直線上にあるので，どれか１組の交点を作図して結べばよい。

3 右の図で，円Oの周上の２点A，Bを結ぶ弦(げん)ABの垂直二等分線を作図しなさい。同様にして，弦CDの垂直二等分線を作図しなさい。 …………………… 各10点

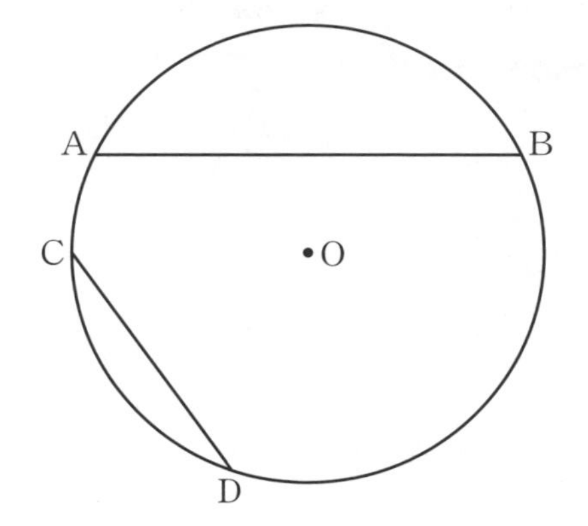

注意 作図した垂直二等分線が円の中心Oを通ることを確かめてみよう。

4 右の図のように，３点A，B，Cがある。次の問いに答えなさい。 …………………… 各10点

B

C

A

(1)　２点A，Bを結ぶ線分ABの垂直二等分線を作図しなさい。

(2)　２点B，Cを結ぶ線分BCの垂直二等分線を作図しなさい。

(3)　(1)，(2)の直線の交点をPとするとき，PA＝PB＝PC であることを，点Pを中心とする半径PAの円をかいて，３点A，B，Cがこの円周上にあることを確かめなさい。

ヒント 点Pは，３点A，B，Cから等しい距離にある点である。

5 右の図は，CA＝CB の二等辺三角形である。底辺ABの垂直二等分線を作図しなさい。 …………………… 10点

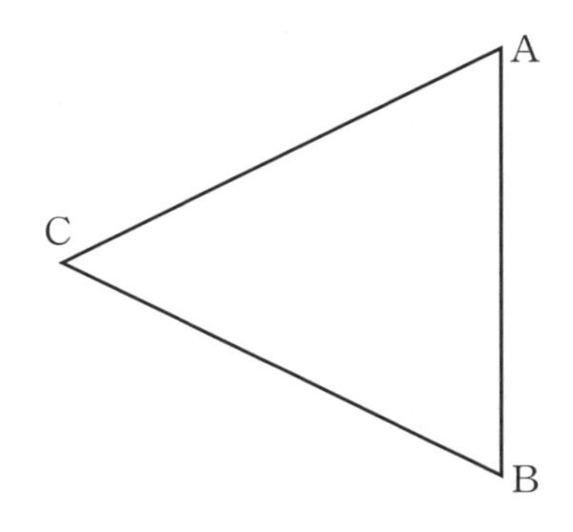

注意 作図した垂直二等分線が頂点Cを通ることを確かめてみよう。

26 角の二等分線

1 ∠AOBが与えられている。次の手順にしたがい，半直線OEを作図しなさい。 10点

① 頂点Oを中心とする円をかく(半径はOAより短くし，半直線OA，OBと交わる部分だけでよい)。

② ①でかいた円と半直線OA，OBとの交点を，それぞれC，Dとする。

③ 次に，2点C，Dを中心とする等しい半径の円をかき，その円の交点の一方をEとする。

④ 半直線OEをひく。

A
O　B

Memo 覚えておこう

上の半直線OEは∠AOBを2等分している。∠AOE＝∠BOE＝$\frac{1}{2}$∠AOB

このように角を2等分する半直線を，角の二等分線という。

2 1のやり方にならい，次の与えられた角の二等分線を作図しなさい。 各10点

(1)

(2)

(3)

3 次の図で，∠XOYの二等分線を作図しなさい。 …………………… 各10点

(1)

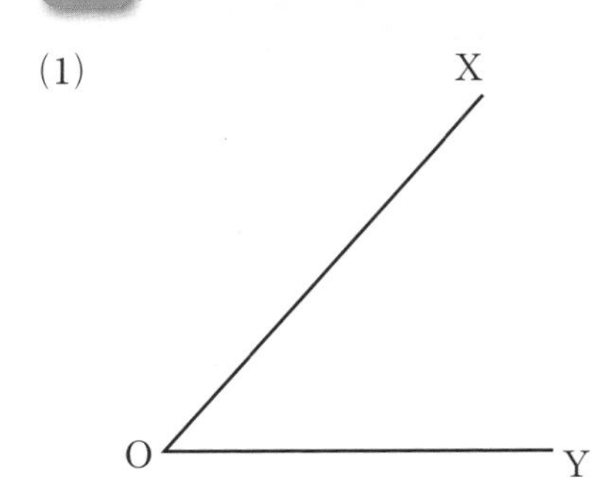

(2)

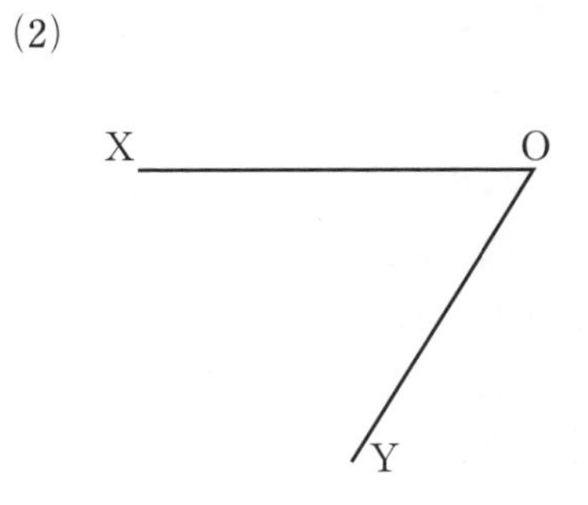

(3)

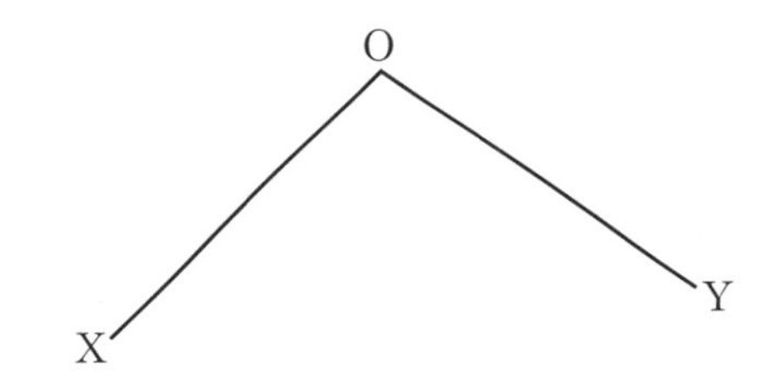

(4)

4 次の図で，∠XOYを 4 等分する半直線を作図しなさい。 …………………… 各10点

(1)

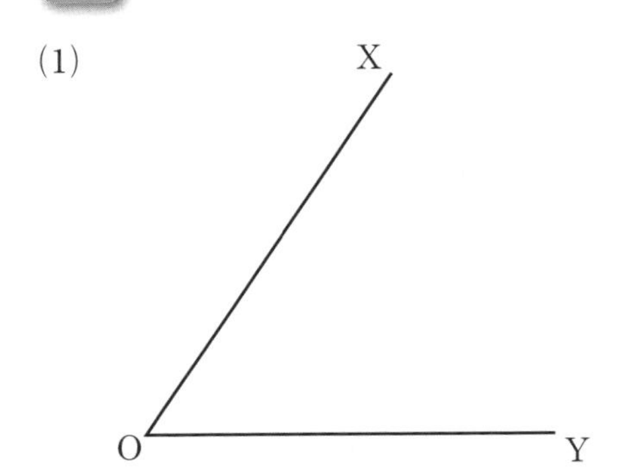

(2)

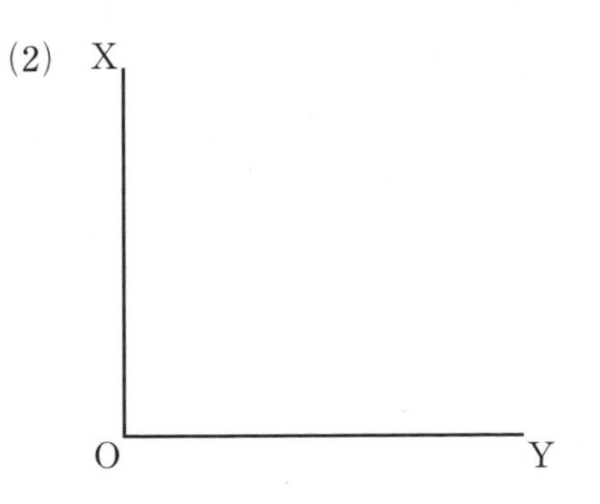

27 作図の応用①

月　日　　点　答えは別冊14ページ

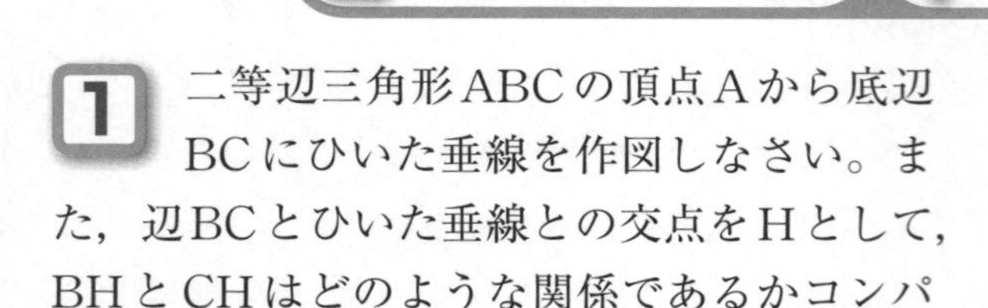

1 二等辺三角形ABCの頂点Aから底辺BCにひいた垂線を作図しなさい。また，辺BCとひいた垂線との交点をHとして，BHとCHはどのような関係であるかコンパスを用いて調べ，答えなさい。

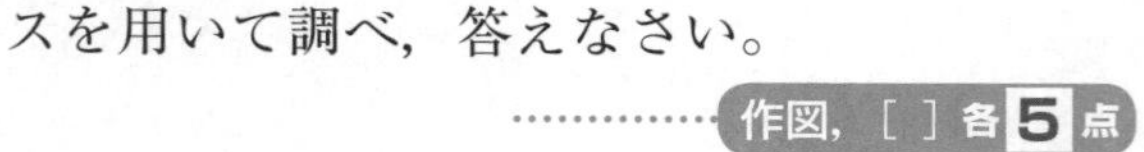

作図，［ ］各5点

［　　　　　　　　］

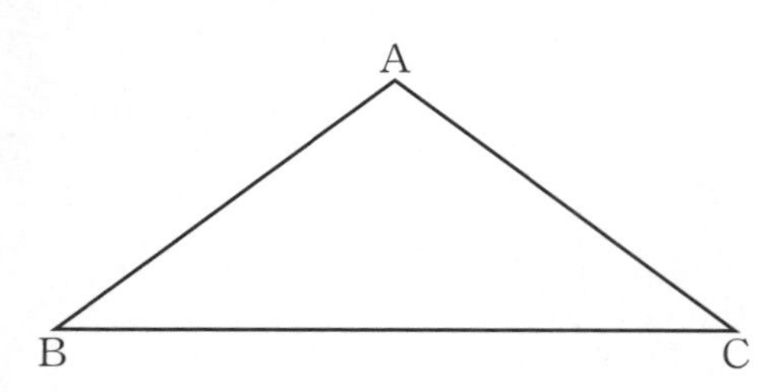

2 右の図のような二等辺三角形ABCがある。次の問いに答えなさい。

作図，［ ］各4点

(1) 二等辺三角形ABCの∠Aの二等分線を作図しなさい。

(2) (1)で作図した二等分線と底辺BCとの交点をHとするとき，∠AHBは何度か答えなさい。また，BHとCHは，どのような関係であるか答えなさい。

∠AHB＝［　　　　　　　　］

BHとCHの関係［　　　　　　　　］

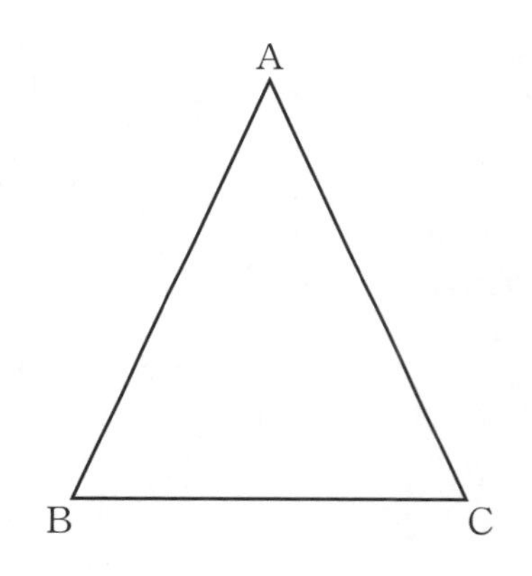

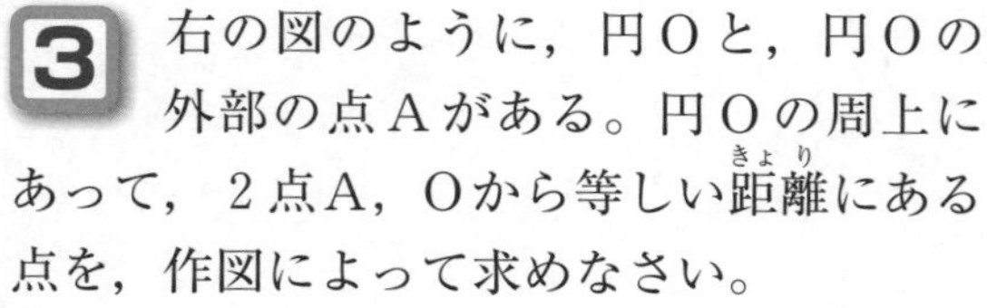

3 右の図のように，円Oと，円Oの外部の点Aがある。円Oの周上にあって，2点A，Oから等しい距離（きょり）にある点を，作図によって求めなさい。

6点

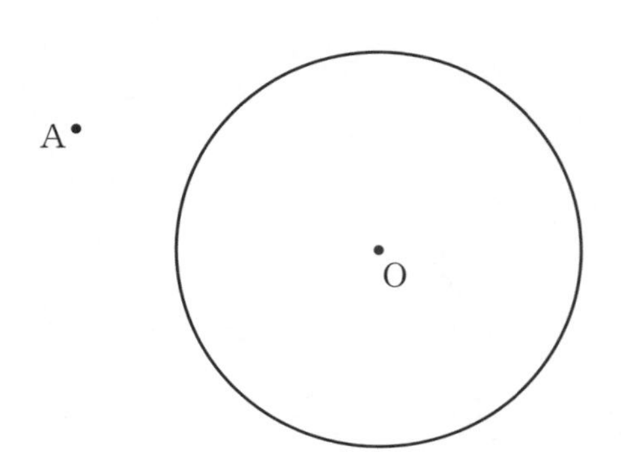

4 右の図で，ABを底辺とする正三角形ABCを作図しなさい(点A，Bを中心として，ABの長さを半径とする円をそれぞれかき，その交点をCとする)。また，次の(1)〜(3)の問いに答えなさい。

……作図，[ ] 各**6**点

(1) ∠CABの大きさを求めなさい。

[　　　　　]

(2) ∠CABの二等分線ADを作図しなさい。

(3) ∠CADの大きさを求めなさい。

[　　　　　]

A　　　　　　　　B

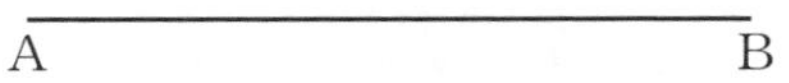

5 右の図は，直線AB上の1点Cから半直線CDをひいたものである。次の問いに答えなさい。

……(1) 各**4**点 (2) **8**点

(1) ∠ACD，∠BCDの二等分線CE，CFをそれぞれ作図しなさい。

(2) また，∠DCAの大きさを$2x^{\circ}$とするとき，∠ECFの大きさを求めなさい。

[　　　　　]

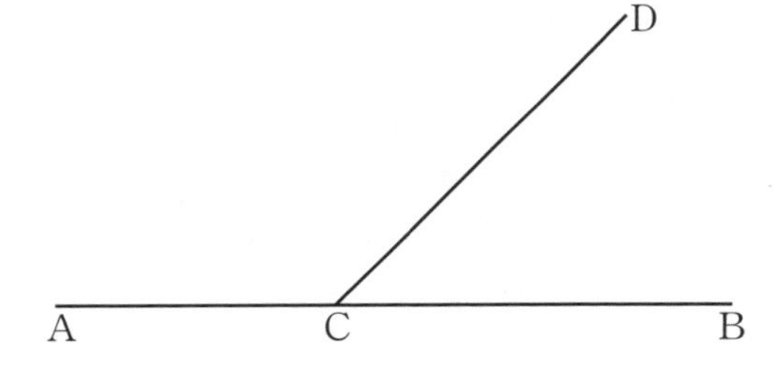

6 右の図で，∠GOHは直角である。次の問いに答えなさい。 ……各**8**点

(1) ∠GOHの二等分線OIを作図しなさい。

(2) ∠IOHの大きさを求めなさい。

[　　　　　]

(3) 半直線OHを用いて，∠HOJ＝22.5° となる半直線OJを作図しなさい。

(4) 半直線OXを用いて，∠XOY＝30° となる半直線OYを作図しなさい。

O　　　　　　　　X

28 作図の応用②

1 次の問いに答えなさい。 ……各8点

B •

• C

A •

(1) 右の図のように，3点A，B，Cがある。この3点から等しい距離(きょり)にある点Pを，作図によって求めなさい。

ヒント P53の④を参照する。

(2) 点Pを中心とする半径PAの円を作図しなさい。

2 次の問いに答えなさい。 ……各6点

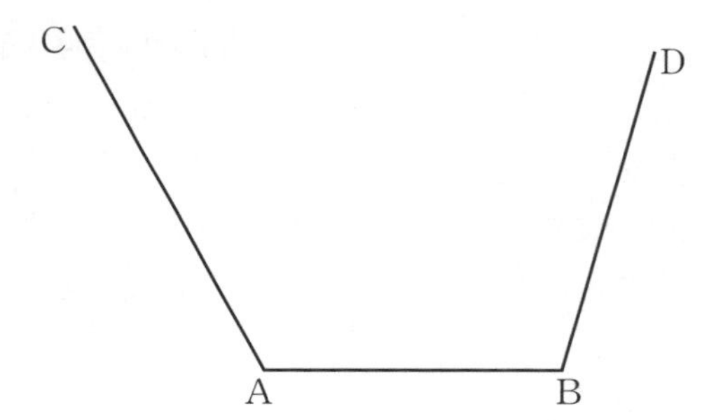

(1) ∠CABの二等分線APを作図しなさい。

(2) ∠ABDの二等分線BQを作図しなさい。

(3) 線分APとBQの交点Rを求めなさい。

(4) 点Rから線分ABに垂線をひき，線分ABとの交点をSとする。点Rを中心とする半径RSの円をかき，円が線分AC，BDと接することを確かめなさい。

3 右の図のように，点Aを通る直線ℓと直線ℓ上にない2点B，Cがある。点Aを通り直線ℓに垂直な直線上にあり，2点B，Cから等しい距離にある点Pを，作図によって求めなさい。 ……10点

C

B

ℓ

A

4

右の図の△ABCについて，次の問いに答えなさい。 各8点

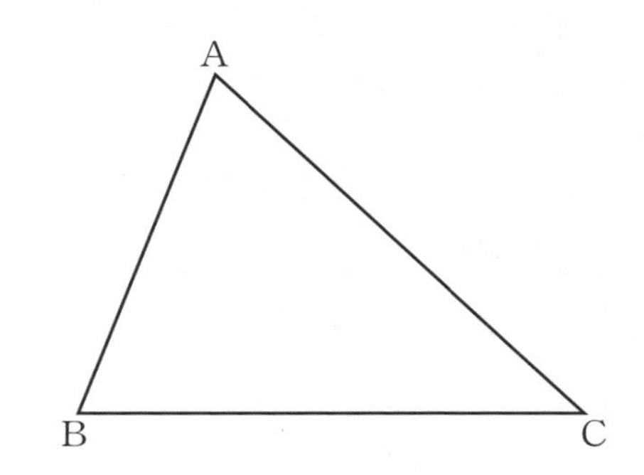

(1) 各辺の垂直二等分線を作図し，作図した3本の直線が1点で交わることを確かめなさい。

(2) (1)の交点をPとし，Pを中心とする半径PAの円を作図しなさい。

ポイント

3点A，B，Cを頂点とする三角形を，記号を使って△ABCと表す。

5

右の図の△ABCについて，次の問いに答えなさい。 各8点

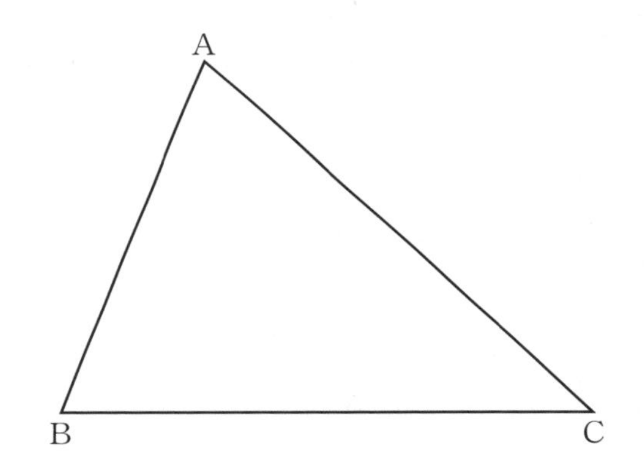

(1) 3つの角の二等分線を作図し，作図した3本の半直線が1点で交わることを確かめなさい。

(2) (1)の交点をQとし，Qから辺BCにひいた垂線と辺BCの交点をRとする。
点Qを中心とする半径QRの円を作図しなさい。

6

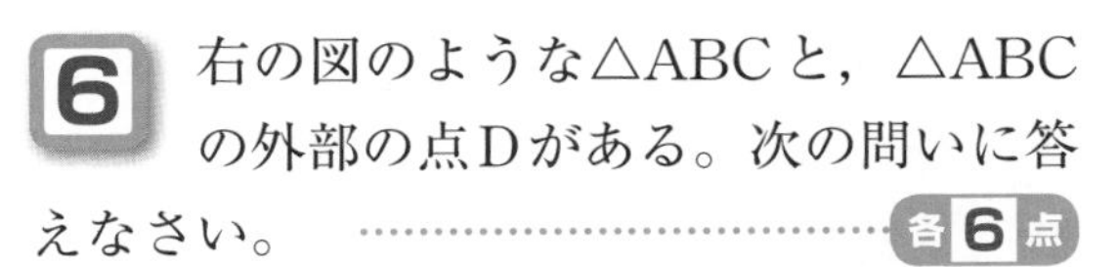

右の図のような△ABCと，△ABCの外部の点Dがある。次の問いに答えなさい。 各6点

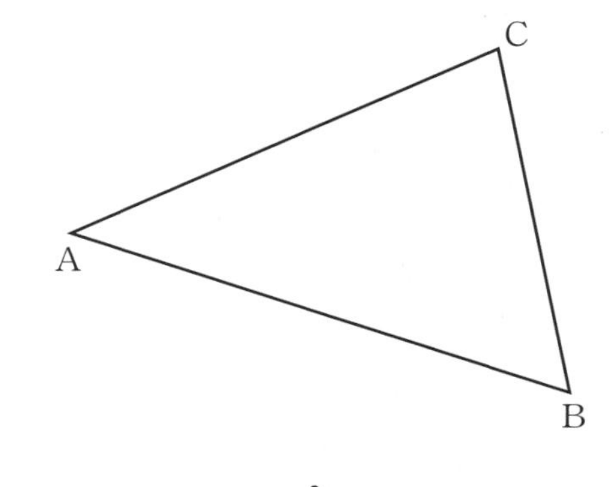

(1) ∠CABの二等分線を作図しなさい。

(2) 点Dを通る辺ABの垂線ℓを作図しなさい。

(3) 点Dを通る辺ABの垂線上にあり，2つの辺AB，ACまでの距離が等しい点Pを，作図によって求めなさい。

•D

29 平行移動

月　　日　　　点　答えは別冊16ページ

例

下の図の△A′B′C′は，△ABCを矢印の方向に，矢印の長さだけ平行移動したものである。

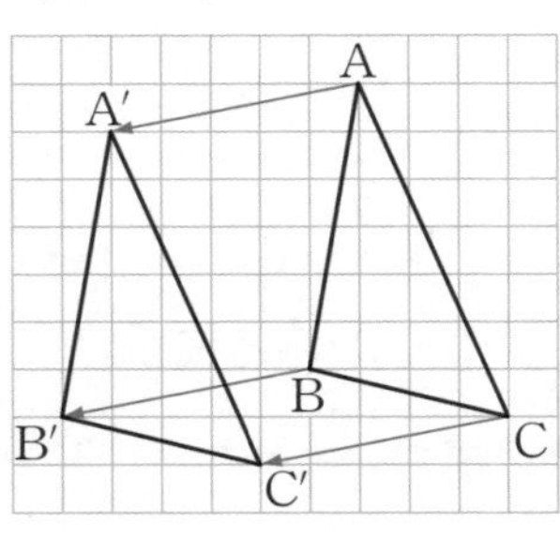

ポイント

●**平行移動**

図形を一定の方向に，一定の長さだけ動かす移動を平行移動という。

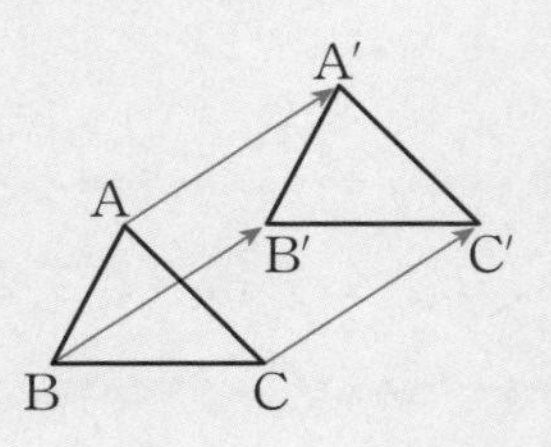

1 右の図の△DEFは，△ABCを矢印の方向に，矢印の長さだけ平行移動したものである。次の問いに答えなさい。　……各6点

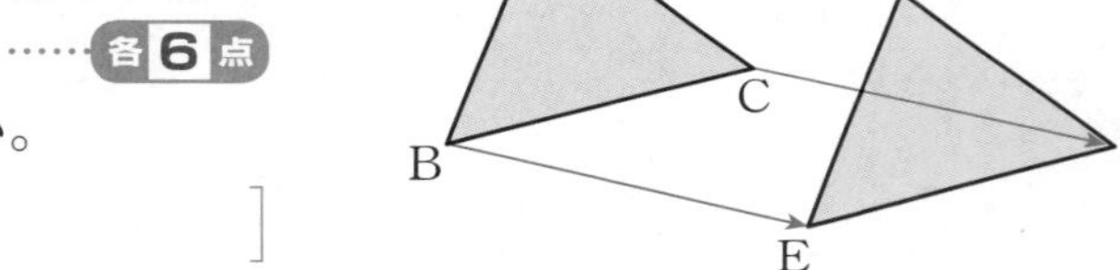

(1) 点Bに対応する点を答えなさい。　[　　　]

(2) 辺ACに対応する辺を答えなさい。　[　　　]

(3) 線分BCと長さの等しい線分を答えなさい。　[　　　]

(4) ∠BACに対応する角を答えなさい。　[　　　]

2 右の図の四角形EFGHは，四角形ABCDを矢印の方向に，矢印の長さだけ平行移動したものである。次の問いに答えなさい。　……各7点

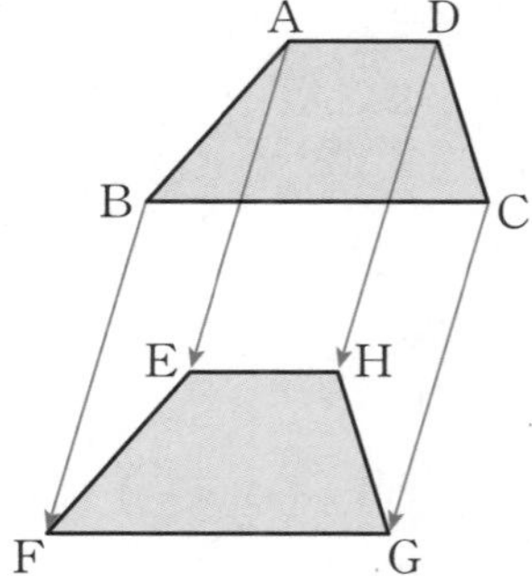
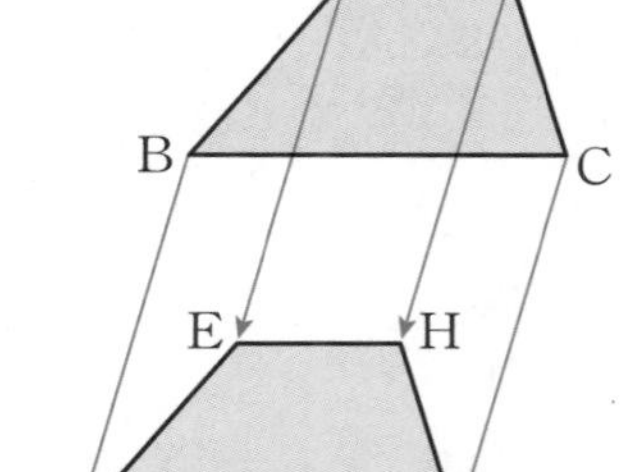

(1) 辺ADに対応する辺を答えなさい。　[　　　]

(2) 線分BFと平行な線分をすべて答えなさい。　[　　　]

(3) 線分BFと長さの等しい線分をすべて答えなさい。　[　　　]

3 右の図の図形ABCDを右に8目盛り，下に2目盛りだけ平行移動した図形をかきなさい。次に，平行移動後の図形において，Aに対応する点をG，Bに対応する点をH，Cに対応する点をI，Dに対応する点をJとして，図にG，H，I，Jの記号を書き入れなさい。 ……………… 10点

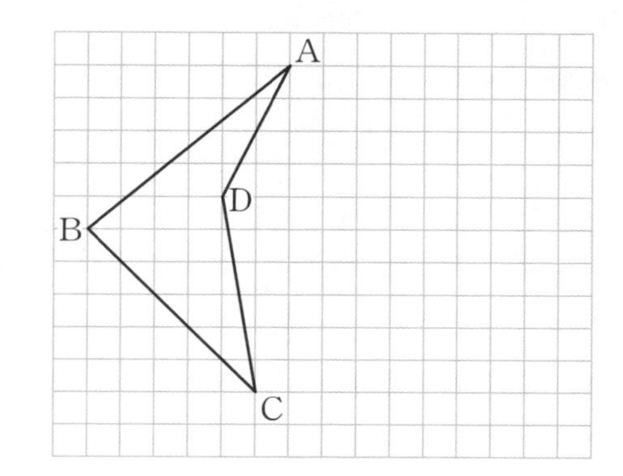

4 右の図の三角形は，△ABCをある方向に平行移動したものである。次の問いに答えなさい。 ……………… 各5点

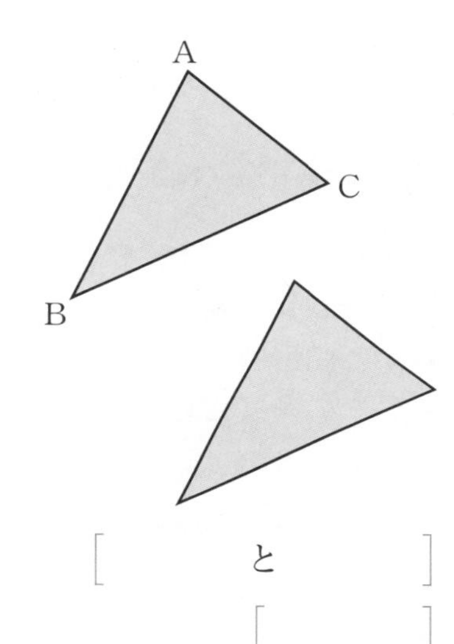

(1) Aに対応する点をG，Bに対応する点をH，Cに対応する点をIとして，図にG，H，Iの記号を書き入れなさい。

(2) 対応する点を線分で結びなさい。

(3) 線分BHと平行な線分を2つ答えなさい。 ［　　と　　］

(4) 線分BHと長さの等しい線分を2つ答えなさい。 ［　　と　　］

(5) 線分ABと平行な線分を答えなさい。 ［　　］

(6) 線分BCと平行な線分を答えなさい。 ［　　］

(7) 線分ACと平行な線分を答えなさい。 ［　　］

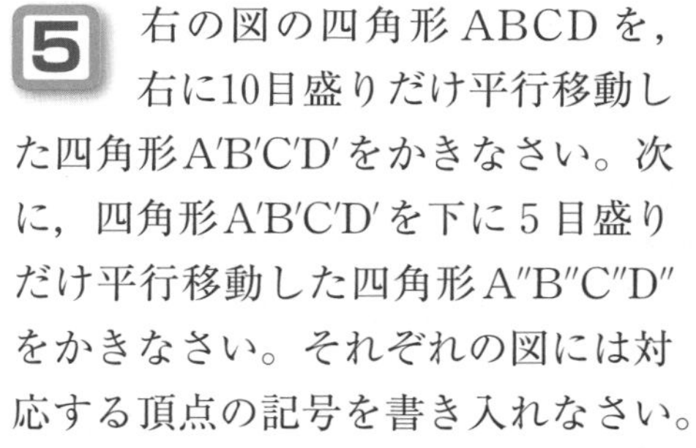

5 右の図の四角形ABCDを，右に10目盛りだけ平行移動した四角形A′B′C′D′をかきなさい。次に，四角形A′B′C′D′を下に5目盛りだけ平行移動した四角形A″B″C″D″をかきなさい。それぞれの図には対応する頂点の記号を書き入れなさい。 ……………… 各5点

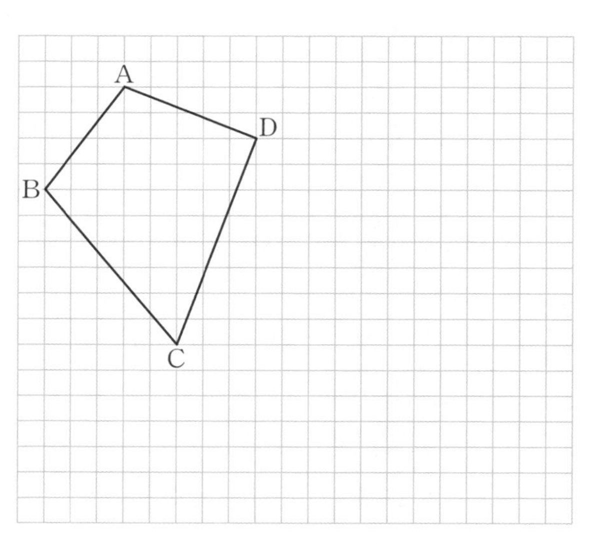

30 回転移動

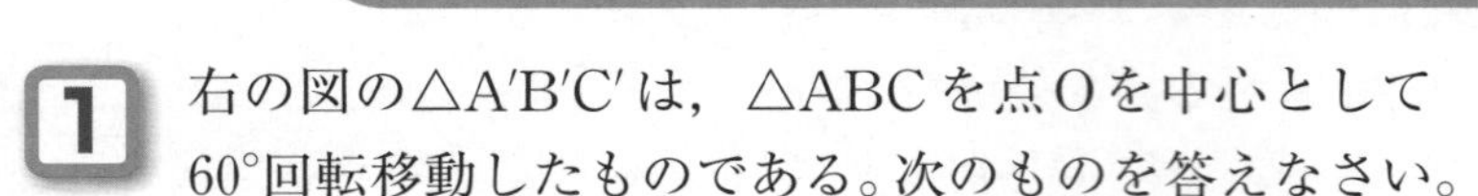

1 右の図の△A′B′C′は，△ABCを点Oを中心として60°回転移動したものである。次のものを答えなさい。 ……………… 各4点

(1) 辺ABに対応する辺 [　　　　]

(2) 線分BCと長さの等しい線分 [　　　　]

(3) ∠ABCと大きさの等しい角 [　　　　]

(4) ∠BOB′の大きさ [　　　　]

ポイント

●回転移動

図形を1つのある点を中心として，一定の角度だけ回転させる移動を回転移動という。

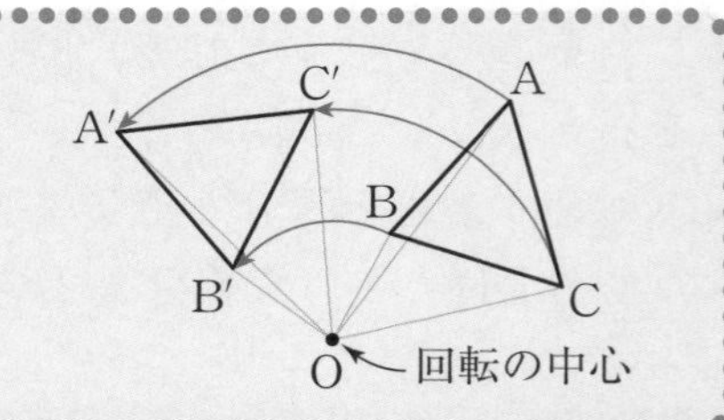

2 次の問いに答えなさい。 ……………… 各4点

(1) 右の図の△ABCを，点Oを中心として反時計回りに90°回転移動した△A′B′C′をかきなさい。

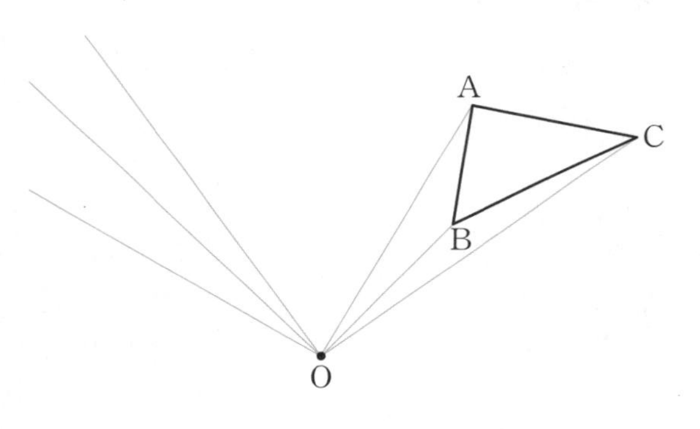

(2) 線分OAと長さの等しい線分を答えなさい。 [　　　　]

(3) 線分OCと長さの等しい線分を答えなさい。 [　　　　]

(4) ∠BOB′と大きさの等しい角を2つ答えなさい。 [　　　　と　　　　]

3 次の問いに答えなさい。 ……………… 各4点

(1) 右の図の線分EFを，点Pを中心として時計回りに120°回転移動した線分E′F′をかきなさい。

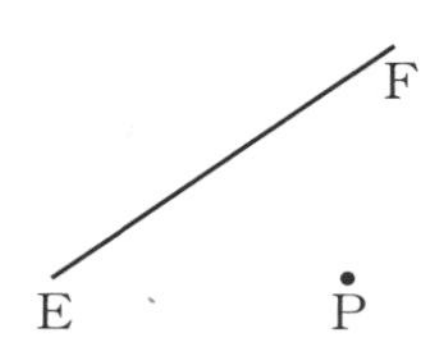

(2) ∠EPE′と等しい角を答えなさい。 [　　　　]

(3) 線分EPと等しい線分を答えなさい。 [　　　　]

4 右の図の△DBE は，△ABC を回転移動したものである。次の問いに答えなさい。 ……各7点

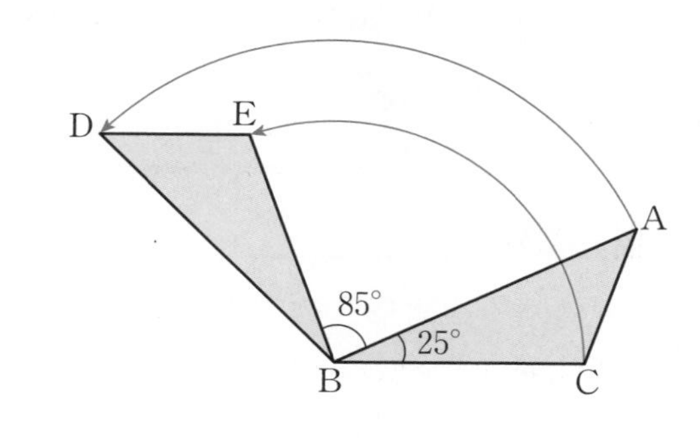

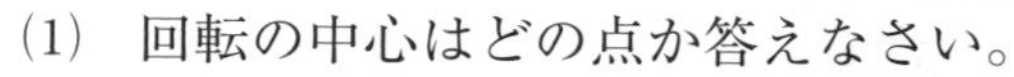

(1) 回転の中心はどの点か答えなさい。

[　　　　]

(2) 回転の角度は何度か答えなさい。

[　　　　]

(3) ∠DBE の大きさを答えなさい。

[　　　　]

(4) 線分 AB と長さの等しい線分を答えなさい。

[　　　　]

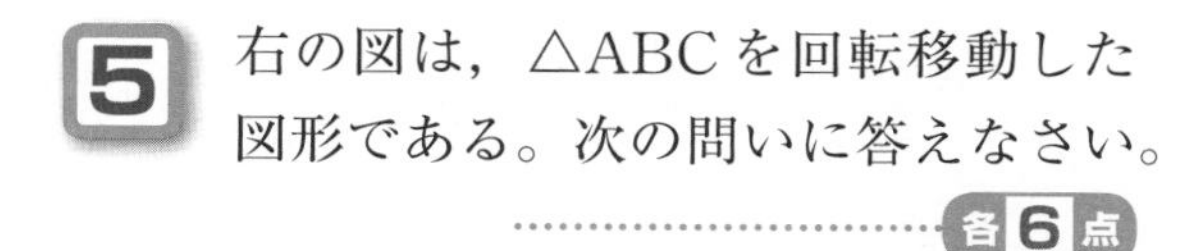

5 右の図は，△ABC を回転移動した図形である。次の問いに答えなさい。 ……各6点

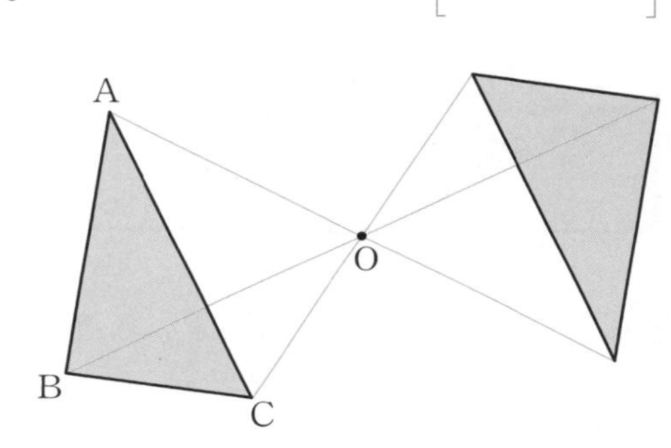

(1) 点 A，B，C がそれぞれ対応する点 A′，B′，C′ を図に書き入れなさい。

(2) 点 O を中心として何度回転移動すると，図のような正反対の位置にくるか答えなさい。

[　　　　]

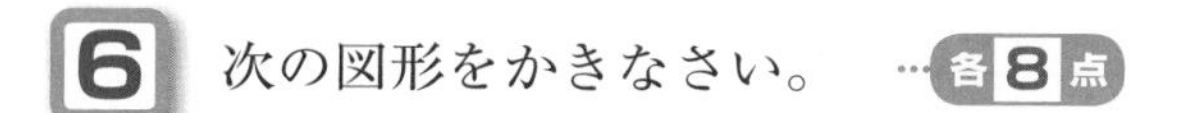

6 次の図形をかきなさい。 ……各8点

(1) 右の図の平行四辺形 ABCD を，点 O を中心として反時計回りに30°回転移動した平行四辺形 A′B′C′D′

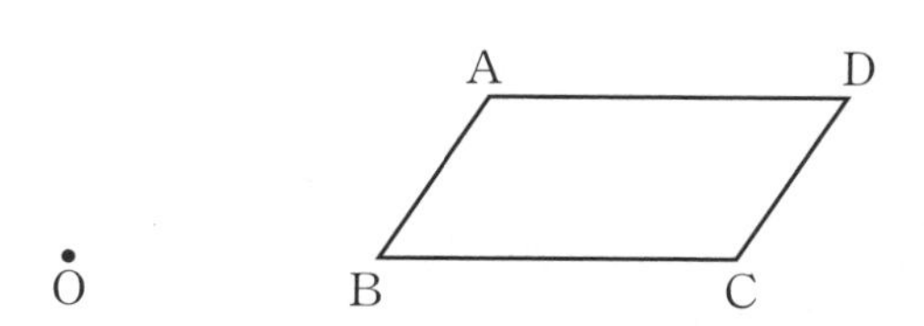

(2) 右の図の△ABC を，点 O を中心として反時計回りに90°回転移動した△A′B′C′

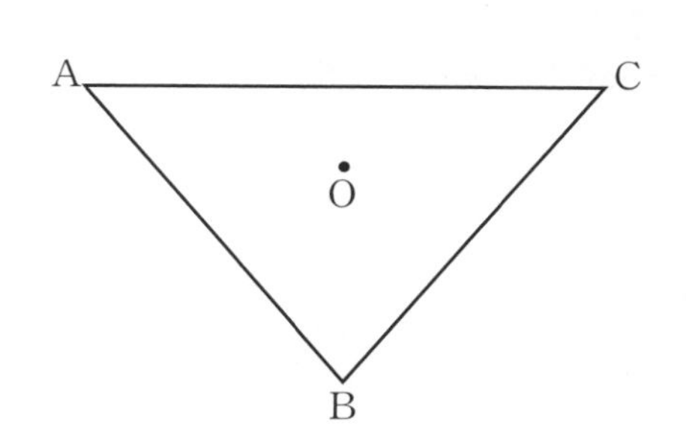

31 対称移動

月　　日　　　点　　答えは別冊17ページ

例

下の図の四角形A′B′C′D′は，四角形ABCDを直線ℓを軸(じく)として対称移動(たいしょう)したものである。

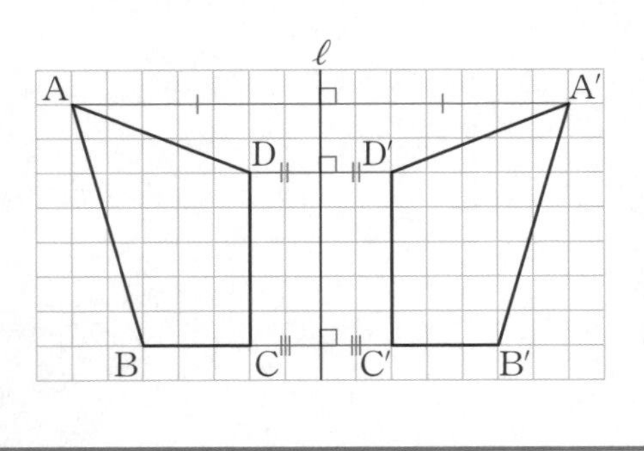

ポイント

●**対称移動**

図形を1つの直線を折り目として，折り返すような移動を対称移動という。

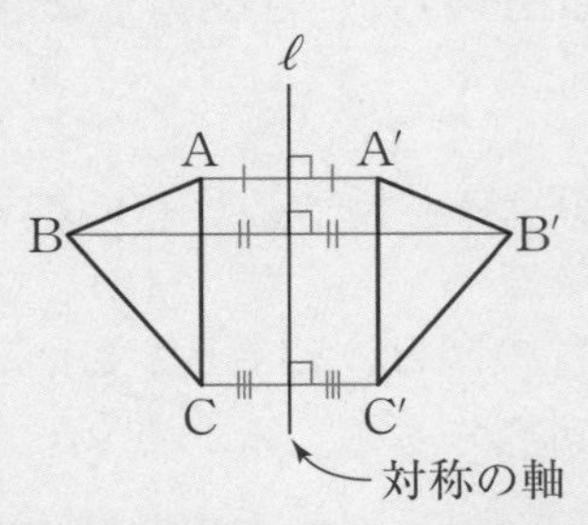

1 右の図の△A′B′C′は，△ABCを直線ℓを軸として対称移動したものである。次のものを答えなさい。 ……各8点

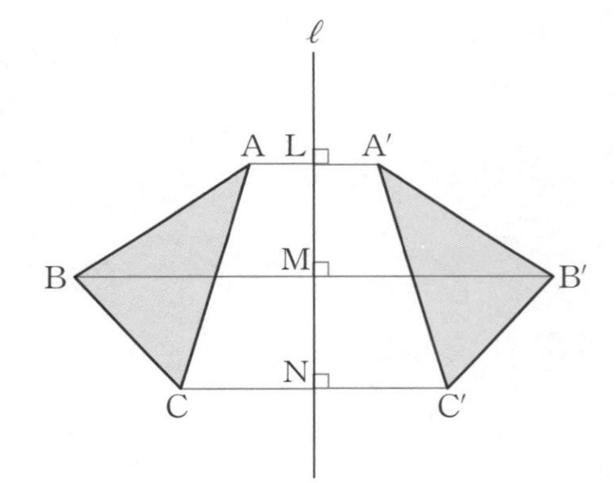

(1) 線分ABと長さの等しい線分

[　　　　　]

(2) 線分ALと長さの等しい線分

[　　　　　]

(3) 線分CNと長さの等しい線分

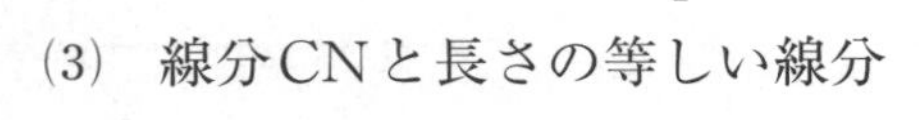

[　　　　　]

(4) 線分AA′，BB′，CC′の間に成り立つ位置関係　[　　　　　]

2 右の図の線分ABを，直線ℓを軸として対称移動した線分A′B′をかきなさい。

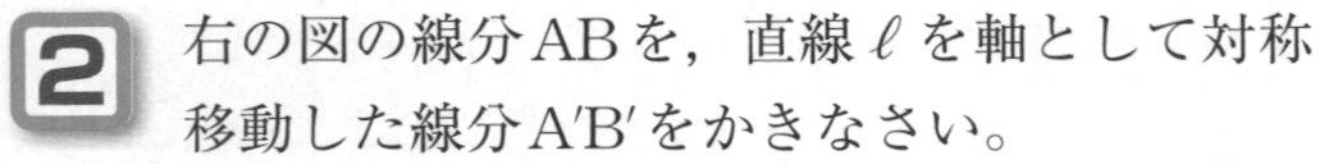

……10点

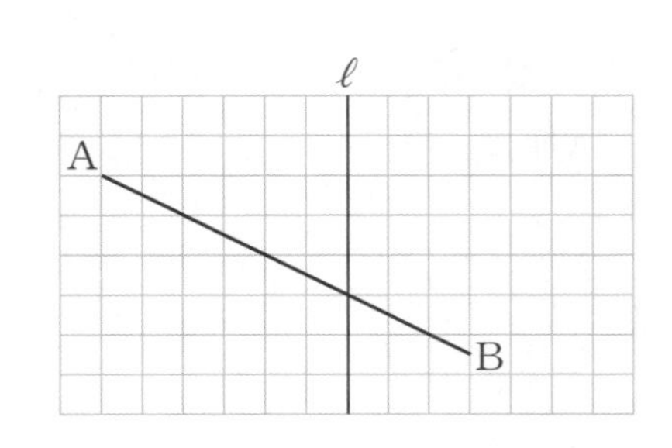

3 次の図形を直線 ℓ を軸として対称移動した図形をかきなさい。(対応する点には，もとの図形の頂点の記号に ′ をつけて表しなさい。例：A→A′) ……各10点

①

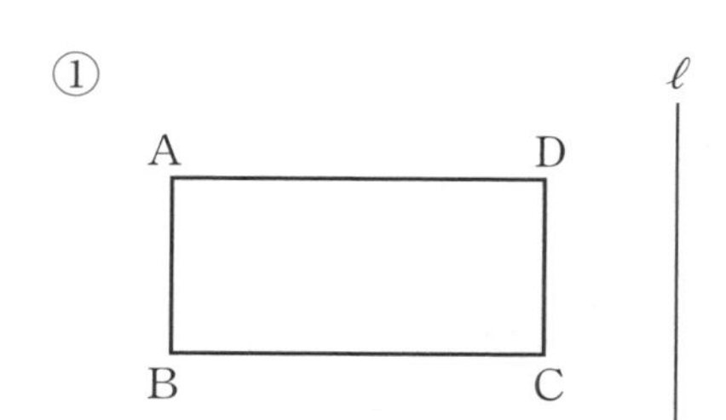

②

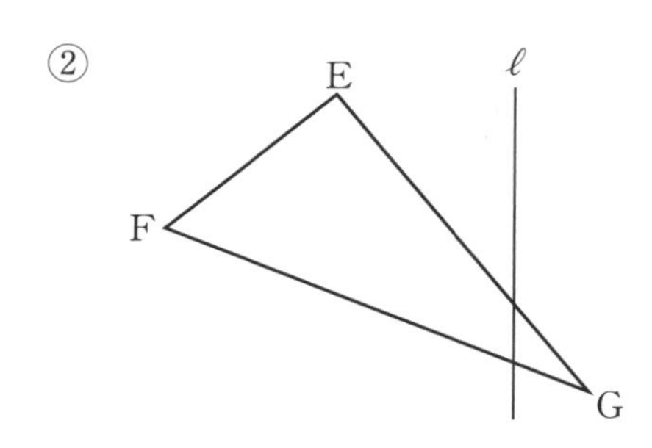

③

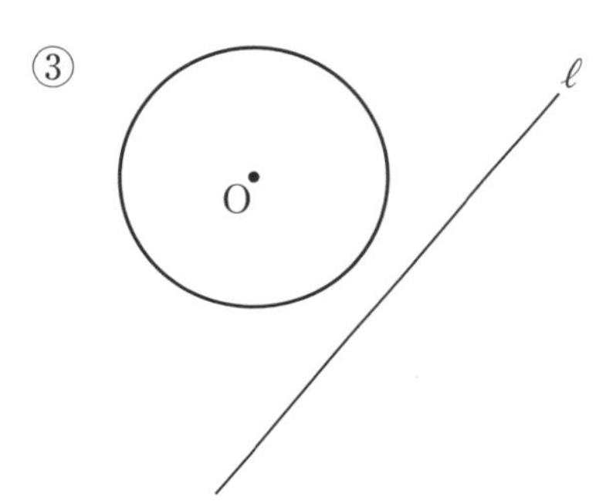

4 右の図の△ABC を，直線 ℓ を軸として対称移動した△A′B′C′ をかき，次の問いに答えなさい。……作図10点 [ ]各6点

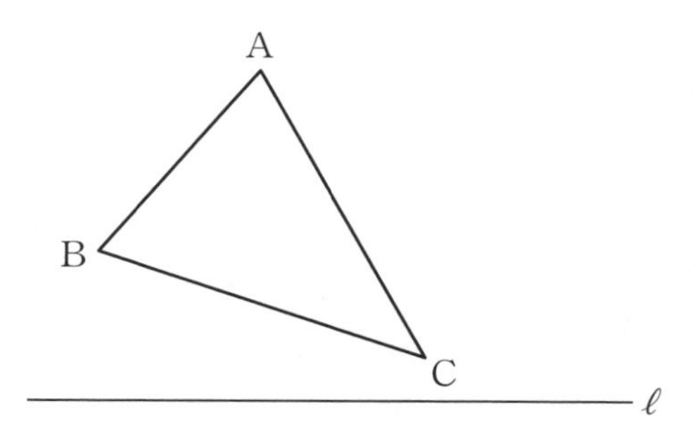

(1) 直線 ℓ によって垂直に 2 等分されている線分を 3 つ答えなさい。

[　　　　　　　　]

(2) 直線AC と直線A′C′ の交点はどこにできるか答えなさい。

[　　　　　　　　]

(3) 直線BC と直線B′C′ の交点はどこにできるか答えなさい。

[　　　　　　　　]

32 図形の移動①

月　日　点　答えは別冊17ページ

例

下の図の△A′B′C′は，△ABCを点Oを中心として点対称(てんたいしょう)移動したものである。

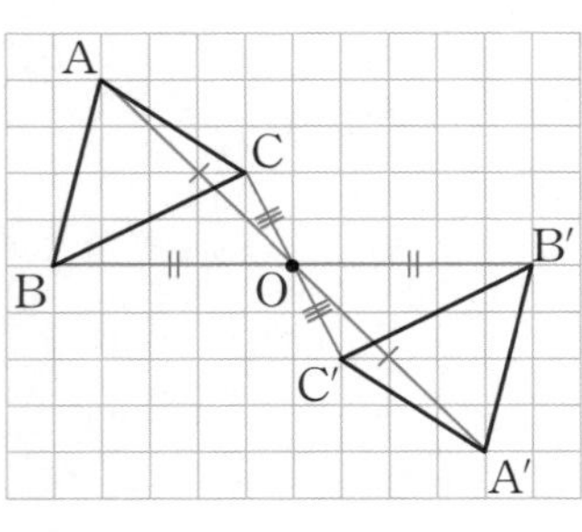

ポイント

●**点対称移動**

図形を1つの定点を中心として180°回転させる移動を点対称移動という。

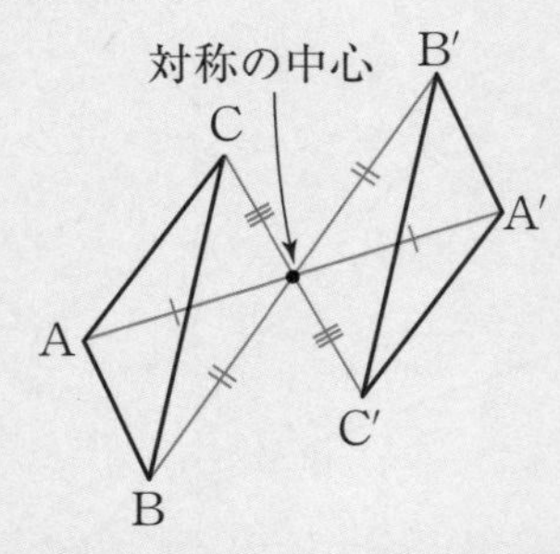

1 右の図の△ABCを，左に10目盛りだけ平行移動した△DEFと，点Aを中心として点対称移動した△GHIをそれぞれかきなさい。 ……… 各6点

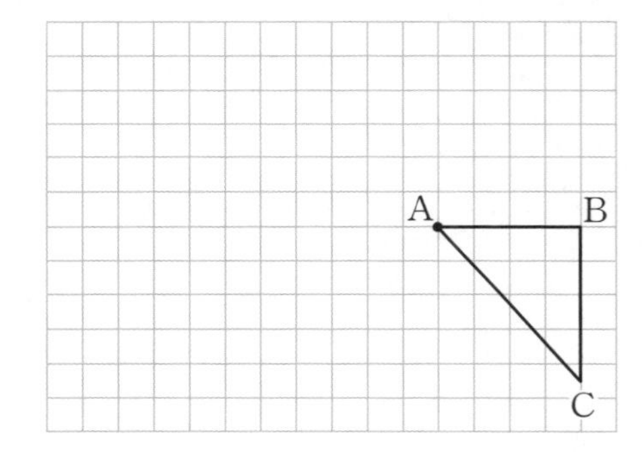

2 右の図の△ABCを，点Oを中心として時計回りに90°回転移動した△DEFと，直線ℓを軸(じく)として対称移動した△GHIをそれぞれかきなさい。 ……… 各6点

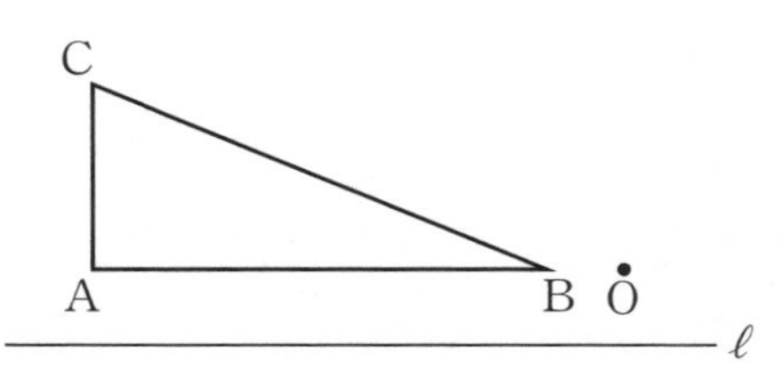

3

右の図の三角形㋐～㋔について，次の(1)～(4)にあてはまるものを答えなさい。　……………………各8点

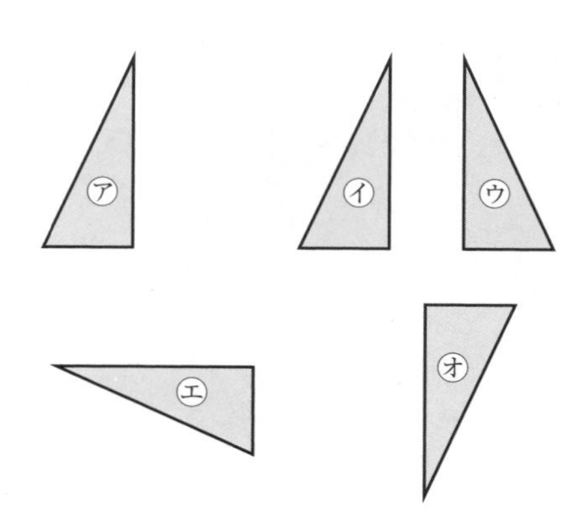

(1)　㋐を平行移動すると重なる三角形

[　　　　　　　　]

(2)　㋐を直線を軸として対称移動すると重なる三角形

[　　　　　　　　]

(3)　㋐を反時計回りに90°回転移動すると重なる三角形

[　　　　　　　　]

(4)　㋔を180°回転移動すると重なる三角形2つ

[　　　　と　　　　]

4

右の図の△OCDは，△OABを点Oを中心として回転移動したものである。次の問いに答えなさい。　……………………各8点

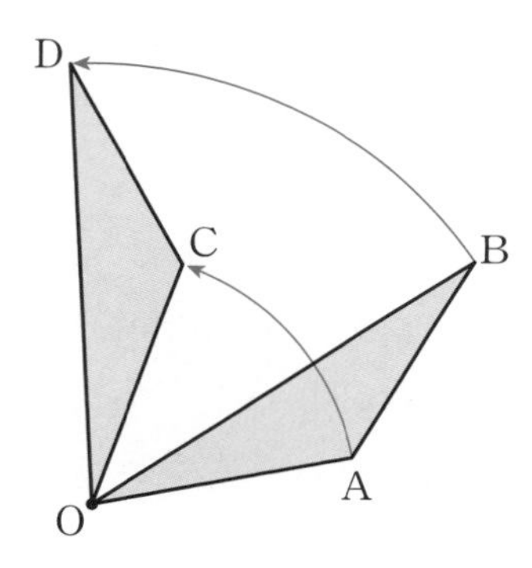

(1)　線分OAと長さの等しい線分を答えなさい。

[　　　　　　　　]

(2)　点Oを通る直線を折り目として，点Aが点Cに重なるように折ることができる。この直線はどんな直線か答えなさい。

[　　　　　　　　]

(3)　線分BDの垂直二等分線mを作図しなさい。

(4)　直線mは図中のどの点を通るか答えなさい。

[　　　　　　　　]

5

右の図で，線分CDは線分ABをある1点Pを中心として回転移動し，点Cが点A，点Dが点Bにそれぞれ対応している。点Pの位置を，作図によって求めなさい。

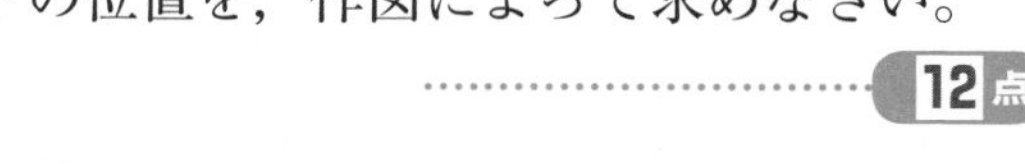

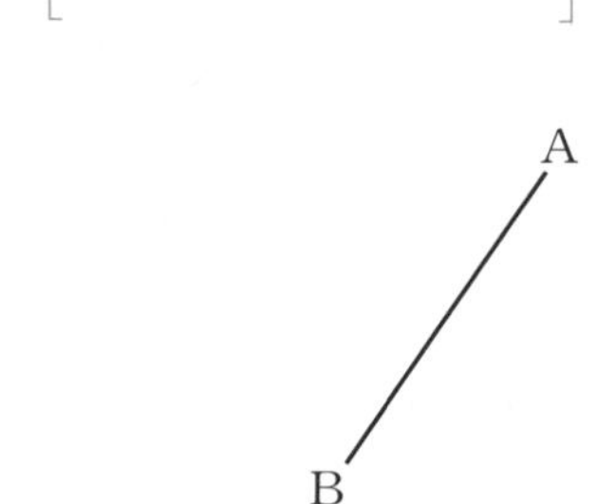

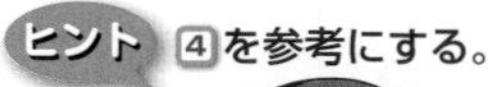

33 図形の移動②

月　日　　点　答えは別冊18ページ

1 次の問いに答えなさい。　(1)〜(3) 各**10**点　(4) 各**5**点

(1) 右の図は，直線ℓについて対称(たいしょう)な△ABCと△A′B′C′である。対称の軸(じく)となる直線ℓを作図によって求めなさい。

(2) 右の図は，△DEFとそれを点Pを中心として回転移動した△D′E′F′である。回転の中心Pを作図によって求めなさい。

(3) 右の図の△GHIをある直線について対称移動したら，△GJIとなった。対称の軸となる直線を答えなさい。

[　　　　　]

(4) 右の図の線分KLを移動したら，線分K′L′となった。どのような移動をしたのかを答えなさい。また，回転の中心Oか，対称の軸ℓを作図によって求めなさい。

[　　　　　　　]

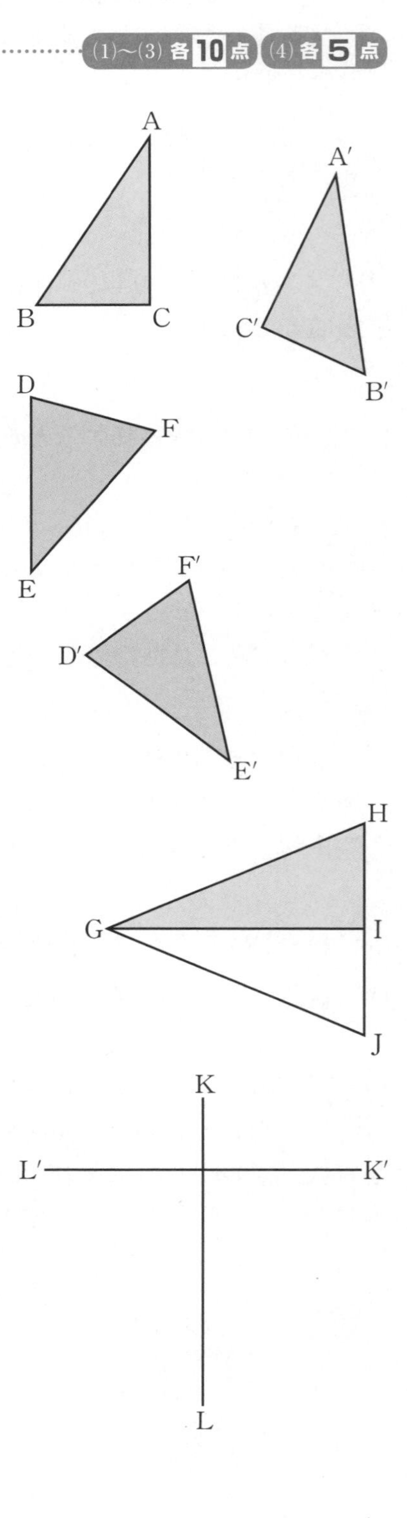

2 右の図の四角形ABCDは，∠ABC＝120°のひし形である。次の問いに答えなさい。 …………………… 各12点

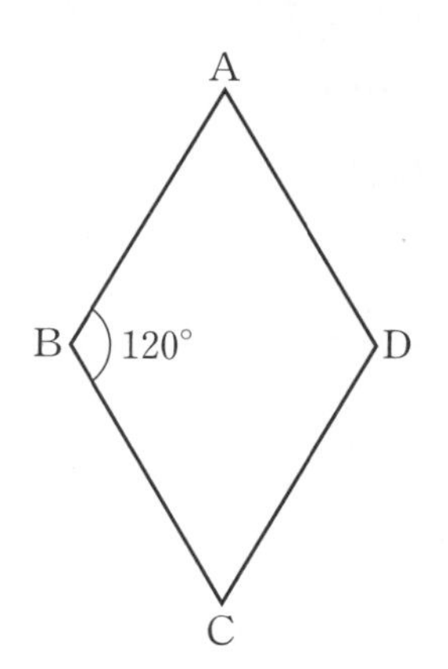

(1) 点Aを回転の中心として反時計回りに60°回転移動したひし形を作図しなさい。

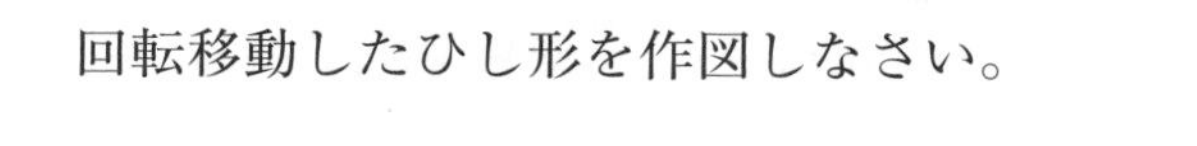

(2) 直線DCを軸として対称移動したひし形を作図しなさい。

(3) ひし形ABCDを点Cを中心として回転移動すると，(2)で作図したひし形と重なる。この場合の回転の角度を，回転の向きもふくめて求めなさい。

[　　　　　　　　]

3 次の指示にしたがって図形を作図しなさい。 …………………… 各12点

(1) 長方形ABCDを直線ℓについて対称移動した図形

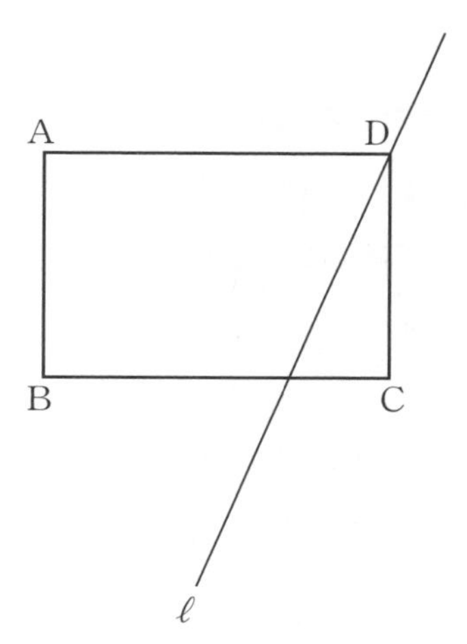

(2) 円Oを直線mについて対称移動し，さらに直線nについて対称移動した図形

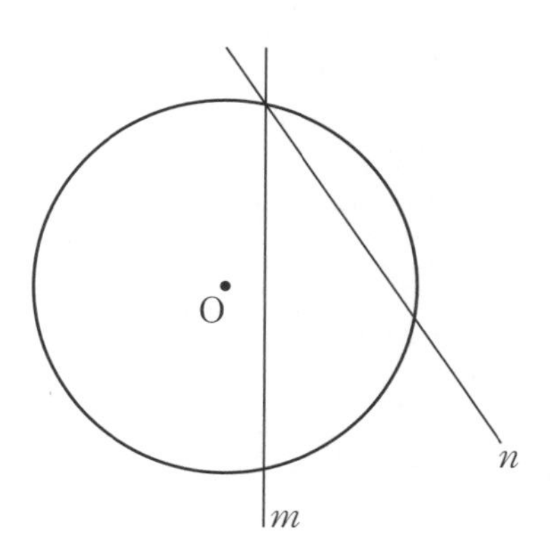

図形の移動③

月　日

点

答えは別冊19ページ

1

下の図で，移動によって三角形㋐を三角形㋑に重ねる方法を考える。平行移動のみ，または回転移動のみ，または対称(たいしょう)移動のみの，1回の移動では，㋐を㋑に重ねることはできない。次の問いに答えなさい。　作図，[ ] 各5点

(1)　三角形㋐を，直線 ℓ を軸(じく)として対称移動した三角形㋒をかきなさい。

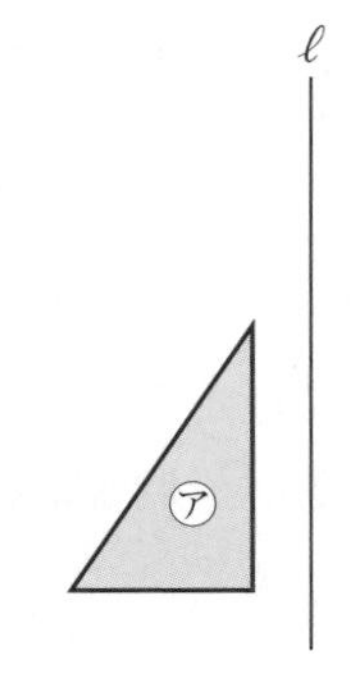

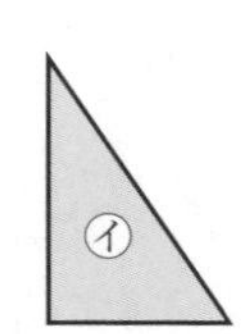

(2)　(1)の三角形㋒をどのように移動すると，三角形㋑に重ねることができるか答えなさい。

[　　　　　　]

(3)　(1), (2)の手順のほかに，2回の移動によって三角形㋐を三角形㋑に重ねる方法を1つ答えなさい。

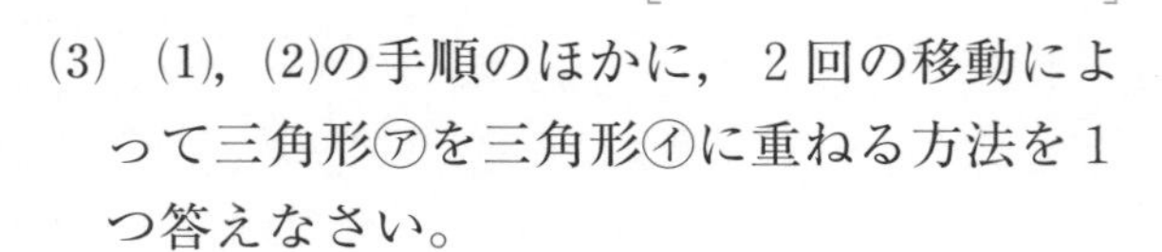

[　　　　　　]の後[　　　　　　]

Memo 覚えておこう

平行移動，回転移動，対称移動の3つを組み合わせて使うことにより，図形をどんな位置へでも移動させることができる。

2

次のような移動を続けて2回行うとき，その結果できる図形をかきなさい。また，その2回の移動を1回で移す移動はどんな移動か，答えなさい。　作図，[ ] 各5点

(1)　△ABC を直線 k について対称移動し，さらに k に平行な直線 ℓ について対称移動する。

[　　　　　　]

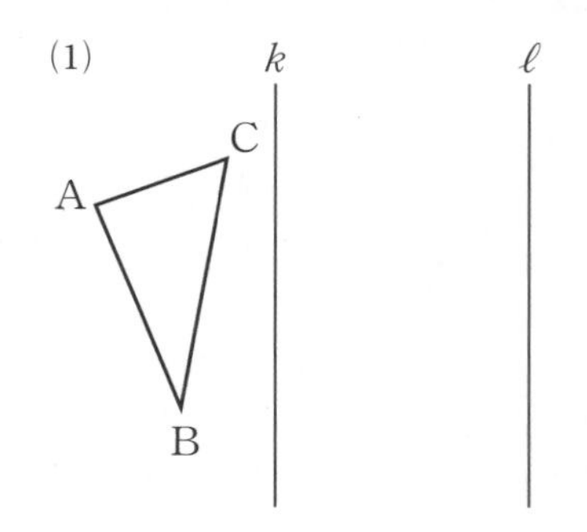

(2)　△DEF を直線 m について対称移動し，さらに m と40°の角度で点Pで交わる直線 n について対称移動する。

[　　　　　　]

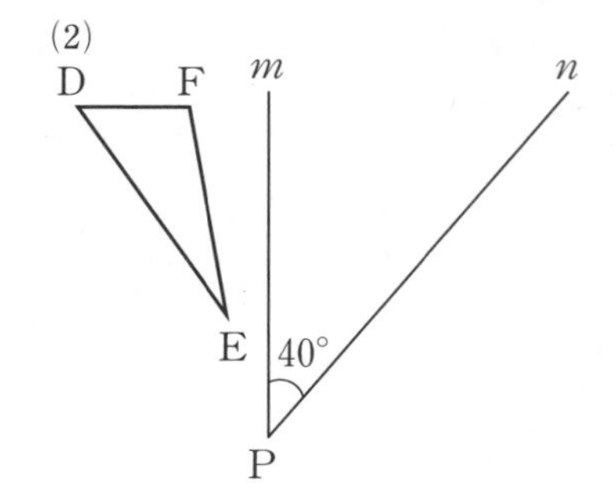

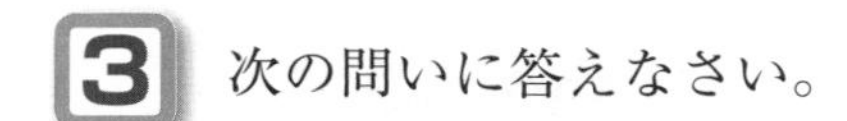

3 次の問いに答えなさい。 

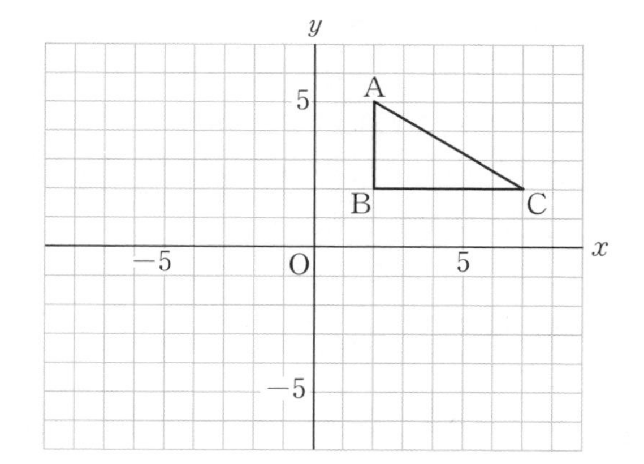

(1) 右の座標平面上で，△ABCをまず，x軸について対称移動し，さらにy軸について対称移動した△DEFをかきなさい。

(2) △DEFと△ABCはどんな位置関係にあるか答えなさい。

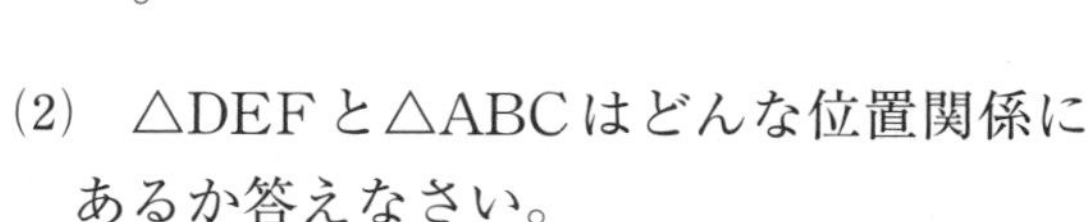

[　　　　　　　　]

(3) 点Aに対応する点Dの座標を求めなさい。

[　　　　]

(4) 点Cに対応する点Fの座標を求めなさい。

[　　　　]

4 右の図の三角形㋐～㋔について，次の問いに答えなさい。 [ ] 各5点

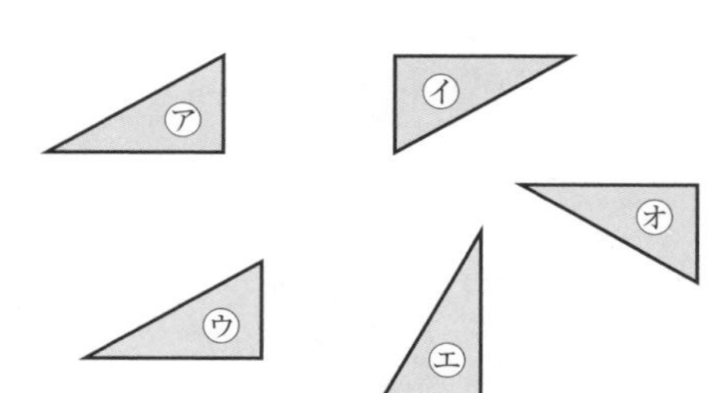

(1) ㋐を1回の移動で重ね合わせることができる図形はどれとどれか答えなさい。また，それはどんな移動か答えなさい。

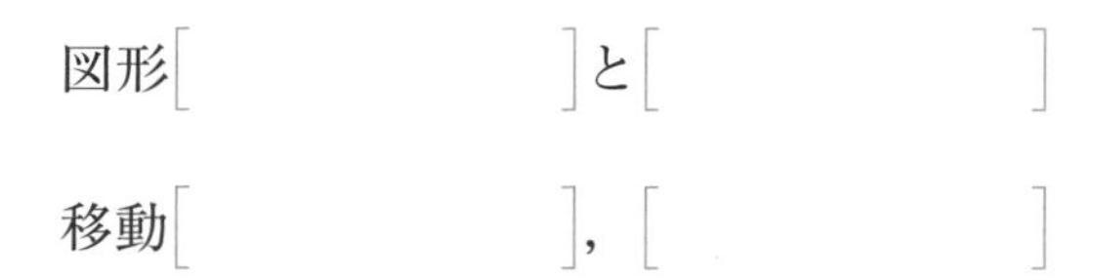

図形[　　　　]と[　　　　]

移動[　　　　]，[　　　　]

(2) ㋐を㋓に重ね合わせるために，㋔へ移動した後，㋓へ移動するにはどのようにすればよいか答えなさい。

① ㋐→㋔への移動の方法(2回の移動) [　　　　]の後[　　　　]

② ㋔→㋓への移動の方法 [　　　　]

(3) ㋑と㋒はどのように移動すると重ね合わせることができるか，1回の移動の方法で答えなさい。

[　　　　]

35 図形の移動④

1 右の図は，合同なひし形を組み合わせて作ったものである。次の問いに答えなさい。 各7点

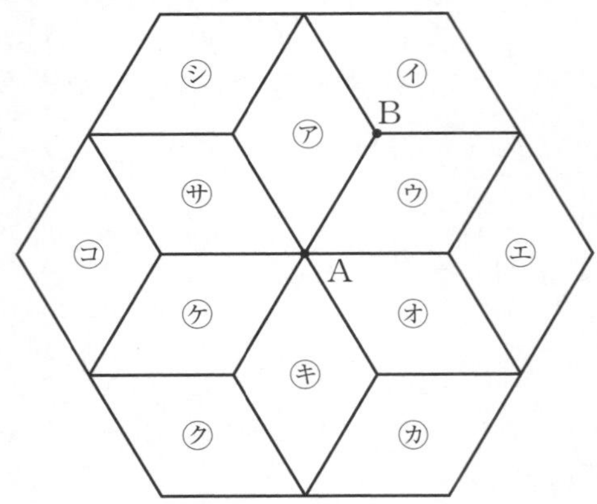

(1) ㋐のひし形を点Bを中心として回転移動したとき，重ね合わせることのできるものはどれか。㋑～㋛の中からすべて答えなさい。

[　　　　　　　　]

(2) ㋐のひし形を点Aを中心として回転移動したとき，重ね合わせることのできるものはどれか。㋑～㋛の中からすべて答えなさい。

[　　　　　　　　]

(3) ㋐のひし形を平行移動したとき，重ね合わせることのできるものはどれか。㋑～㋛の中からすべて答えなさい。

[　　　　　　　　]

(4) ㋐のひし形を直線を軸(じく)として対称(たいしょう)移動したとき，重ね合わせることのできるものはどれか。㋑～㋛の中からすべて答えなさい。

[　　　　　　　　]

(5) (2)～(4)のいずれにもあてはまるひし形はどれか。記号で答えなさい。

[　　　　　　　　]

(6) ㋑のひし形を平行移動したとき，重ね合わせることのできるものはどれか。㋒～㋛の中からすべて答えなさい。

[　　　　　　　　]

(7) 点Bを回転の中心として，㋑のひし形を何度回転移動すると㋐のひし形と重なるか回転の向きもふくめて答えなさい。

[　　　　　　　　]

2 右の図は，正三角形ABCと正三角形CBDである。次の問いに答えなさい。 ……(1)，(2)[ ]，図示 各5点 (3) 4点

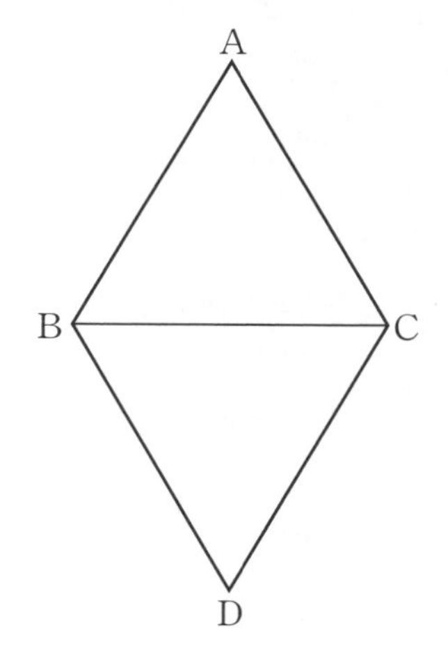

(1) △ABCと△CBDにおいて，点Aと点C，点Bと点B，点Cと点Dがそれぞれ対応するとき，△CBDは△ABCを回転移動したものである。回転の中心と回転の角度を回転の向きもふくめて求めなさい。

回転の中心[ ]

回転の角度[ ]

(2) 点Aと点D，点Bと点C，点Cと点Bがそれぞれ対応するとき，△DCBは△ABCを回転移動したものである。このときの回転の角度を求め，回転の中心Mを図の中にかき入れなさい。

[ ]

(3) △ABCを対称移動した図形が△DBCであるとき，対称の軸となる直線を答えなさい。

[ ]

3 右の図において，四角形ABCDは平行四辺形で，対角線ACとBDの交点をPとする。次の問いに答えなさい。 (1)，(2)[ ] 各3点 (3) 9点

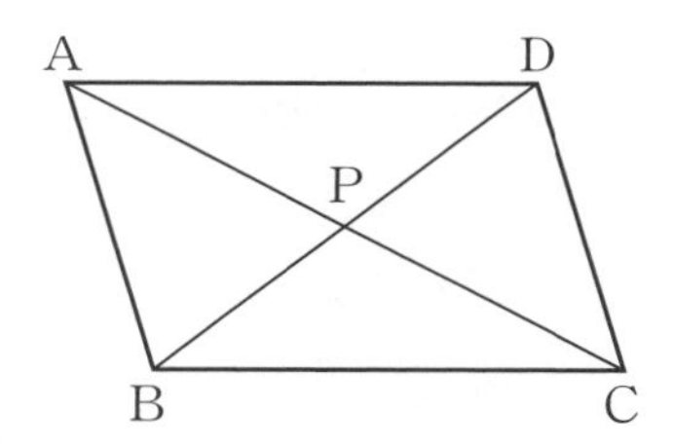

(1) △ABPを回転移動したとき重なる三角形を答えなさい。また，その場合の回転の中心と回転の角度を答えなさい。

三角形[ ]

回転の中心[ ] 回転の角度[ ]

(2) △ABDを回転移動したとき重なる三角形を答えなさい。また，その場合の回転の中心と回転の角度を答えなさい。

三角形[ ]

回転の中心[ ] 回転の角度[ ]

(3) 四角形ABCDが長方形であるとき，△ABPを直線を軸として対称移動したとき重なる三角形を答えなさい。

[ ]

36 円と直線

ポイント

●円と直線の位置の関係

円Oの半径をr，中心Oから直線ℓまでの距離（きょり）をdとするとき，

① 交点が2個　② 交点が1個　③ 交点が0個

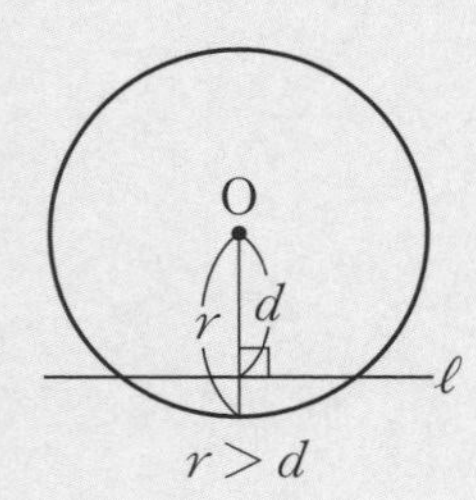

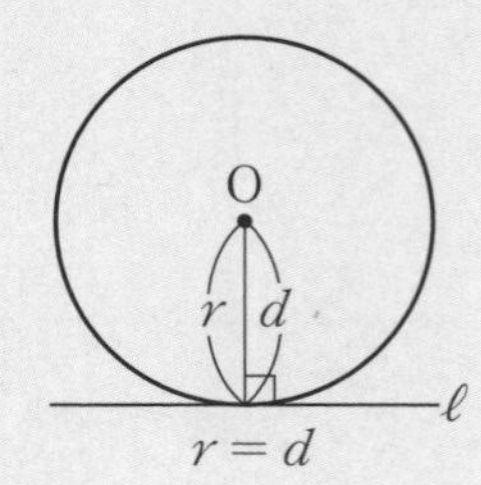

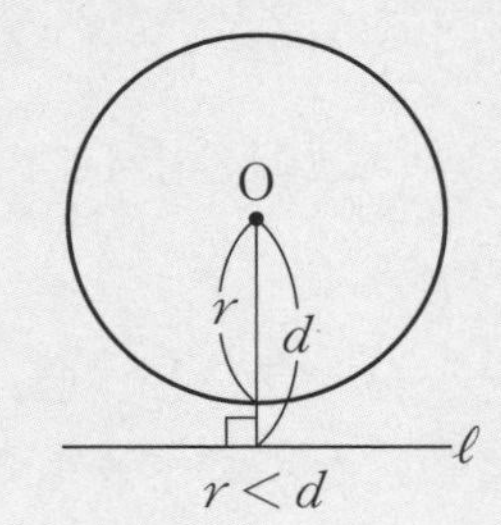

※円に接する直線を円の接線といい，円と直線が接する点を接点という。
接線と円の中心との距離は，円の半径に等しい。

1 円Oの半径をr，中心Oから直線ℓまでの距離をdとする。次の問いに答えなさい。　[ ] 各10点

(1) rとdの値が次の場合のとき，円Oと直線ℓの交点の個数を答えなさい（交点がない場合は「0個」と答えなさい）。

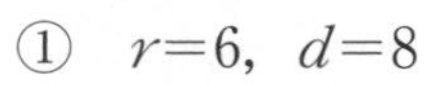
① $r=6$，$d=8$

[　　　　]

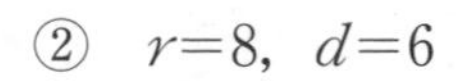
② $r=8$，$d=6$

[　　　　]

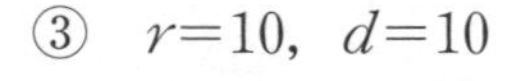
③ $r=10$，$d=10$

[　　　　]

④ $r=\frac{10}{3}$，$d=\frac{13}{4}$

[　　　　]

(2) (1)の①～④のうち，直線ℓが円Oの接線となるものを答えなさい。

[　　　　]

2 右の図の円Oの周上の点Pを通る接線を，次の手順にしたがって，作図しなさい。 …… **15点**

〔作図の手順〕

① 線分OPをPの方へ延長し，
OP＝PP′となるような点P′をとる。

② 線分OP′の垂直二等分線をかく。

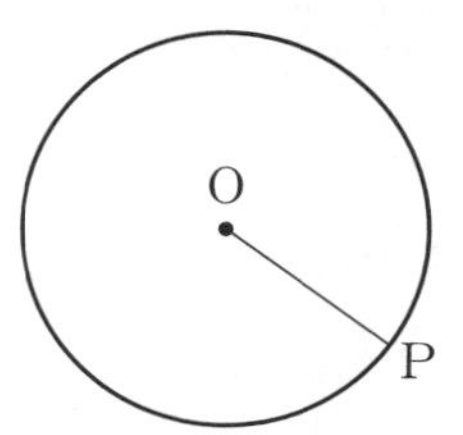

Memo 覚えておこう

●**円の接線は，その接点を通る半径に垂直である。**
右の図で，
$\ell \perp OP$

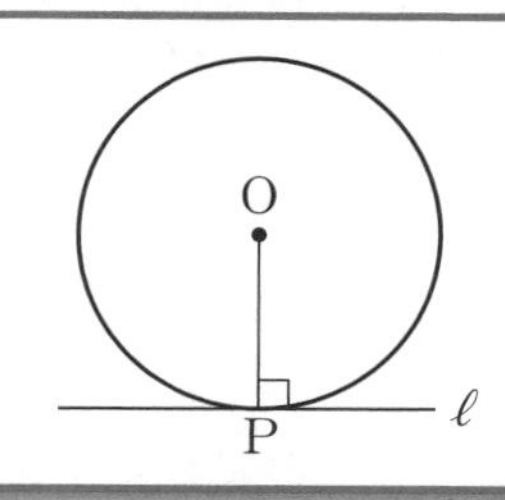

3 右の図で，半直線OA上に中心があり，半直線OB上の点Xで半直線OBに接する円の中心Pを，作図によって求めなさい。 …… **15点**

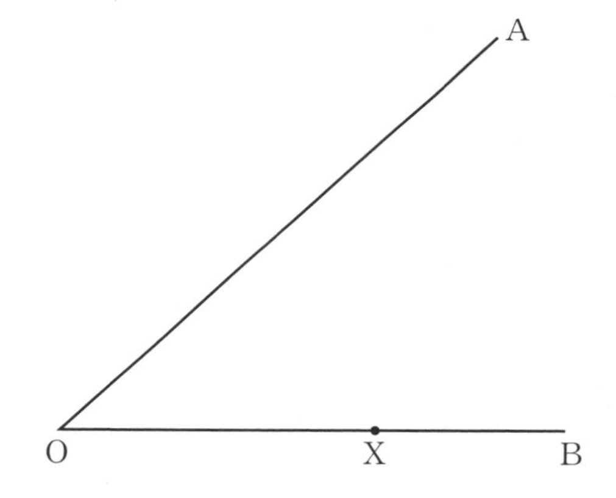

4 右の図で，∠AOBの二等分線上に中心があり，半直線OB上の点Xで半直線OBに接する円の中心Pを，作図によって求めなさい。 …… **20点**

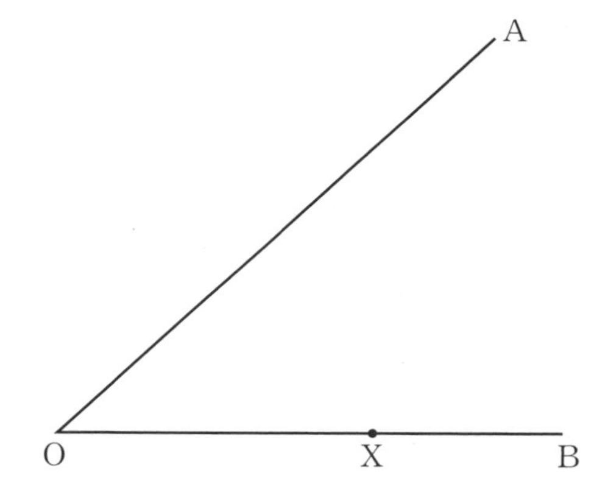

37 おうぎ形の弧の長さ

月　日　点　答えは別冊20ページ

ポイント

円周率をπ，円の半径をrとすると，

　円周の長さ……$2\pi r$

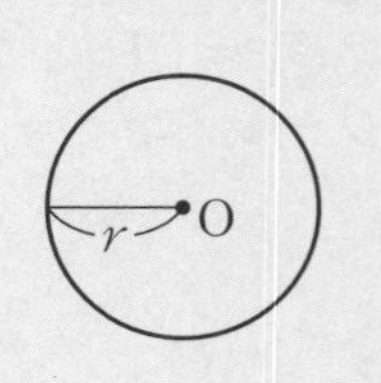

※以後，円周率はπとして計算すること。

1 次の長さを求めなさい。 各7点

(1) 半径が8 cmの円周の長さ

[　　　　]

(2) 直径が6 cmの円周の長さ

[　　　　]

(3) 半径が5 cmの半円の弧(こ)の長さ

[　　　　]

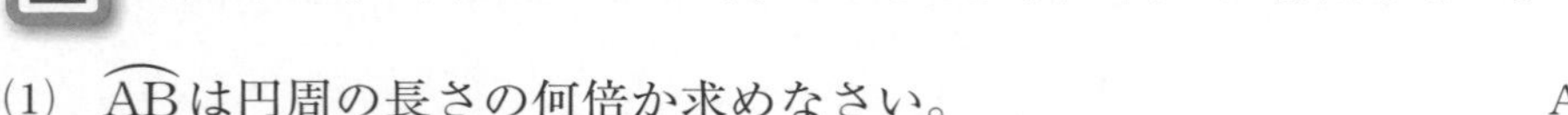

2 右の図は，半径が4 cmの円Oである。次の問いに答えなさい。 各7点

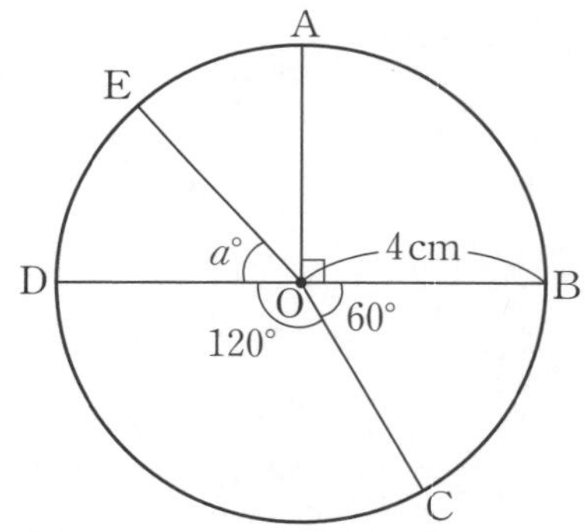

(1) $\overset{\frown}{AB}$は円周の長さの何倍か求めなさい。

[　　　　]

(2) $\overset{\frown}{AB}$の長さを求めなさい。

[　　　　]

(3) $\overset{\frown}{BC}$は円周の長さの何倍か求めなさい。

[　　　　]

(4) $\overset{\frown}{CD}$は円周の長さの何倍か求めなさい。

[　　　　]

(5) $\overset{\frown}{DE}$は円周の長さの何倍か。aを使って表しなさい。

[　　　　]

Memo 覚えておこう

●おうぎ形の２つの半径がつくる角を，中心角という。

●中心角 a°，半径 r のおうぎ形の弧の長さは，

$$2\pi r \times \frac{a}{360}$$

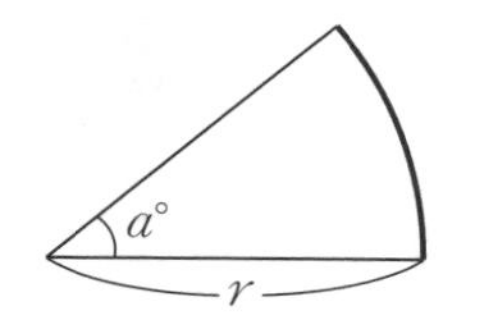

3 次の□の中をうめなさい。 □各7点

中心角が a°，半径が r のおうぎ形がある。

このおうぎ形の弧の長さは，半径が r の円周の長さの $\frac{a}{360}$ 倍であるから，おうぎ形の弧の長さを ℓ とすると，次の式が成り立つ。

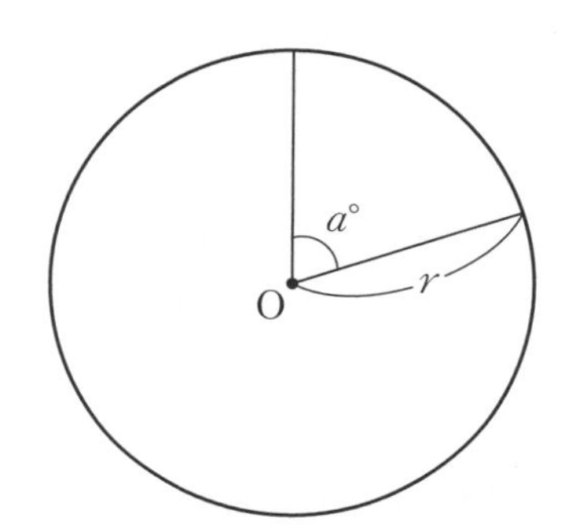

$\ell = \square \times \frac{\square}{360}$

4 次のおうぎ形の弧の長さを求めなさい。 各7点

(1) 半径が10 cm，中心角が72°のおうぎ形

ヒント 円周の $\frac{72}{360}$ 倍

[　　　　　]

(2) 半径が 8 cm，中心角が270°のおうぎ形

[　　　　　]

(3) 半径が12 cm，中心角が120°のおうぎ形

5 右の図のおうぎ形の周りの長さを求めなさい。 9点

注意 弧の長さだけではない。

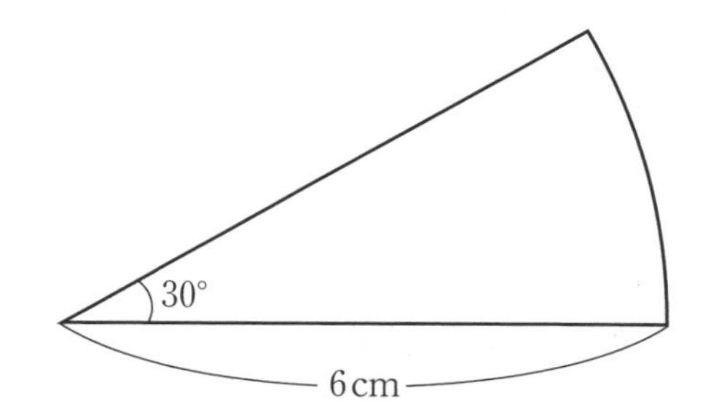

[　　　　　]

38 おうぎ形の中心角と弧

月　日　　点　答えは別冊20ページ

1 次の□の中をうめなさい。　□各6点

右の図の円Oで，∠AOBや∠CODのような角を□という。∠AOB＝∠CODであるとき，おうぎ形OABは，回転しておうぎ形OCDと重ね合わせることができるから，おうぎ形OABとおうぎ形OCDは□になる。

このとき，$\overset{\frown}{AB}$＝□である。

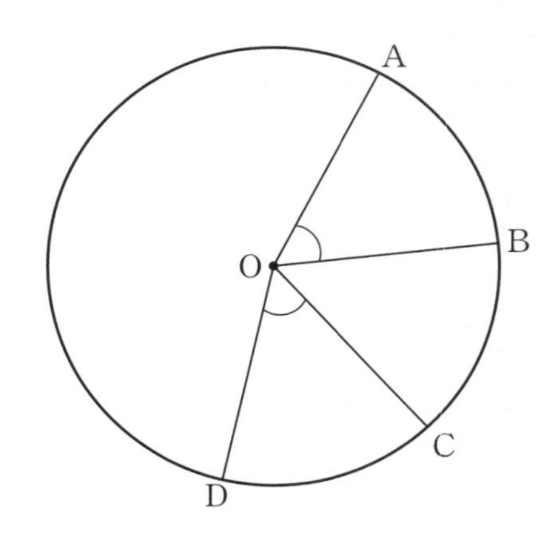

ポイント

同じ円で，中心角が等しければ，弧（こ）の長さも等しい。

2 右の図の円Oで，∠AOB＝∠BOC＝∠CODである。このとき，次の□の中にあてはまる数を書き入れなさい。　□各7点

∠AOB＝∠BOC＝∠CODであるから，

$\overset{\frown}{AB}$＝$\overset{\frown}{BC}$＝$\overset{\frown}{CD}$

このことから，次のことがいえる。

∠AOC＝□∠AOB

$\overset{\frown}{AC}$＝□$\overset{\frown}{AB}$

∠AOD＝□∠AOB

$\overset{\frown}{AD}$＝□$\overset{\frown}{AB}$

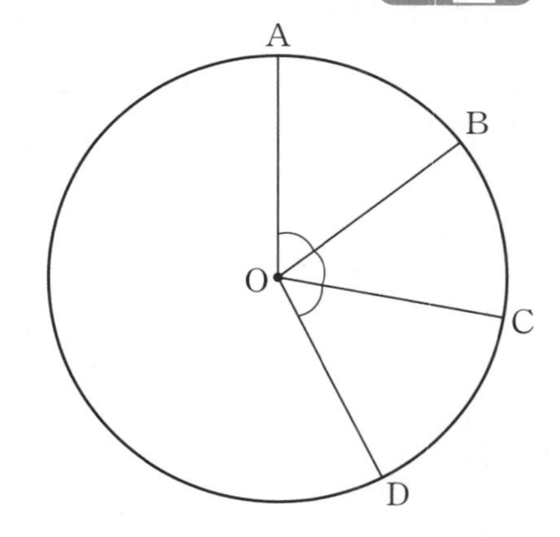

以上のことから，おうぎ形の中心角が２倍，３倍，…になると，弧の長さも□倍，□倍，…になることがわかる。

ポイント

おうぎ形の弧の長さは中心角に比例する。

3 右の図の円Oについて，次の問いに答えなさい。 

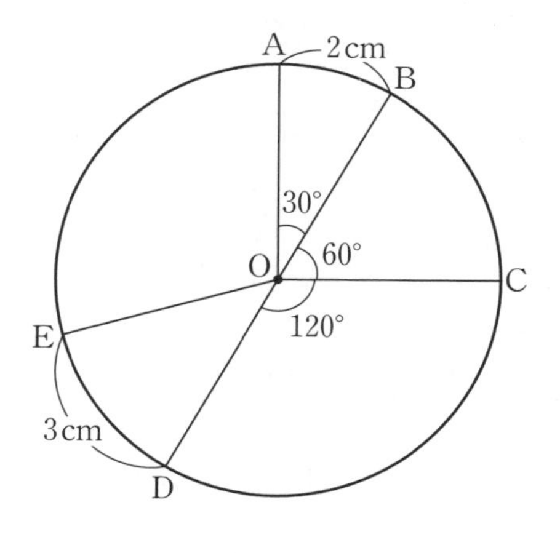

(1) $\overset{\frown}{BC}$の長さを求めなさい。

ヒント おうぎ形の弧の長さは中心角に比例する。

[　　　　　　]

(2) $\overset{\frown}{CD}$の長さを求めなさい。

[　　　　　　]

(3) ∠DOEの大きさを求めなさい。

[　　　　　　]

(4) この円の円周の長さを求めなさい。

[　　　　　　]

4 右の図の円Oで，おうぎ形AOBの面積が10 cm^{2}である。次の問いに答えなさい。 各6点

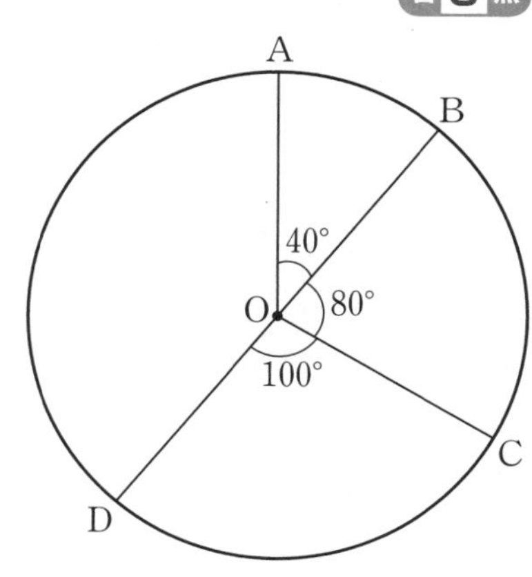

(1) おうぎ形BOCの面積を求めなさい。

[　　　　　　]

ポイント

おうぎ形の面積は中心角に比例する。

(2) おうぎ形CODの面積を求めなさい。

[　　　　　　]

39 おうぎ形の面積①

月　日　点　答えは別冊21ページ

ポイント

円周率をπ，円の半径をrとすると，

円の面積……πr^2

1 次の図形の面積を求めなさい。……各8点

(1) 半径が5 cmの円

[　　　　　]

(2) 半径が7 cmの円

[　　　　　]

(3) 半径が10 cmの半円

[　　　　　]

2 右の図は，半径8 cmの円Oである。次の問いに答えなさい。……各9点

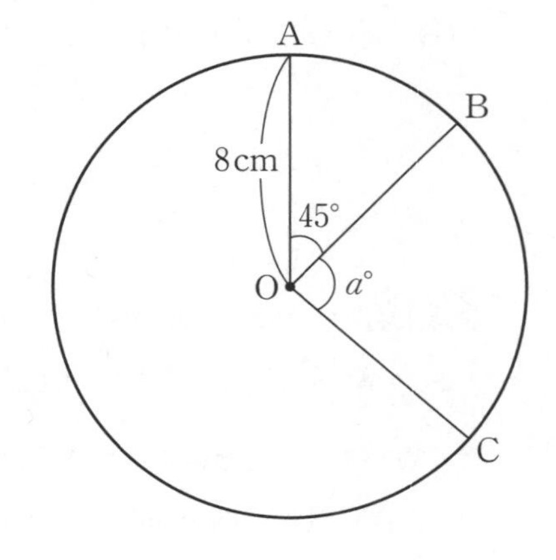

(1) 円Oの面積を求めなさい。

[　　　　　]

(2) おうぎ形AOBの面積は，円Oの面積の何倍か求めなさい。

[　　　　　]

(3) おうぎ形AOBの面積を求めなさい。

[　　　　　]

(4) おうぎ形BOCの面積は，円Oの面積の何倍か。aを使って表しなさい。

[　　　　　]

Memo 覚えておこう

中心角 $a°$，半径 r のおうぎ形の面積は，

$$\pi r^2 \times \frac{a}{360}$$

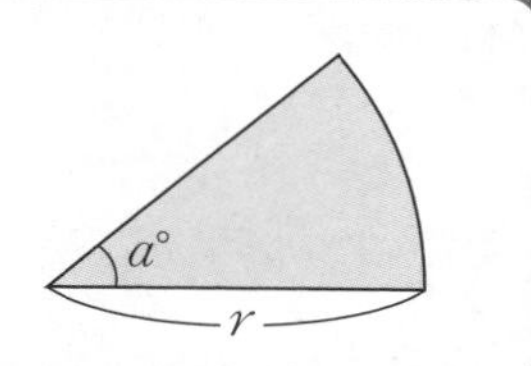

3 次のおうぎ形の面積を求めなさい。

(1) 半径 3 cm，中心角60°

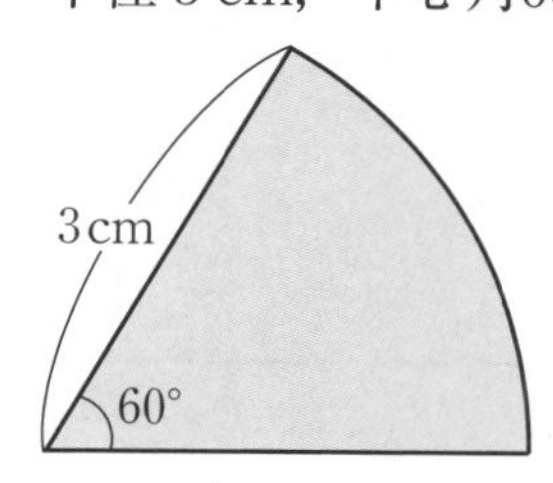

[　　　　　　]

(2) 半径 9 cm，中心角150°

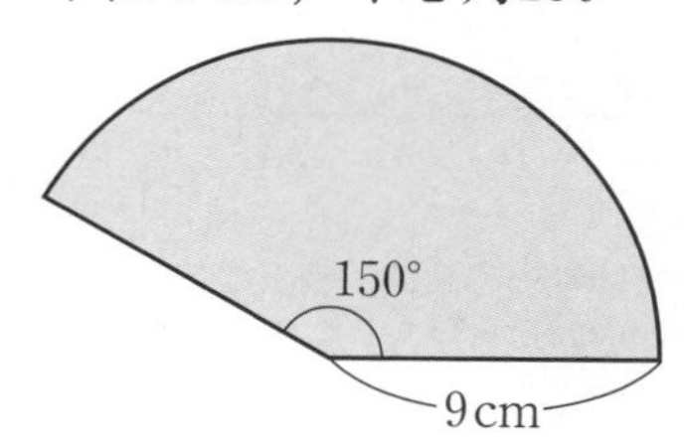

[　　　　　　]

4 次のおうぎ形の面積を求めなさい。

(1)

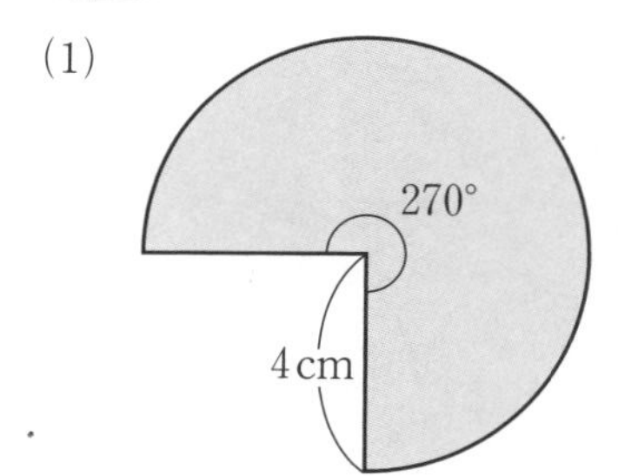

[　　　　　　]

(2)

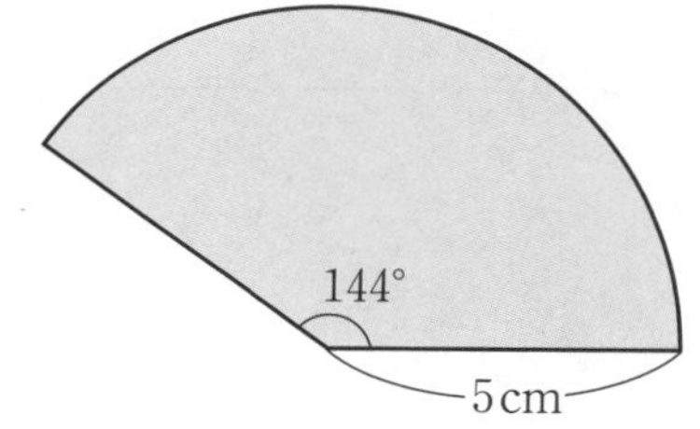

[　　　　　　]

(3)

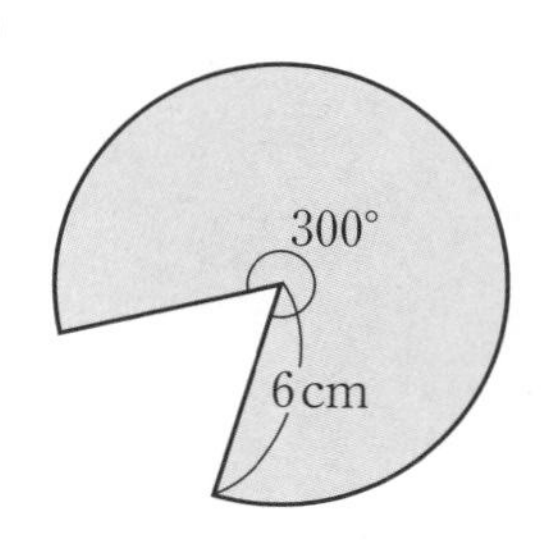

[　　　　　　]

40 おうぎ形の面積②

1 次の図の斜線(しゃせん)部分の面積を求めなさい。ただしO，O′はおうぎ形の中心である。

各8点

(1)

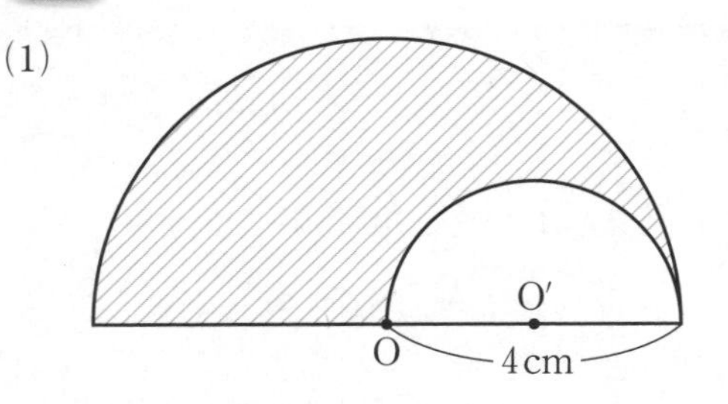

ヒント 大きい半円の面積から小さい半円の面積をひく。

[　　　　　]

(2)

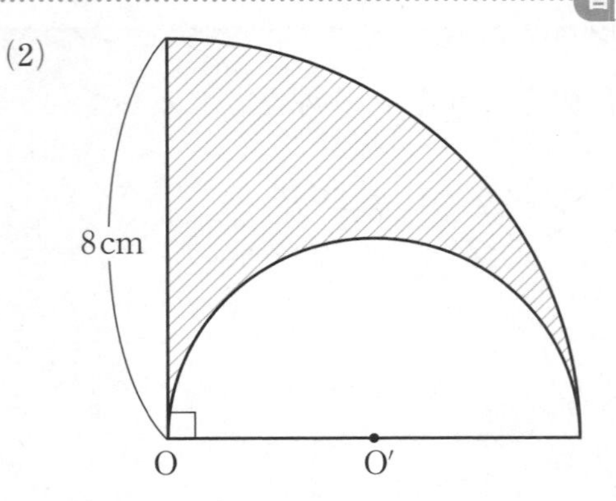

ヒント 半円の半径は 4 cm

[　　　　　]

(3)

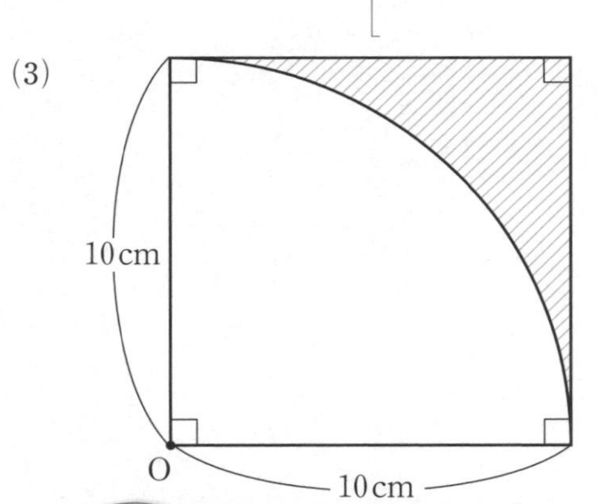

ヒント 正方形の面積－円の面積の$\frac{1}{4}$

注意 πのついた数は文字と同じ扱(あつか)いになる。
$100-25\pi=75\pi$ などと計算しないように。

[　　　　　]

(4)

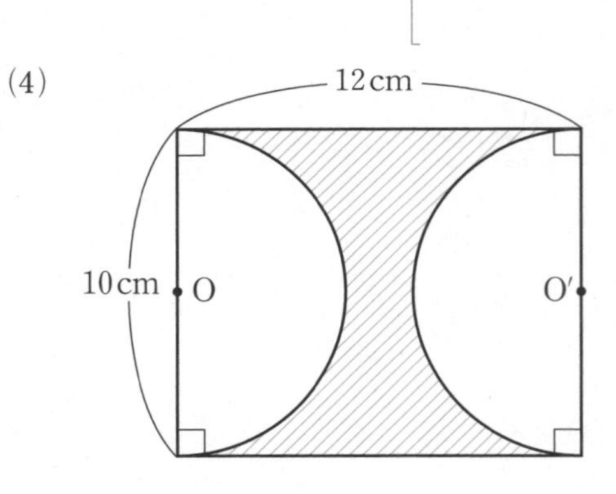

ヒント 半円の面積が 2 個で，円 1 個分の面積になる。

[　　　　　]

2 右の図の斜線部分の面積を，次のように求めた。□の中にあてはまる数を書き入れなさい。 …………………… □各**8**点

右の図の斜線部分は，おうぎ形ABCとおうぎ形ADCが重なった部分と考えることができる。

斜線部分の面積は，おうぎ形ABCとおうぎ形ADCの面積の和から，正方形の面積をひいて求められる。

おうぎ形ABC，おうぎ形ADCの面積は，どちらも□πcm^{2}で，正方形ABCDの面積は，□cm^{2}だから，斜線部分の面積は，

(□π－□)cm^{2}となる。

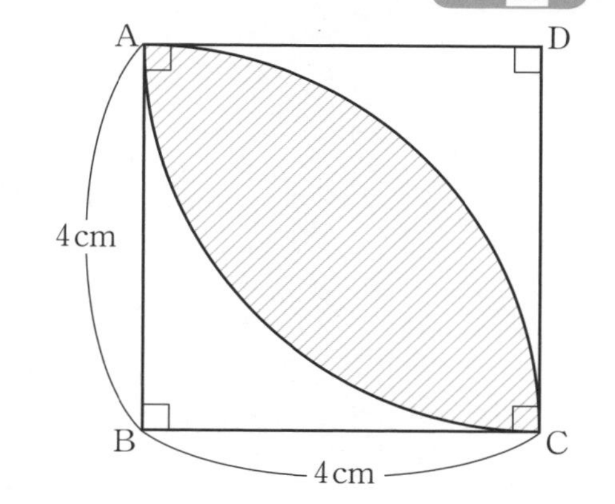

3 次の図の斜線部分の面積を求めなさい。 …………………… 各**9**点

(1)

6cm
6cm

[　　　　　　]

(2)

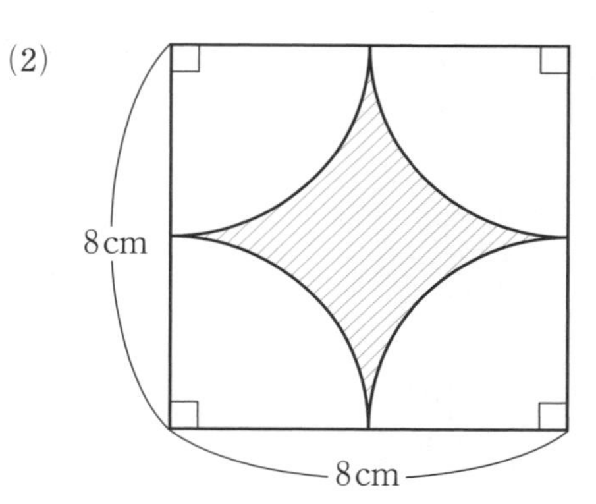

[　　　　　　]

(3)

4cm
2cm

[　　　　　　]

(4)

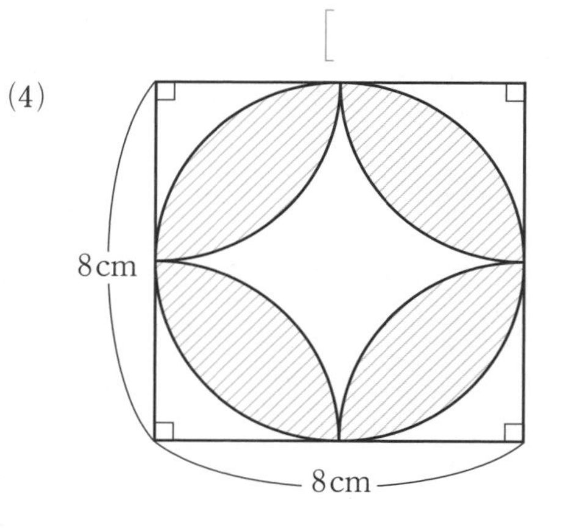

[　　　　　　]

41 平面図形のまとめ

 月　日  点 答えは別冊22ページ

1 次の問いに答えなさい。 ……… 各5点

(1) 線分ABの垂直二等分線を作図しなさい。

(2) 線分ACの垂直二等分線を作図しなさい。

(3) (1), (2)で作図した直線の交点は，点A，B，Cに対してどのような点か答えなさい。

[　　　　　　　　　　　　　　　　]

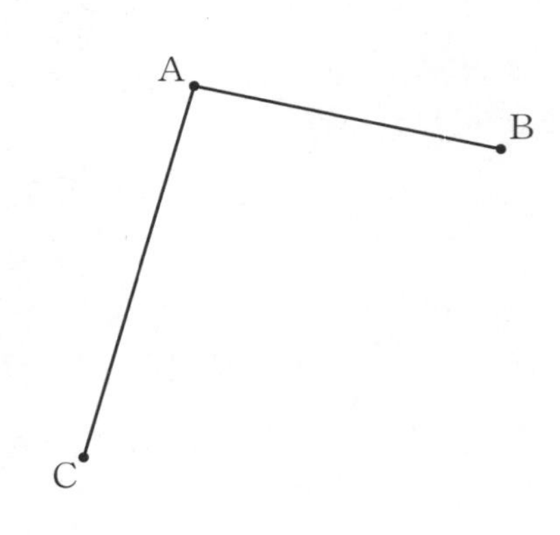

2 次の作図をしなさい。 ……… 各5点

(1) ∠ABCの二等分線

(2) ∠ACBの二等分線

(3) ∠BACの二等分線

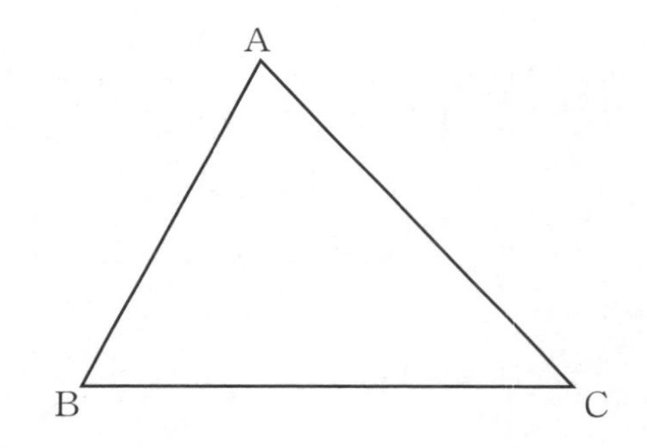

3 次の問いに答えなさい。 ……… 各6点

(1) △ABCを，右に8目盛り，上に5目盛りだけ平行移動した△DEFをかきなさい。

(2) △ABCを，点Cを中心として時計回りに90°回転移動した△GHCをかきなさい。

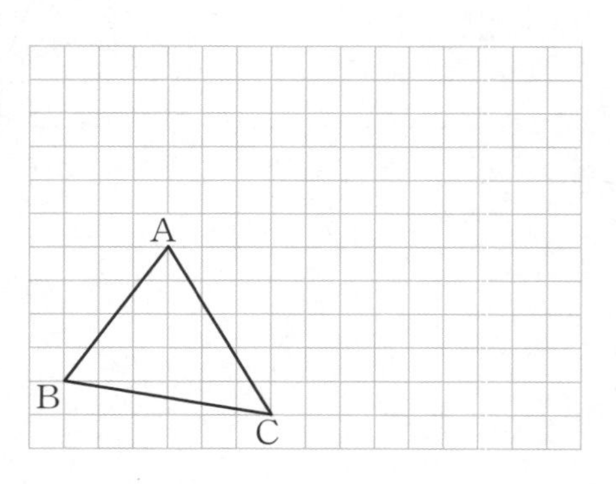

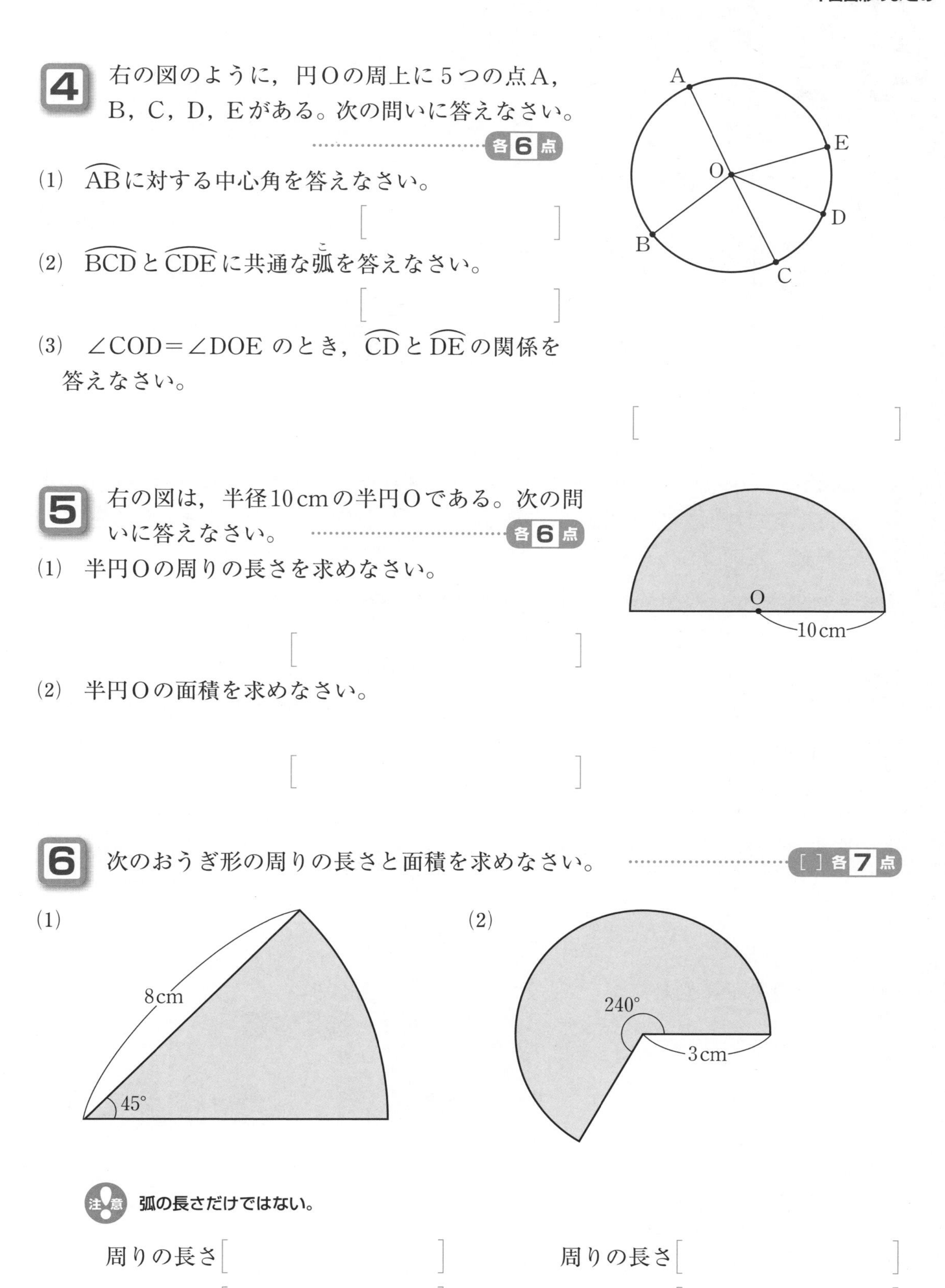

4 右の図のように，円Oの周上に5つの点A，B，C，D，Eがある。次の問いに答えなさい。 …… 各6点

(1) $\overset{\frown}{AB}$に対する中心角を答えなさい。

[　　　　　]

(2) $\overset{\frown}{BCD}$と$\overset{\frown}{CDE}$に共通な弧(こ)を答えなさい。

[　　　　　]

(3) $\angle COD = \angle DOE$ のとき，$\overset{\frown}{CD}$と$\overset{\frown}{DE}$の関係を答えなさい。

[　　　　　]

5 右の図は，半径10cmの半円Oである。次の問いに答えなさい。 …… 各6点

(1) 半円Oの周りの長さを求めなさい。

[　　　　　]

(2) 半円Oの面積を求めなさい。

[　　　　　]

6 次のおうぎ形の周りの長さと面積を求めなさい。 …… [ ]各7点

(1)

(2)

注意 弧の長さだけではない。

(1) 周りの長さ[　　　　　]

面積[　　　　　]

(2) 周りの長さ[　　　　　]

面積[　　　　　]

42 角柱と円柱

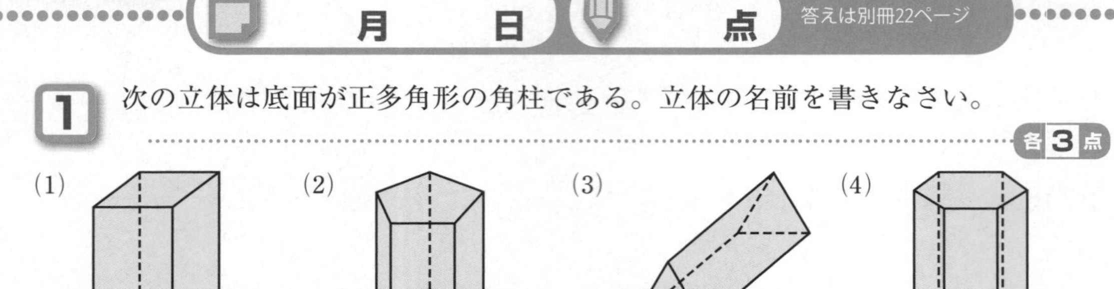

答えは別冊22ページ

1 次の立体は底面が正多角形の角柱である。立体の名前を書きなさい。

各3点

(1) (2) (3) (4)

[　　] [　　] [　　] [　　]

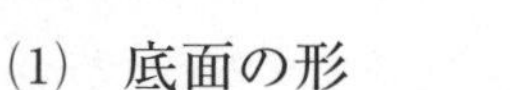

底面が正三角形，正方形，…で，側面がすべて合同な長方形である角柱を正三角柱，正四角柱，…という。

2 右の図の正三角柱について，次の形や数を答えなさい。

各4点

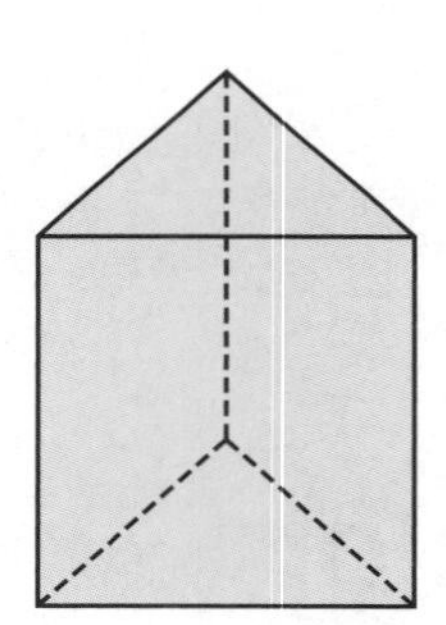

(1) 底面の形 [　　]

(2) 底面の数 [　　]

(3) 側面の形 [　　]

(4) 側面の数 [　　]

3 右の図の正五角柱について，次の形や数を答えなさい。

[ ]各4点

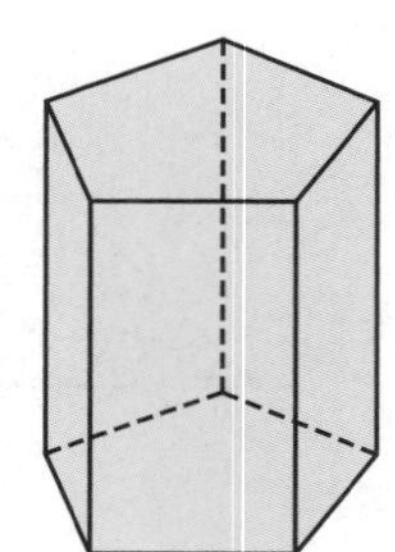

(1) 底面の形と数

形[　　]

数[　　]

(2) 側面の形と数

形[　　]

数[　　]

4 次の立体で，円柱には○を，円柱でないものには×を，［　］の中に書きなさい。

各3点

(1) ［　　］　(2) ［　　］　(3) ［　　］　(4) ［　　］

5 右の図は，円柱とその展開図である。次の問いに答えなさい。

各4点

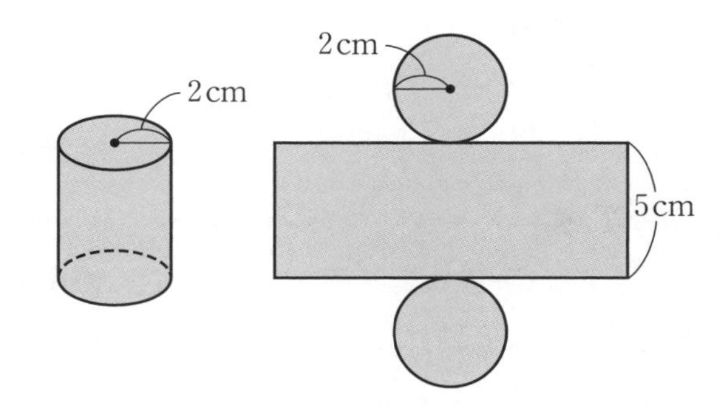

(1) 底面の形を答えなさい。 ［　　　　］

(2) 底面の数を答えなさい。 ［　　　　］

(3) 側面は平面，曲面のどちらか答えなさい。 ［　　　　］

(4) 側面の展開図の形を答えなさい。 ［　　　　］

(5) 円柱の高さは何cmか答えなさい。 ［　　　　］

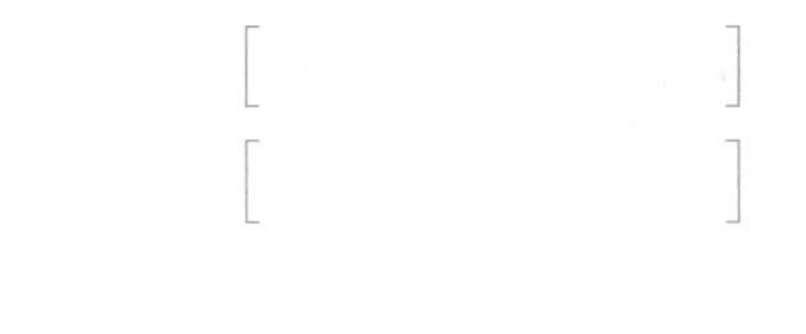

6 正多面体について，次の表の空欄(くうらん)をうめなさい。

各4点

	面の数	頂点の数	辺の数
正四面体	4	①	6
正六面体	6	8	②
正八面体	③	6	④
正十二面体	12	⑤	30
正二十面体	⑥	12	30

正四面体

正六面体(立方体)

正八面体

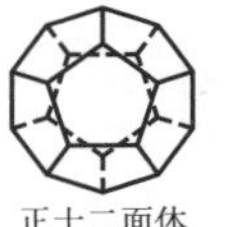
正十二面体

正二十面体

ポイント

すべての面が合同な正多角形で，どの頂点に集まる面の数も等しく，へこみのない多面体を正多面体という。
正多面体には，正四面体，正六面体(立方体)，正八面体，正十二面体，正二十面体の5種類しかない。

43 角錐と円錐

月　日　点　答えは別冊23ページ

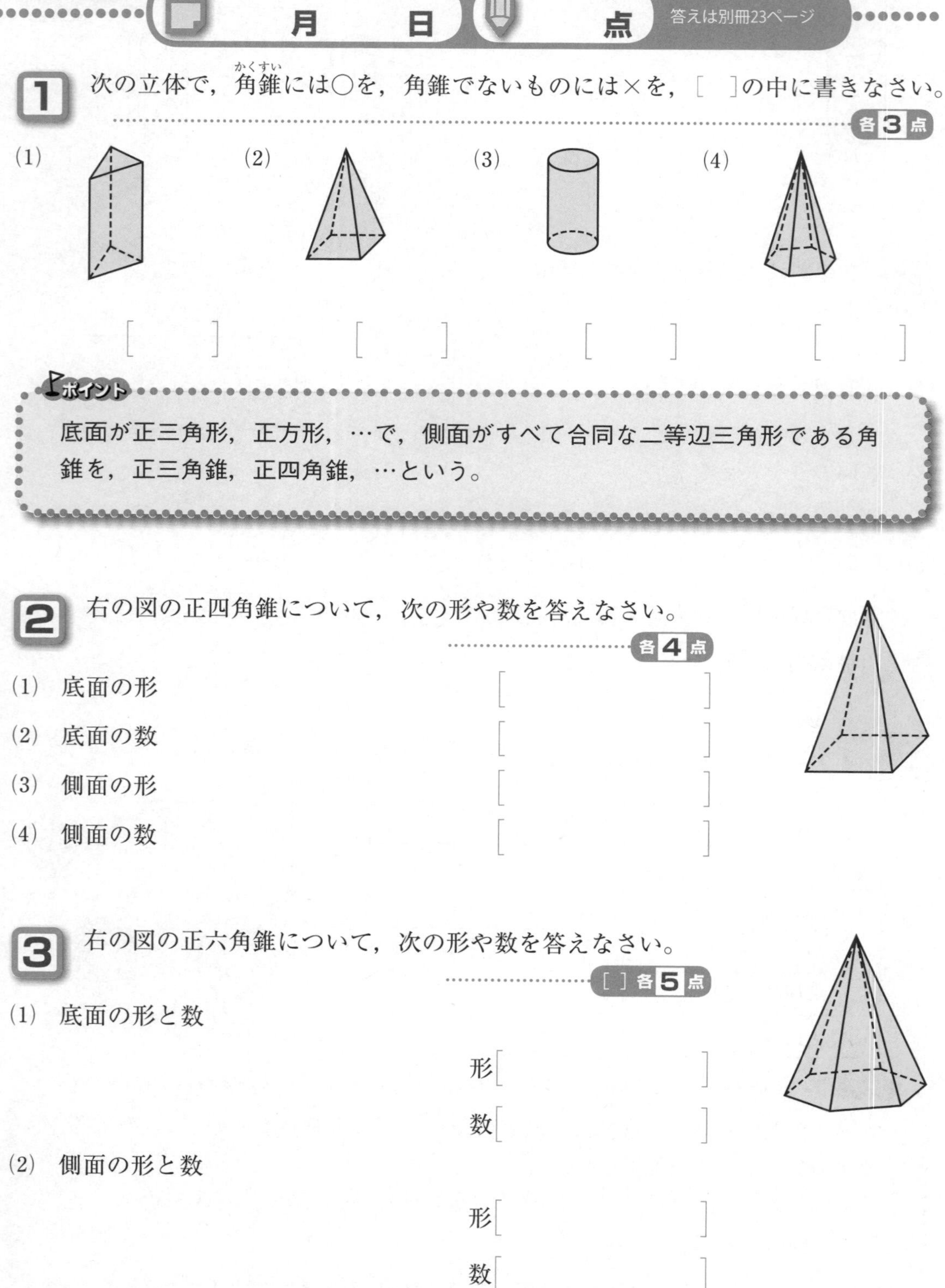

1 次の立体で，角錐(かくすい)には○を，角錐でないものには×を，[　]の中に書きなさい。　各3点

(1) [　]　(2) [　]　(3) [　]　(4) [　]

ポイント

底面が正三角形，正方形，…で，側面がすべて合同な二等辺三角形である角錐を，正三角錐，正四角錐，…という。

2 右の図の正四角錐について，次の形や数を答えなさい。　各4点

(1) 底面の形　[　]

(2) 底面の数　[　]

(3) 側面の形　[　]

(4) 側面の数　[　]

3 右の図の正六角錐について，次の形や数を答えなさい。　[ ]各5点

(1) 底面の形と数

形[　]

数[　]

(2) 側面の形と数

形[　]

数[　]

4 次の立体で，円錐には○を，円錐でないものには×を，[　]の中に書きなさい。　各3点

(1)　(2)　(3)　(4)

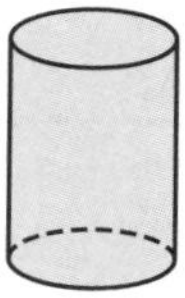

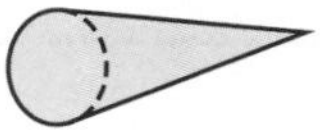

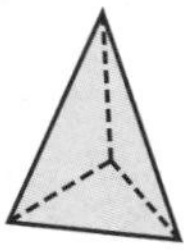

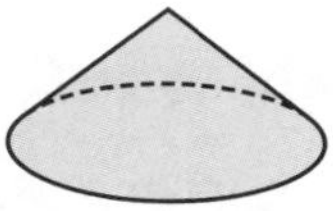

[　　]　[　　]　[　　]　[　　]

5 右の図は，円錐の見取図と展開図である。次の問いに答えなさい。　各4点

A
B
O

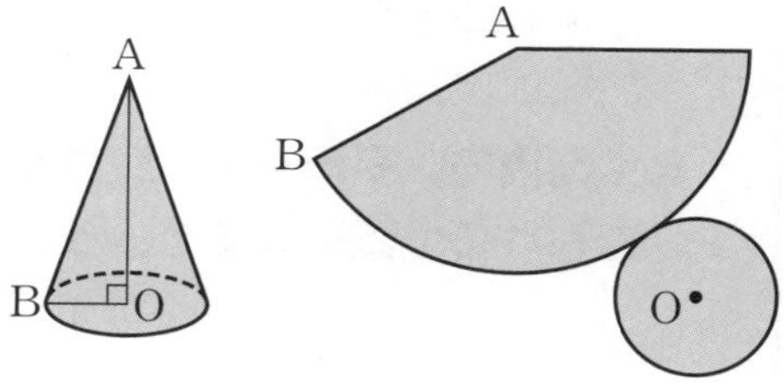

(1) 底面の形を答えなさい。

[　　　　　]

(2) 底面の数を答えなさい。

[　　　　　]

(3) 側面は平面，曲面のどちらか答えなさい。

[　　　　　]

(4) 側面の展開図の形を答えなさい。

[　　　　　]

(5) 円錐の高さは，見取図のどこの長さにあたるか答えなさい。

[　　　　　]

6 次の問いに答えなさい。　各4点

(1) 底面が正三角形で，側面がすべて合同な二等辺三角形である角錐の名前を答えなさい。　[　　　　　]

(2) (1)の角錐の底面の数を答えなさい。　[　　　　　]

(3) (1)の角錐の側面の形を答えなさい。　[　　　　　]

(4) 円錐の底面の形を答えなさい。　[　　　　　]

(5) 円錐の側面の展開図の形を答えなさい。　[　　　　　]

44 直線と平面①

 月 日   点 答えは別冊23ページ

Memo 覚えておこう

●直線 ℓ と平面 P の位置関係

平面上にある

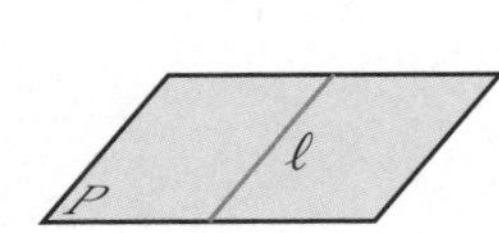

交わる

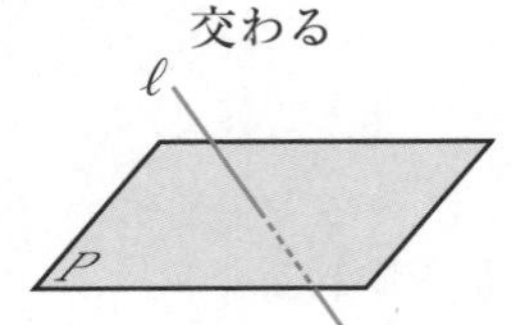

平行

ℓ
P

●空間内で，平行でなく交わらない2つの直線はねじれの位置にあるという。

ねじれの位置

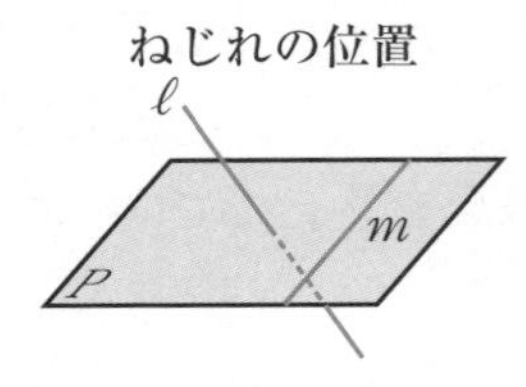

1 平行な 2 つの平面X，Yがある。次の問いに答えなさい。 ……………… 各5点

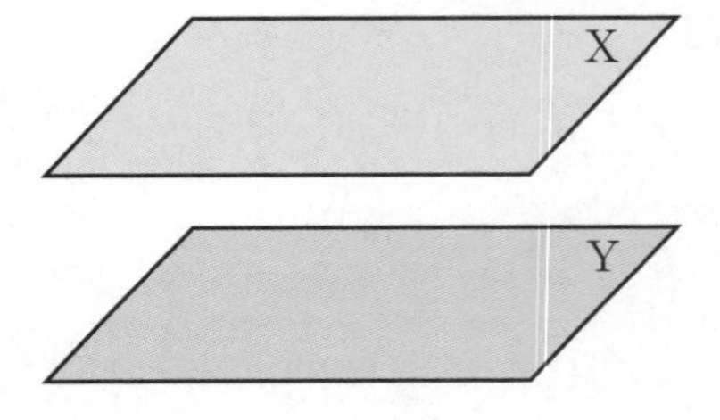

(1) 平面X上に直線 ℓ がある。直線 ℓ と平面Yとの関係を記号を使って表しなさい。

[　　　　　　]

(2) 平面Xと垂直に交わる直線 m と平面Yとの関係を記号を使って表しなさい。

[　　　　　　]

2 平行な 2 つの平面X，Yに直線 ℓ が垂直に交わっている。平面Xと直線 ℓ との交点をP，平面Yと直線 ℓ との交点をQとするとき，次の問いに答えなさい。 ……………… 各6点

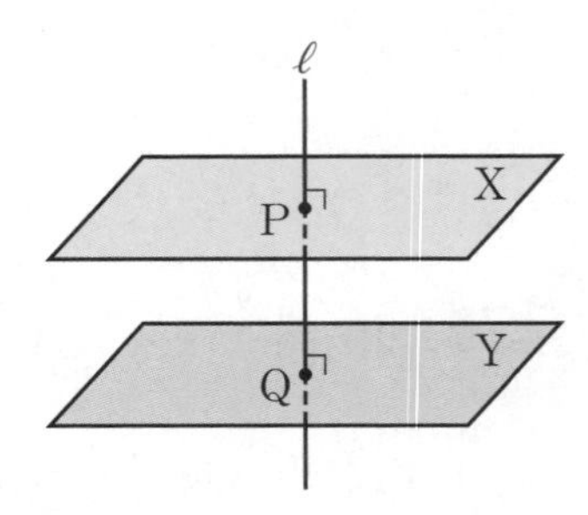

(1) 直線 ℓ に平行な直線 m と平面Xとの関係を記号を使って表しなさい。 [　　　　　　]

(2) 平面X上にあり，点Pを通る直線 n と直線 ℓ との関係を記号を使って表しなさい。

[　　　　　　]

(3) (2)の直線 n と平面Yとの関係を記号を使って表しなさい。

[　　　　　　]

(4) 平面Y上にあり，点Qを通る直線 k と(2)の直線 n は，必ず平行であるといえるか答えなさい。

[　　　　　　]

3 右の図で，直線 ℓ と平面Xとの関係が $\ell\perp$X であり，また，直線 ℓ と直線 n との関係が $\ell\perp n$ である。次の問いに答えなさい。 …………… 各6点

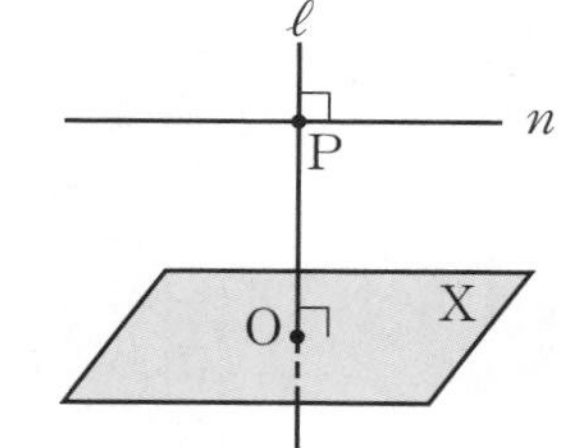

(1) 直線 n と平面Xとの関係を記号を使って表しなさい。

[　　　　　]

(2) 直線 ℓ と平面Xの交点Oを通る，平面X上の直線を m とするとき，直線 ℓ と直線 m との関係を記号を使って表しなさい。

[　　　　　]

(3) 直線 n をふくむ平面をYとするとき，平面Yと平面Xの交線を k とする。直線 n と直線 k との関係を記号を使って表しなさい。

[　　　　　]

(4) 直線 n と直線 ℓ の交点Pを通り，直線 ℓ に垂直な平面をZとするとき，平面Zと平面Xとの関係を記号を使って表しなさい。

[　　　　　]

(5) (4)の平面Zは直線 n をふくむといえるか答えなさい。

[　　　　　]

4 平面Xと平面Yが交わっていて，その交線を ℓ とする。次の問いに答えなさい。 …… 各6点

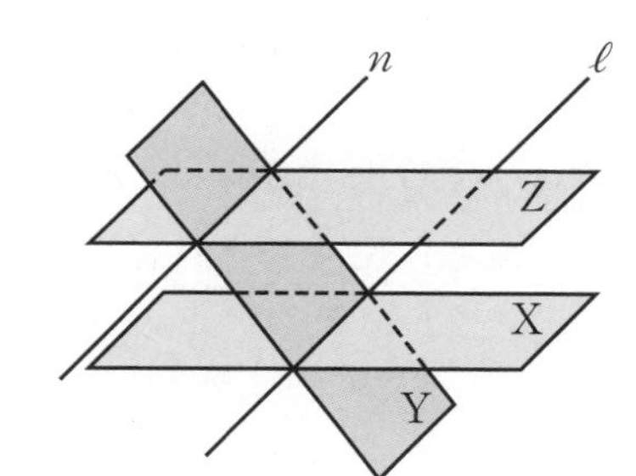

(1) 平面X上にあって直線 ℓ に平行な直線 m は，平面Yと必ず平行であるといえるか答えなさい。

[　　　　　]

(2) 平面Xと平行な平面Zと平面Yとの交線を n とする。2つの直線 n と ℓ は，必ず平行であるといえるか答えなさい。

[　　　　　]

(3) (2)の平面Z上の直線は，すべて平面Xと平行であるといえるか答えなさい。

[　　　　　]

(4) (2)の直線 n を除く平面Z上の直線は，すべて直線 ℓ とねじれの位置にあるといえるか答えなさい。

[　　　　　]

(5) 平面Y上に直線 ℓ と垂直な直線 k をひくとき，(2)の直線 n と k の関係を記号を使って表しなさい。

[　　　　　]

(6) 直線 ℓ に垂直な平面は，必ず直線 n と垂直であるといえるか答えなさい。

[　　　　　]

45 直線と平面②

月　日　点　答えは別冊23ページ

1

右の図の直方体ABCD-EFGHについて，次の問いに答えなさい。 [ ] 各2点

(1)　次の2直線をふくむ平面が存在するときには「ある」，存在しないときには「ない」と答えなさい。

①直線BCと直線FG [　　]

②直線ABと直線BC [　　]

③直線BFと直線DH [　　]

④直線BCと直線GH [　　]

⑤直線ADと直線BF [　　]

⑥直線BDと直線FH [　　]

⑦直線BDと直線BF [　　]

(2)　次の2直線は「平行である」，「交わる」，「ねじれの位置にある」の3つの位置関係のうちのどれか答えなさい。

①直線BCと直線FG [　　]　②直線ABと直線BC [　　]

③直線BFと直線DH [　　]　④直線BCと直線GH [　　]

⑤直線ADと直線BF [　　]　⑥直線BDと直線FH [　　]

⑦直線BDと直線BF [　　]

2

右の図の三角柱ABC-DEFについて，次の問いに答えなさい。 各4点

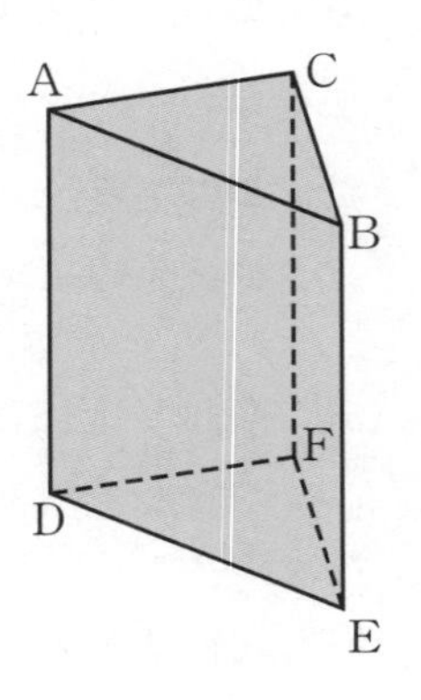

(1)　直線ABと交わる直線が4つある。すべて答えなさい。

[　　,　　,　　,　　]

(2)　直線ABと平行な直線を答えなさい。

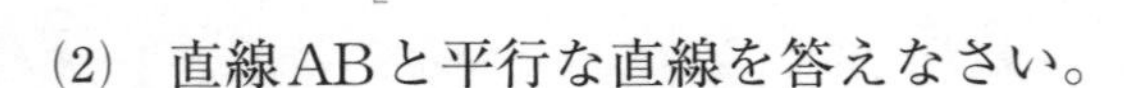

(3)　直線ABとねじれの位置にある直線は3つある。すべて答えなさい。

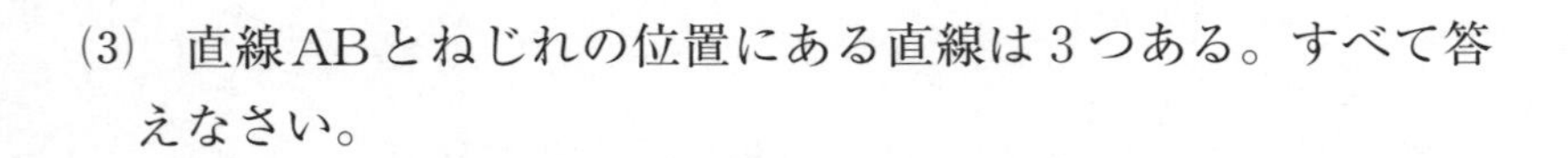

3 右の図の直方体ABCD−EFGHについて，次の問いに答えなさい。 …… 各5点

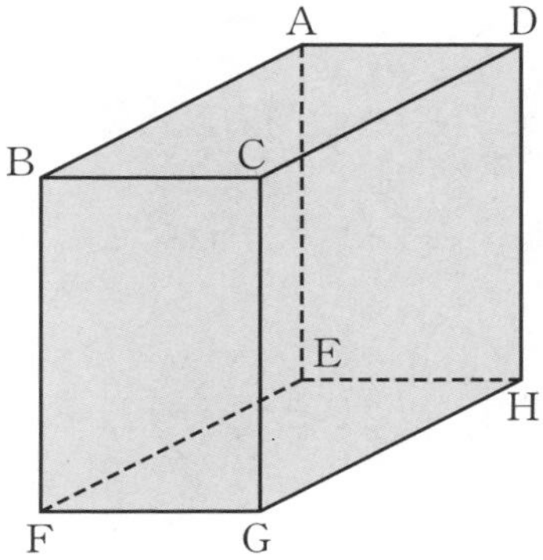

(1) 平面ABCDと平行な直線を，4つすべて答えなさい。

[, , ,]

(2) 平面CGHDと平行な直線を，4つすべて答えなさい。

[, , ,]

(3) 平面CGHDと垂直な直線を，4つすべて答えなさい。

[, , ,]

(4) 平面BFGCと垂直な直線を，4つすべて答えなさい。

[, , ,]

4 右の図の直方体ABCD−EFGHについて，次の問いに答えなさい。 …… 各5点

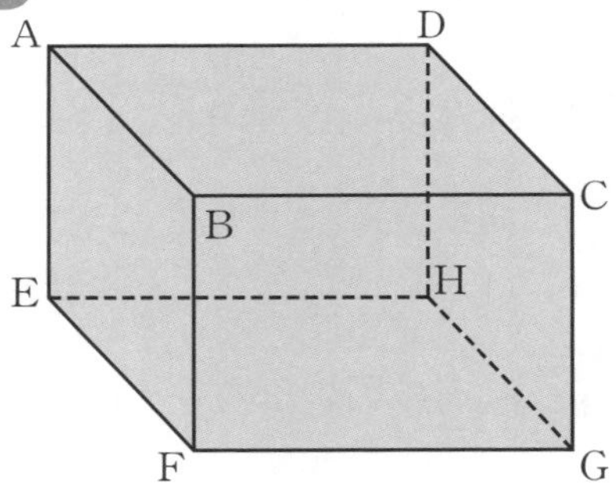

(1) 平面ABCDと平行な平面を答えなさい。

[ ]

(2) 平面AEFBと平行な平面を答えなさい。

[ ]

(3) 平面BFGCと平行な平面を答えなさい。

[ ]

(4) 平面AEFBと平行な直線を，4つすべて答えなさい。

[, , ,]

(5) 平面ABCDと平行な直線を，4つすべて答えなさい。

[, , ,]

(6) 平面AEFBと垂直な直線を，4つすべて答えなさい。

[, , ,]

(7) 平面ABCDと垂直な直線を，4つすべて答えなさい。

[, , ,]

(8) 平面ABCDと平面BFGCが交わってできる交線を答えなさい。

[ ]

46 直線と平面③

月　日　点　答えは別冊24ページ

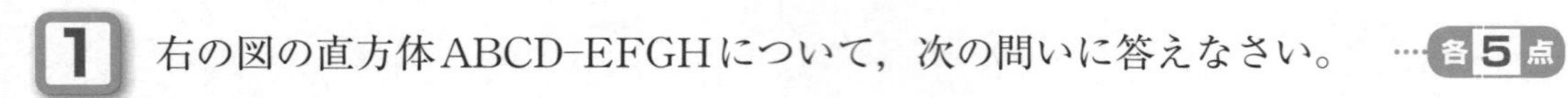

1 右の図の直方体ABCD−EFGHについて，次の問いに答えなさい。……各5点

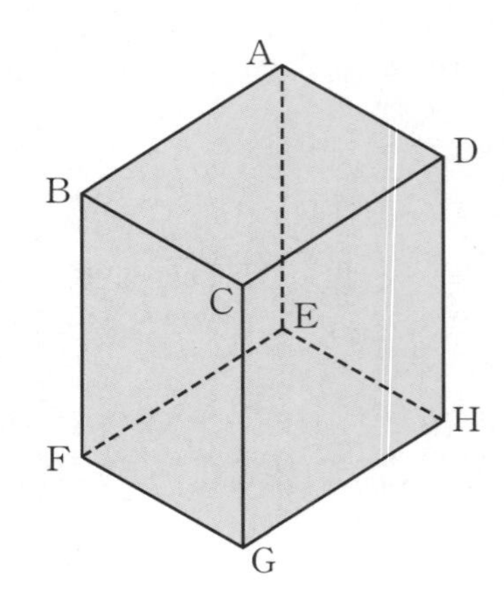

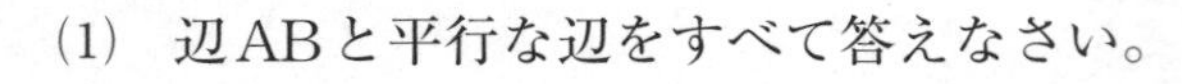

(1) 辺ABと平行な辺をすべて答えなさい。

[　　　　　　　　]

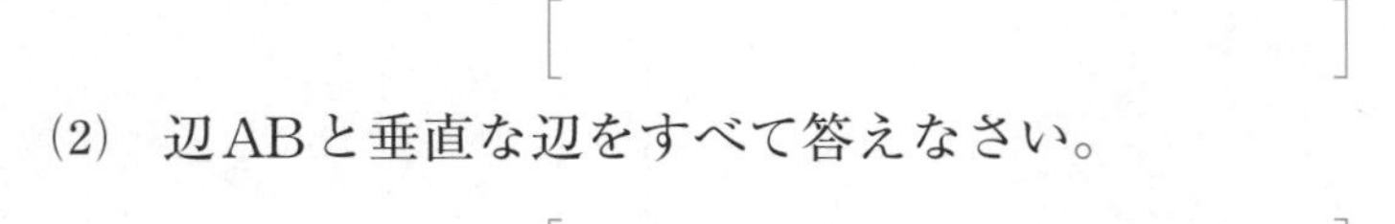

(2) 辺ABと垂直な辺をすべて答えなさい。

[　　　　　　　　]

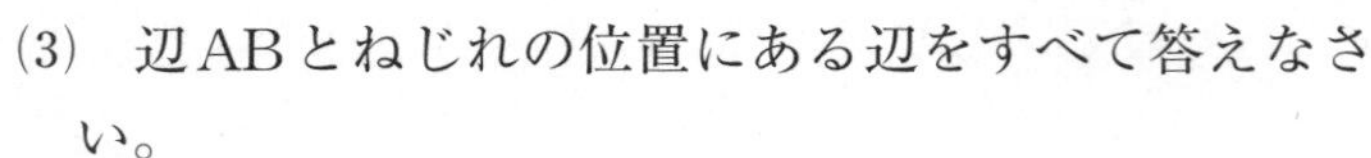

(3) 辺ABとねじれの位置にある辺をすべて答えなさい。

[　　　　　　　　]

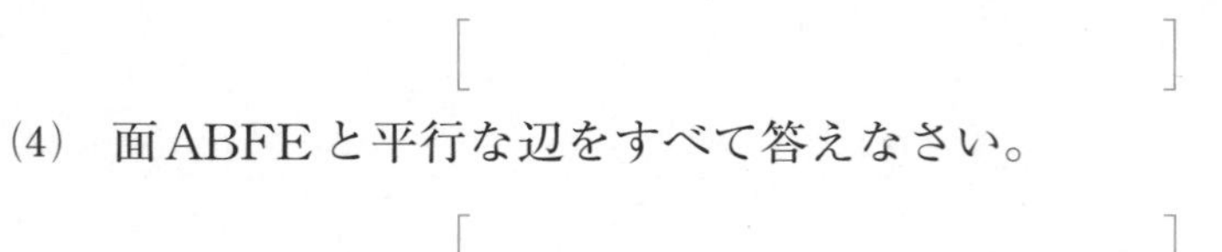

(4) 面ABFEと平行な辺をすべて答えなさい。

[　　　　　　　　]

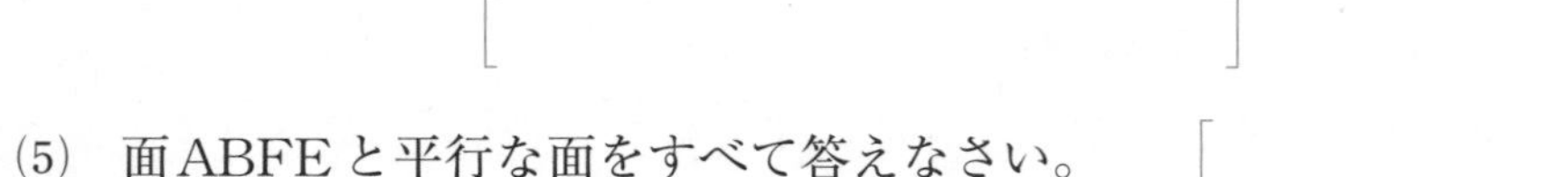

(5) 面ABFEと平行な面をすべて答えなさい。 [　　　　　　　　]

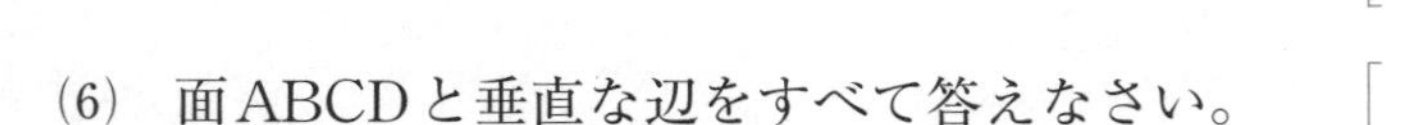

(6) 面ABCDと垂直な辺をすべて答えなさい。 [　　　　　　　　]

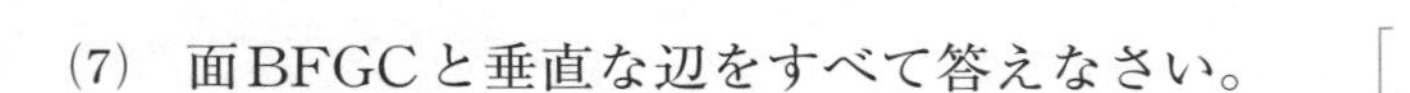

(7) 面BFGCと垂直な辺をすべて答えなさい。 [　　　　　　　　]

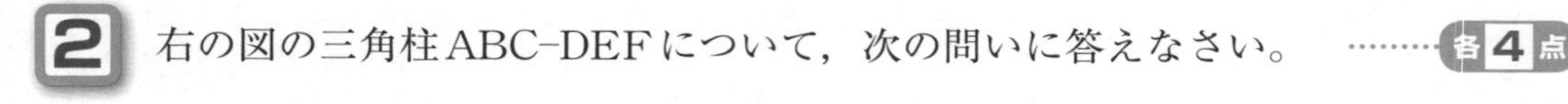

2 右の図の三角柱ABC−DEFについて，次の問いに答えなさい。……各4点

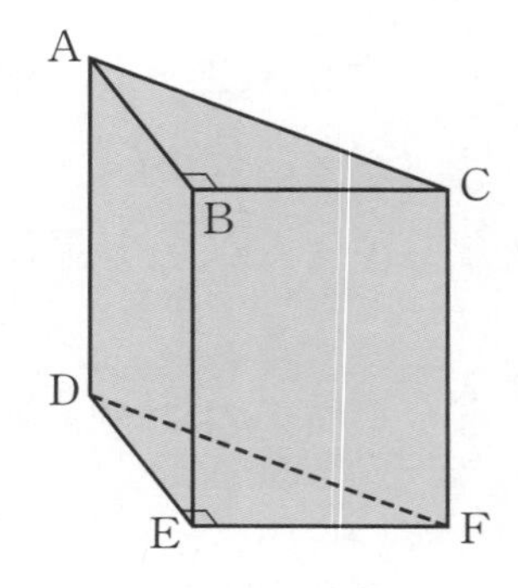

(1) 辺ACとねじれの位置にある辺をすべて答えなさい。

[　　　　　　　　]

(2) 面BEFCと平行な辺をすべて答えなさい。

[　　　　　　　　]

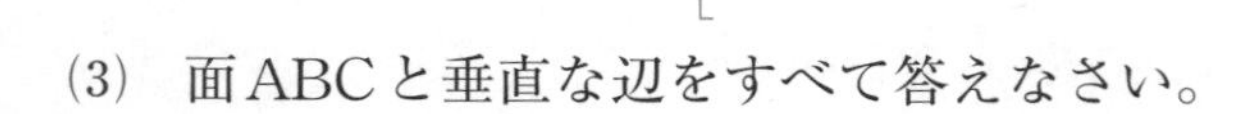

(3) 面ABCと垂直な辺をすべて答えなさい。

[　　　　　　　　]

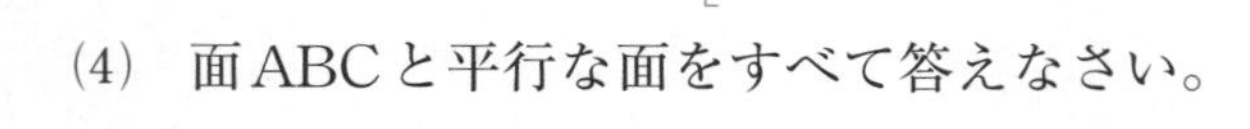

(4) 面ABCと平行な面をすべて答えなさい。

[　　　　　　　　]

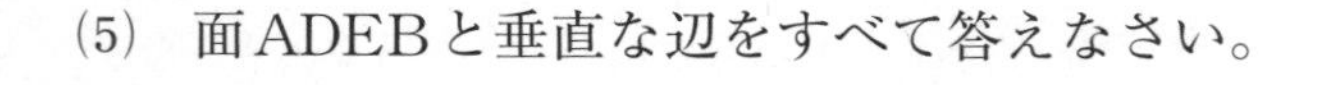

(5) 面ADEBと垂直な辺をすべて答えなさい。 [　　　　　　　　]

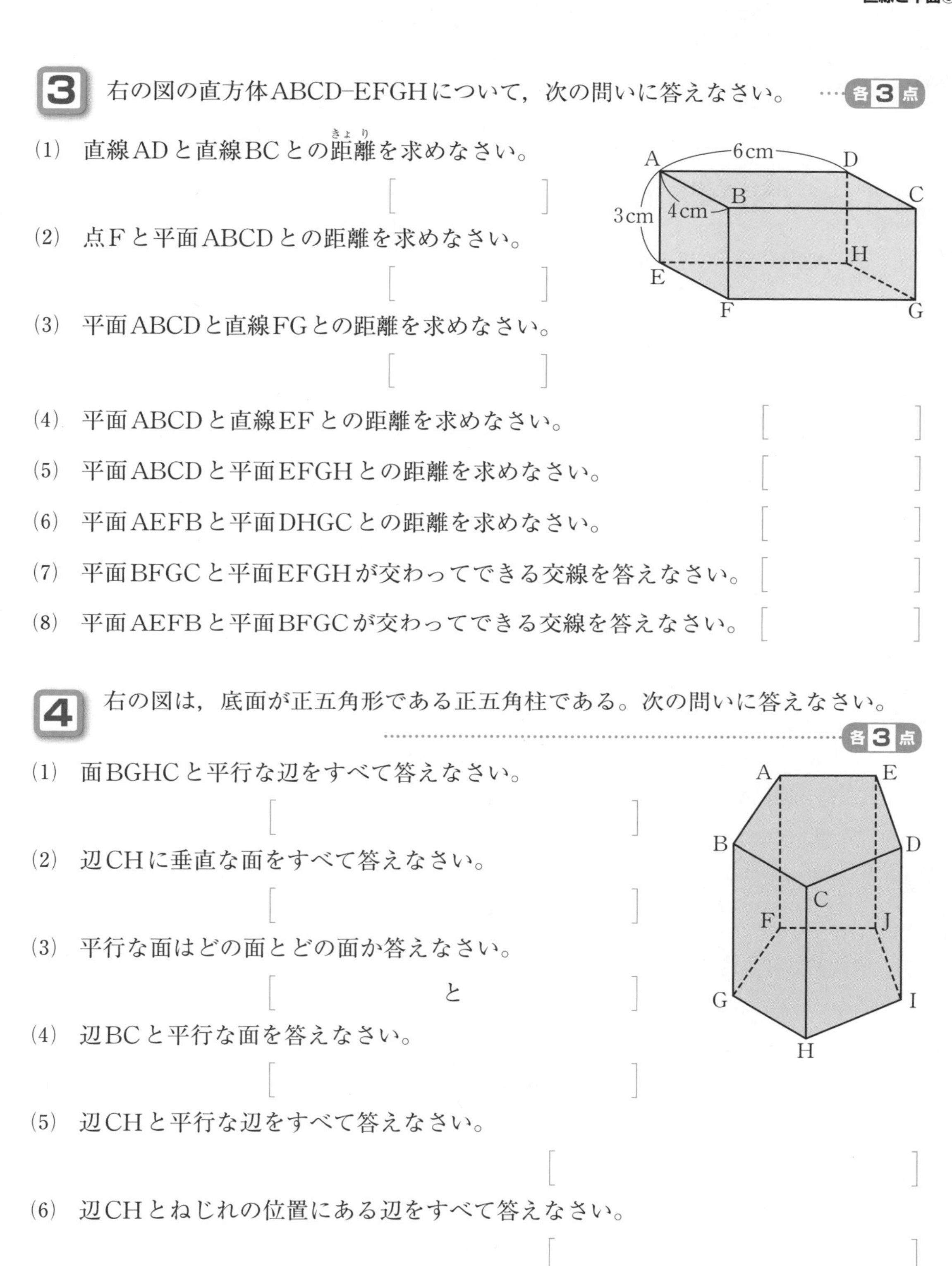

3 右の図の直方体ABCD−EFGHについて，次の問いに答えなさい。……各3点

(1) 直線ADと直線BCとの距離（きょり）を求めなさい。

[　　　　]

(2) 点Fと平面ABCDとの距離を求めなさい。

[　　　　]

(3) 平面ABCDと直線FGとの距離を求めなさい。

[　　　　]

(4) 平面ABCDと直線EFとの距離を求めなさい。 [　　　　]

(5) 平面ABCDと平面EFGHとの距離を求めなさい。 [　　　　]

(6) 平面AEFBと平面DHGCとの距離を求めなさい。 [　　　　]

(7) 平面BFGCと平面EFGHが交わってできる交線を答えなさい。 [　　　　]

(8) 平面AEFBと平面BFGCが交わってできる交線を答えなさい。 [　　　　]

4 右の図は，底面が正五角形である正五角柱である。次の問いに答えなさい。
……各3点

(1) 面BGHCと平行な辺をすべて答えなさい。

[　　　　]

(2) 辺CHに垂直な面をすべて答えなさい。

[　　　　]

(3) 平行な面はどの面とどの面か答えなさい。

[　　　　と　　　　]

(4) 辺BCと平行な面を答えなさい。

[　　　　]

(5) 辺CHと平行な辺をすべて答えなさい。

[　　　　]

(6) 辺CHとねじれの位置にある辺をすべて答えなさい。

[　　　　]

(7) 辺BCとねじれの位置にある辺の数を答えなさい。

[　　　　]

47 直線と平面④

月　日　　点　答えは別冊24ページ

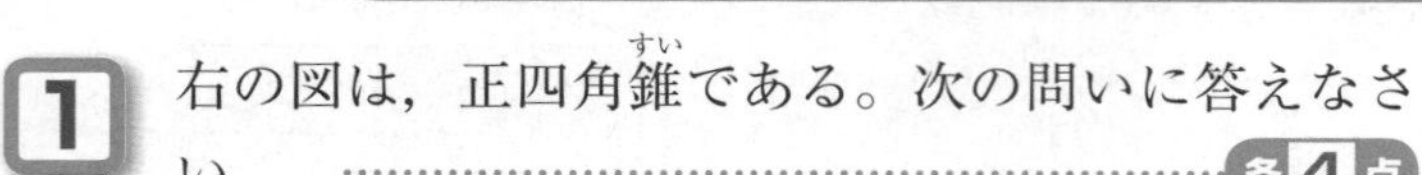
1 右の図は，正四角錐（すい）である。次の問いに答えなさい。……各4点

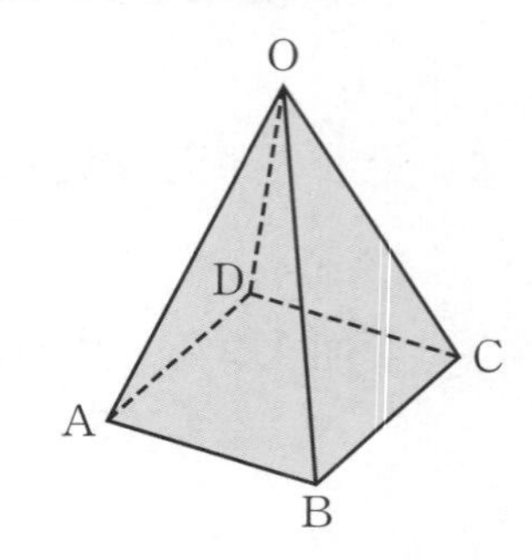

(1) 面OABと交わる辺をすべて答えなさい。

[　　　　]

(2) 面OABと平行な辺をすべて答えなさい。

[　　　　]

(3) 辺ABとねじれの位置にある辺をすべて答えなさい。

[　　　　]

(4) 辺OBとねじれの位置にある辺をすべて答えなさい。

[　　　　]

(5) 面OABにふくまれる辺をすべて答えなさい。

[　　　　]

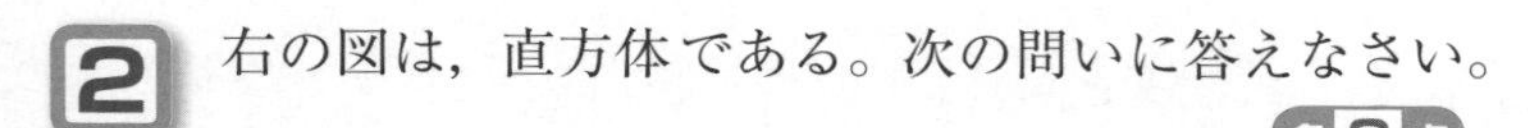
2 右の図は，直方体である。次の問いに答えなさい。……各3点

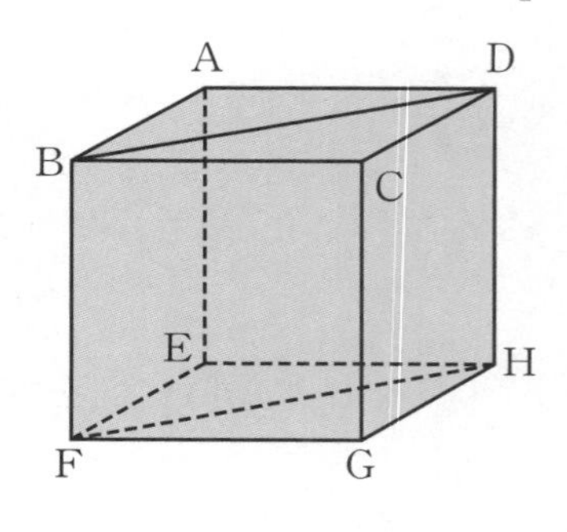

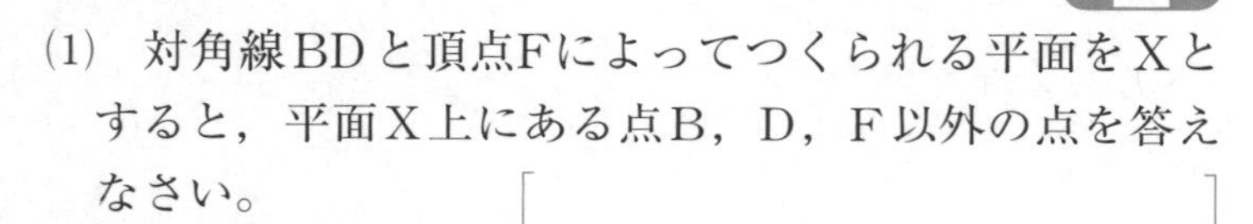
(1) 対角線BDと頂点Fによってつくられる平面をXとすると，平面X上にある点B，D，F以外の点を答えなさい。

[　　　　]

(2) (1)の平面Xと平行な辺をすべて答えなさい。

[　　　　]

(3) 直線BDに垂直な辺をすべて答えなさい。

[　　　　]

(4) 直線BDに平行な直線をすべて答えなさい。

[　　　　]

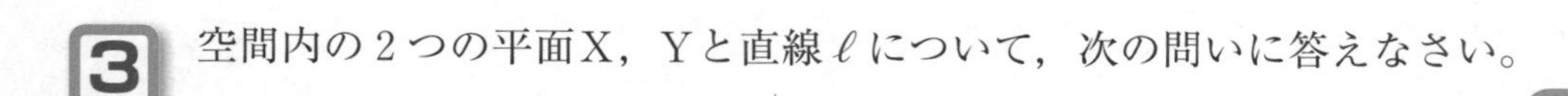
3 空間内の2つの平面X，Yと直線ℓについて，次の問いに答えなさい。……各4点

(1) $X /\!/ \ell$，$Y /\!/ \ell$ならば，$X /\!/ Y$といえるか答えなさい。

[　　　　]

(2) $X \perp \ell$，$Y \perp \ell$ならば，$X /\!/ Y$といえるか答えなさい。

[　　　　]

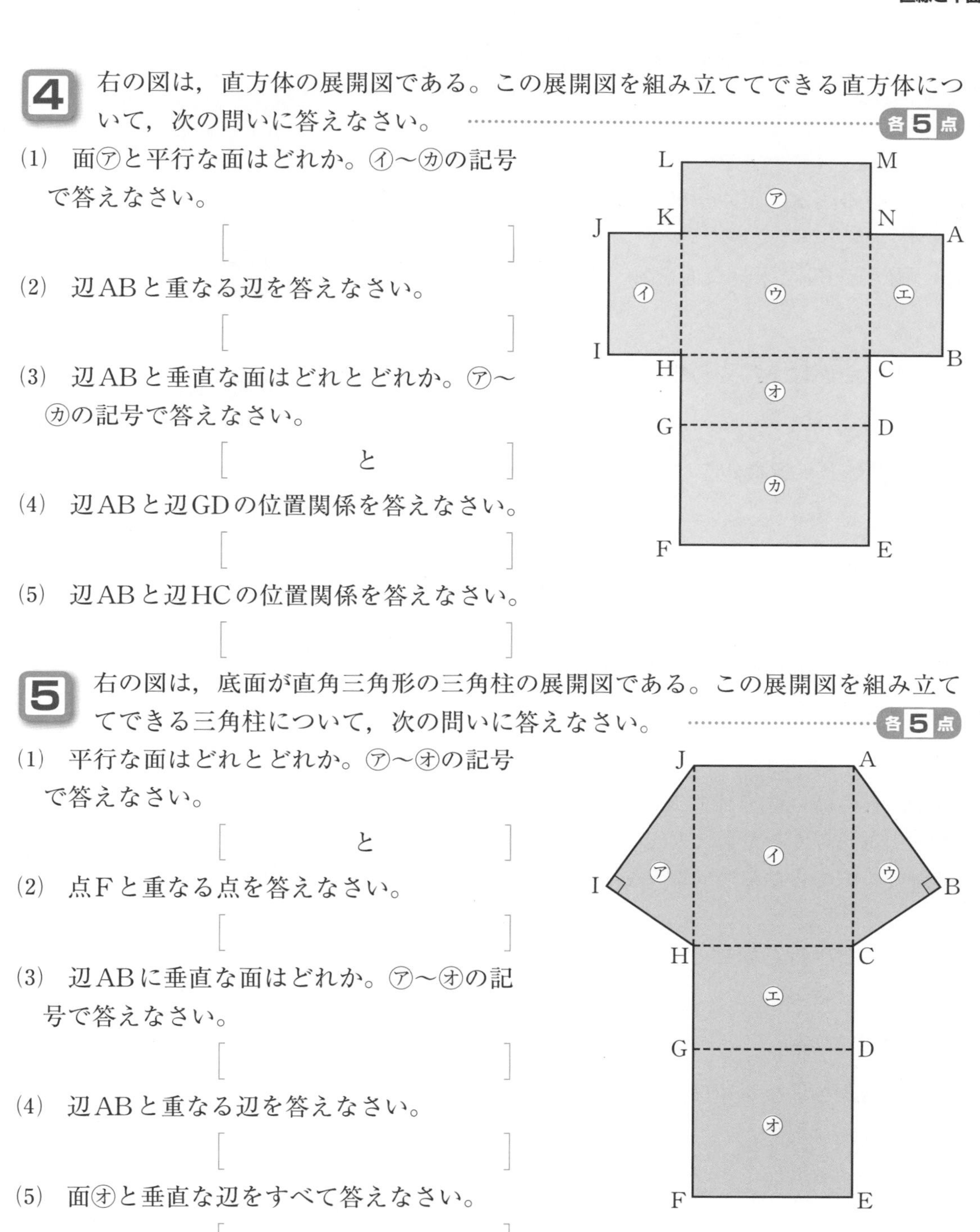

4 右の図は，直方体の展開図である。この展開図を組み立ててできる直方体について，次の問いに答えなさい。 ……… **各5点**

(1) 面㋐と平行な面はどれか。㋑〜㋕の記号で答えなさい。

[　　　　　　　]

(2) 辺ABと重なる辺を答えなさい。

[　　　　　　　]

(3) 辺ABと垂直な面はどれとどれか。㋐〜㋕の記号で答えなさい。

[　　　　と　　　　]

(4) 辺ABと辺GDの位置関係を答えなさい。

[　　　　　　　]

(5) 辺ABと辺HCの位置関係を答えなさい。

[　　　　　　　]

5 右の図は，底面が直角三角形の三角柱の展開図である。この展開図を組み立ててできる三角柱について，次の問いに答えなさい。 ……… **各5点**

(1) 平行な面はどれとどれか。㋐〜㋔の記号で答えなさい。

[　　　　と　　　　]

(2) 点Fと重なる点を答えなさい。

[　　　　　　　]

(3) 辺ABに垂直な面はどれか。㋐〜㋔の記号で答えなさい。

[　　　　　　　]

(4) 辺ABと重なる辺を答えなさい。

[　　　　　　　]

(5) 面㋔と垂直な辺をすべて答えなさい。

[　　　　　　　]

(6) 面㋔と平行な辺を答えなさい。

[　　　　　　　]

(7) 辺BCに垂直な面はどれか。㋐〜㋔の記号で答えなさい。

[　　　　　　　]

48 直線と平面⑤

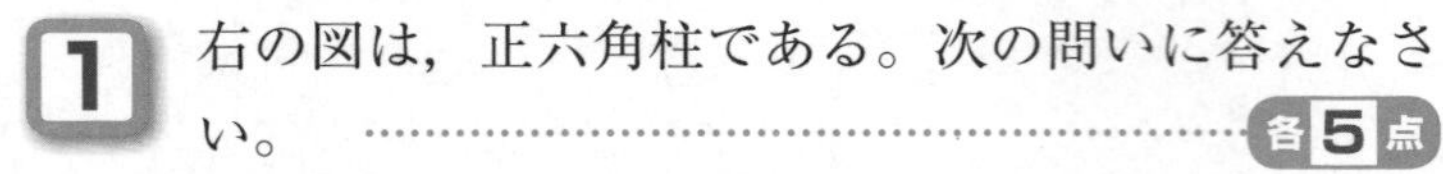

1 右の図は，正六角柱である。次の問いに答えなさい。 各5点

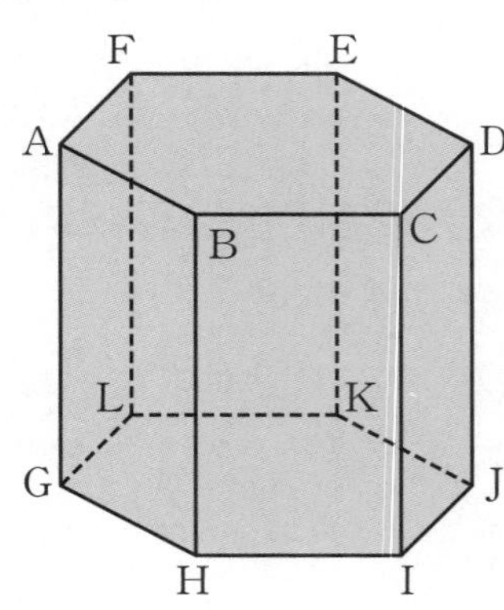

(1) 面ABHGと平行な面を答えなさい。

[　　　　　　]

(2) 平行な面は全部で何組あるか答えなさい。

[　　　　　　]

(3) 辺ABと平行な辺をすべて答えなさい。

[　　　　　　]

(4) 辺ABとねじれの位置にある辺の数を答えなさい。

[　　　　　　]

(5) 面ABCDEFと垂直な辺の数を答えなさい。

[　　　　　　]

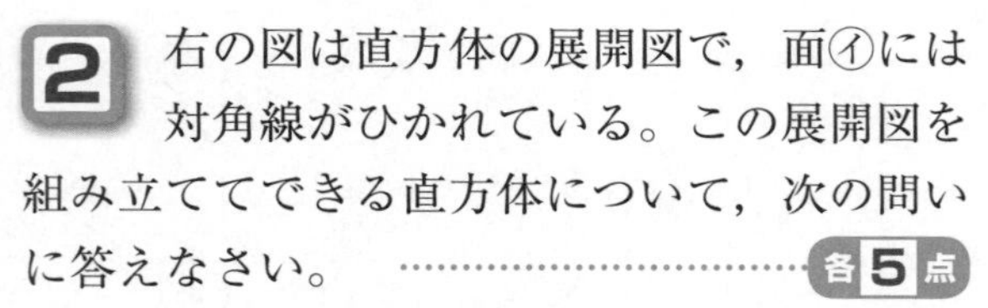

2 右の図は直方体の展開図で，面㋑には対角線がひかれている。この展開図を組み立ててできる直方体について，次の問いに答えなさい。 各5点

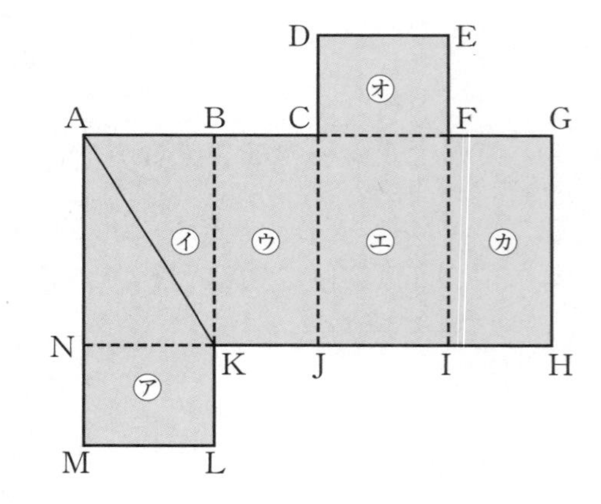

(1) 面㋐と平行な面はどれか。㋑～㋕の記号で答えなさい。

[　　　　　　]

(2) 辺ABと重なる辺はどれか。展開図の記号で答えなさい。

[　　　　　　]

(3) 辺ABと垂直な面を，㋐～㋕の記号ですべて答えなさい。

[　　　　　　]

(4) 辺ABと辺CJはどんな位置関係にあるか答えなさい。

[　　　　　　]

(5) 対角線AKと平行な対角線を，上の展開図の中にかき入れなさい。

3 次の直線や平面の位置関係を記号を使って表しなさい。 各5点

(1) 2つの平面X，Yが平行であるとき，平面X上の直線ℓと平面Yとの関係

[ ]

(2) 2つの直線ℓ，mが平行で，直線ℓは平面Xに垂直であるとき，直線mと平面Xとの関係

[ ]

(3) 2つの平面X，Yが平行であり，直線ℓが平面Xに垂直であるとき，直線ℓと平面Yとの関係

[ ]

(4) 直線ℓと平面Xが平行で，直線ℓをふくむ平面Yと平面Xとの交線をmとするとき，直線ℓと直線mの関係

[ ]

4 次の文のうち，空間にある直線や平面の位置関係について正しく述べているものはどれか。番号に○をつけなさい。 10点

① 1つの直線に平行な2つの平面は，つねに平行である。
② 1つの直線に垂直な2つの平面は，つねに平行である。
③ 1つの平面に平行な2つの直線は，つねに平行である。
④ 1つの平面に垂直な2つの直線は，つねに平行である。

5 右の図は立方体の展開図である。この展開図を組み立ててできる立方体について，次の問いに答えなさい。 各5点

(1) 辺ABと平行な面を，㋐～㋕の記号ですべて答えなさい。

[ ]

(2) 辺ABはどの2つの面の交線であるか。㋐～㋕の記号で答えなさい。

[と]

(3) 面㋐と平行な面を㋑～㋕の記号で答えなさい。

[ ]

(4) 辺ABと垂直な面を，㋐～㋕の記号ですべて答えなさい。

[ ]

49 回転体①

月　日　点　答えは別冊25ページ

1 次の□の中をうめなさい。　□各3点

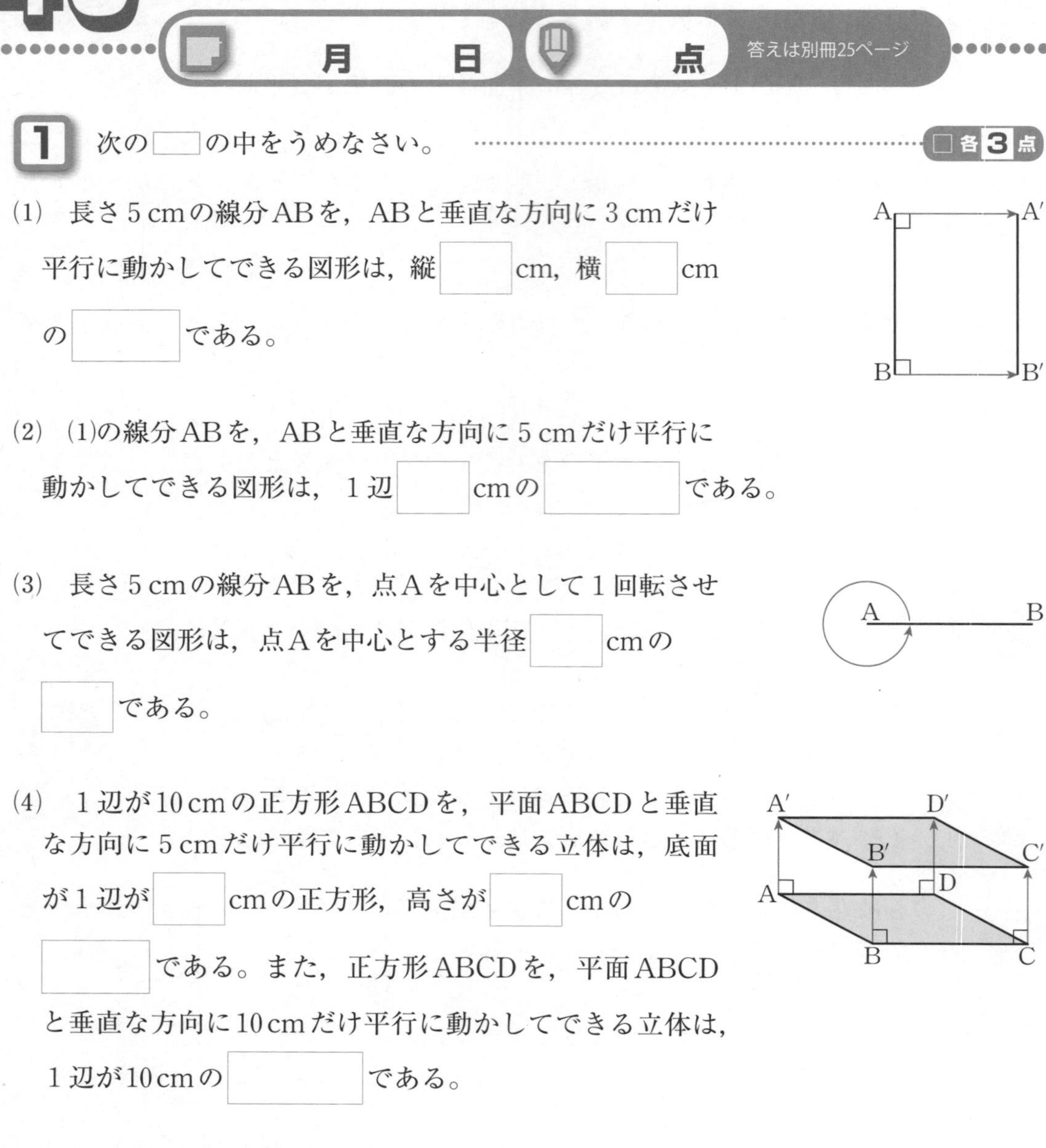

(1)　長さ5 cmの線分ABを，ABと垂直な方向に3 cmだけ平行に動かしてできる図形は，縦□cm，横□cmの□である。

(2)　(1)の線分ABを，ABと垂直な方向に5 cmだけ平行に動かしてできる図形は，1辺□cmの□である。

(3)　長さ5 cmの線分ABを，点Aを中心として1回転させてできる図形は，点Aを中心とする半径□cmの□である。

(4)　1辺が10 cmの正方形ABCDを，平面ABCDと垂直な方向に5 cmだけ平行に動かしてできる立体は，底面が1辺が□cmの正方形，高さが□cmの□である。また，正方形ABCDを，平面ABCDと垂直な方向に10 cmだけ平行に動かしてできる立体は，1辺が10 cmの□である。

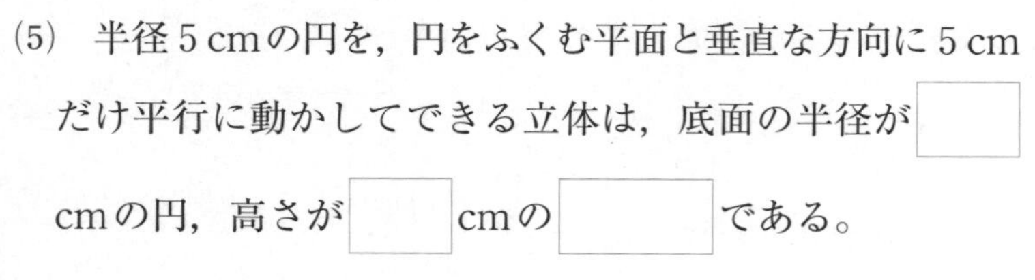

(5)　半径5 cmの円を，円をふくむ平面と垂直な方向に5 cmだけ平行に動かしてできる立体は，底面の半径が□cmの円，高さが□cmの□である。

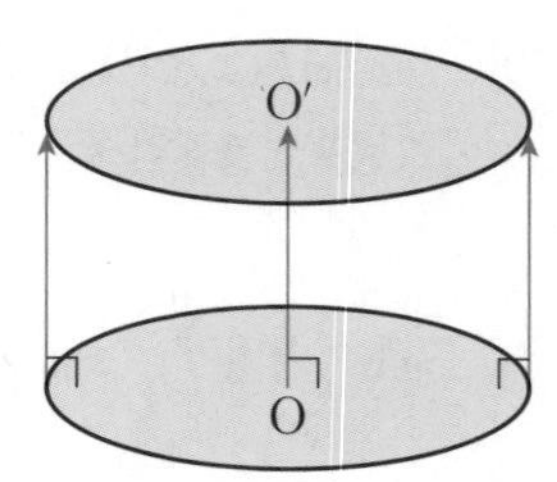

(6)　△ABCを平面ABCに垂直な方向に平行に動かしてできる立体は，□である。

2 次の□の中をうめなさい。 ……□各3点

(1) 横 3 cm，縦 5 cm の長方形ABCDを，辺ABを軸(じく)として1回転させてできる立体は，底面が半径□cmの円，高さが□cmの□である。

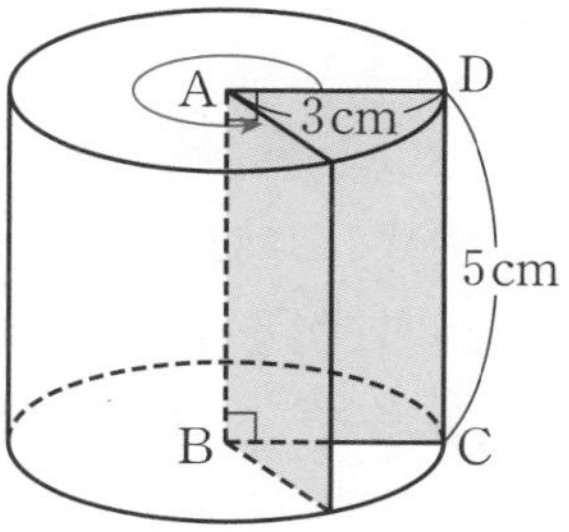

(2) AB＝5cm，BC＝3cm，CA＝4cmの直角三角形ABCを，辺ACを軸として1回転させてできる立体は，底面が半径□cmの円，高さが□cmの□である。

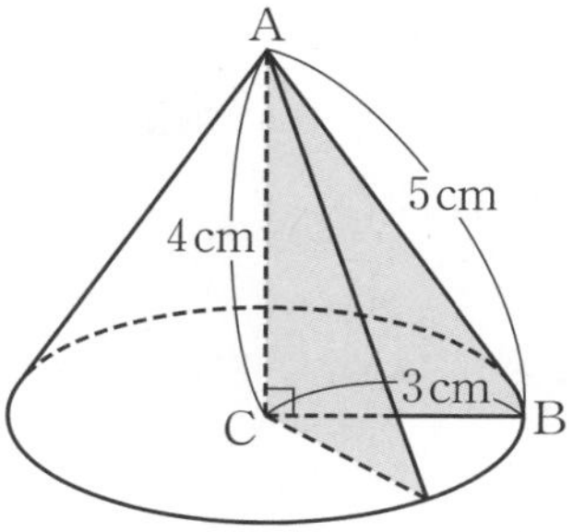

ポイント

上の図のように，1つの直線を軸として平面図形を回転させてできる立体を回転体という。

3 下の図を，それぞれ直線 ℓ を軸として1回転させると，どんな立体ができるか。見取図を下のア～オから選び，記号で答えなさい。 ……各6点

(1) ℓ □　(2) ℓ □　(3) ℓ □　(4) ℓ □　(5) ℓ □

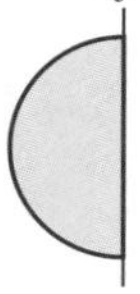

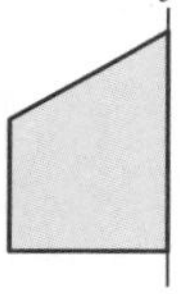

ア　イ 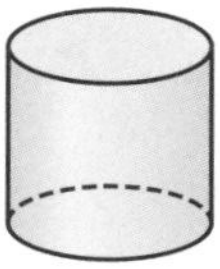　ウ 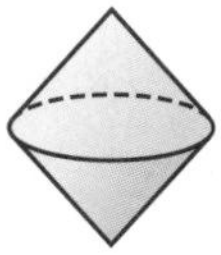　エ 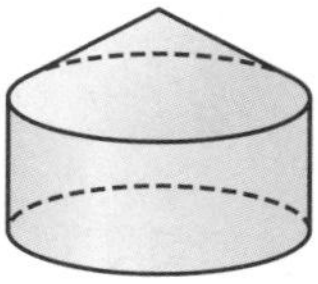　オ

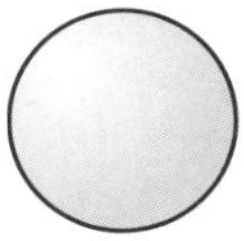

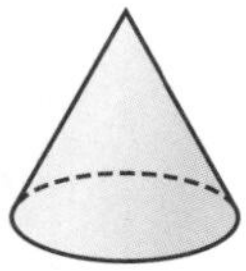

4 次の立体の中から回転体であるものをすべて答えなさい。 ……7点

円錐(すい)，立方体，三角柱，円柱，正四角錐，球，三角錐

[　　　　　　　　　　]

50 回転体②

1 次の図の回転体は，どのような図形を回転させたものか。もとになる図形とその回転軸（じく）を下の**ア**～**カ**から選び，記号で答えなさい。 ……………………… 各6点

(1) 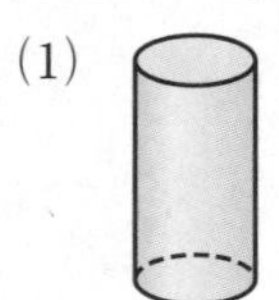

(2) 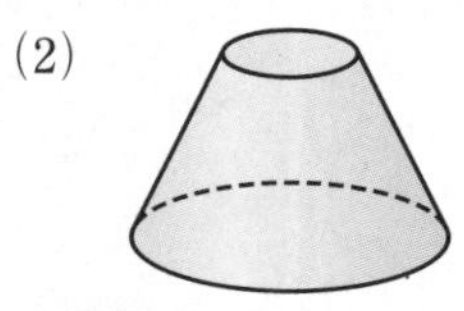

(3) 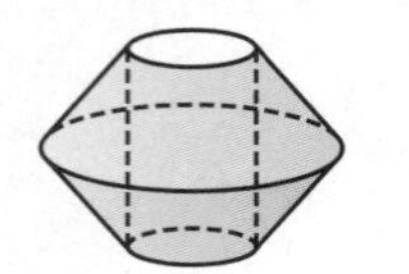

(4) 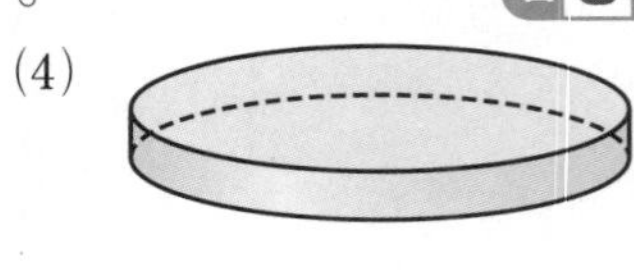

ヒント (2)の形を「円錐（すい）台」という。

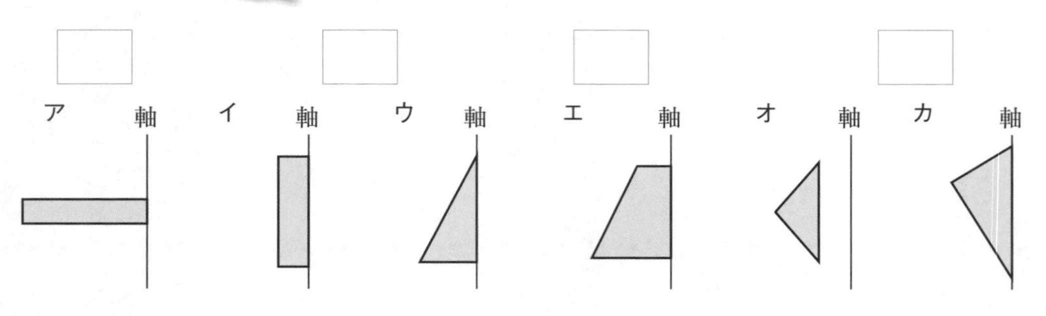

ポイント

平面Xを X上の直線 ℓ を軸として回転させてできる平面を X′とする。直線 ℓ は平面Xと X′の交線となる。直線 ℓ に垂直な平面X上の直線 m と，直線 ℓ に垂直な平面X′上の直線 m' を，直線 ℓ 上の同じ点Pを通るようにひく。このとき，直線 m と m' のつくる角度を平面Xと平面X′のつくる角度という。直線 m と m' のつくる角度が90°のとき，平面Xと X′は垂直であるといい，X⊥X′と表す。

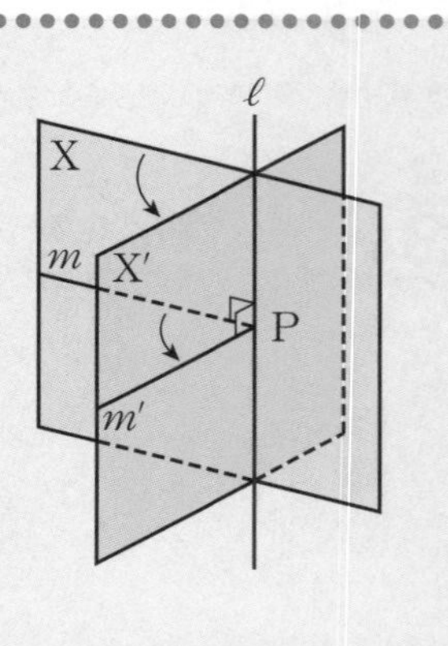

2 右の図は，底面が∠A＝30°，∠C＝90°の直角三角形の三角柱である。次の面のつくる角度を求めなさい。 ……………………… 各8点

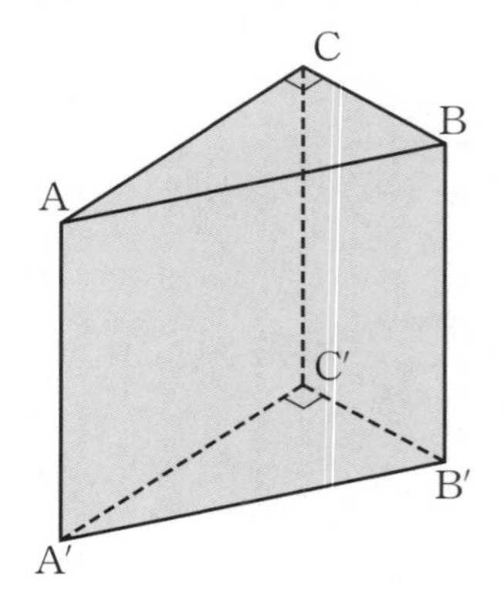

(1) 面CC′B′Bと面AA′C′C ［　　　　］

(2) 面AA′C′Cと面AA′B′B ［　　　　］

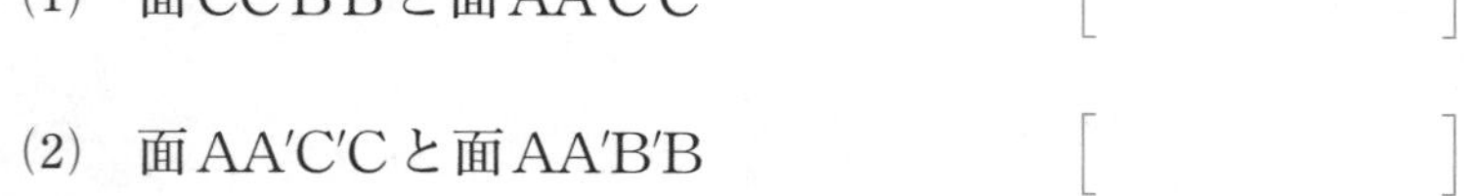

(3) 面ABCと面CC′B′B ［　　　　］

3 右の図は，正三角柱ABC−A′B′C′である。次の問いに答えなさい。 …………各8点

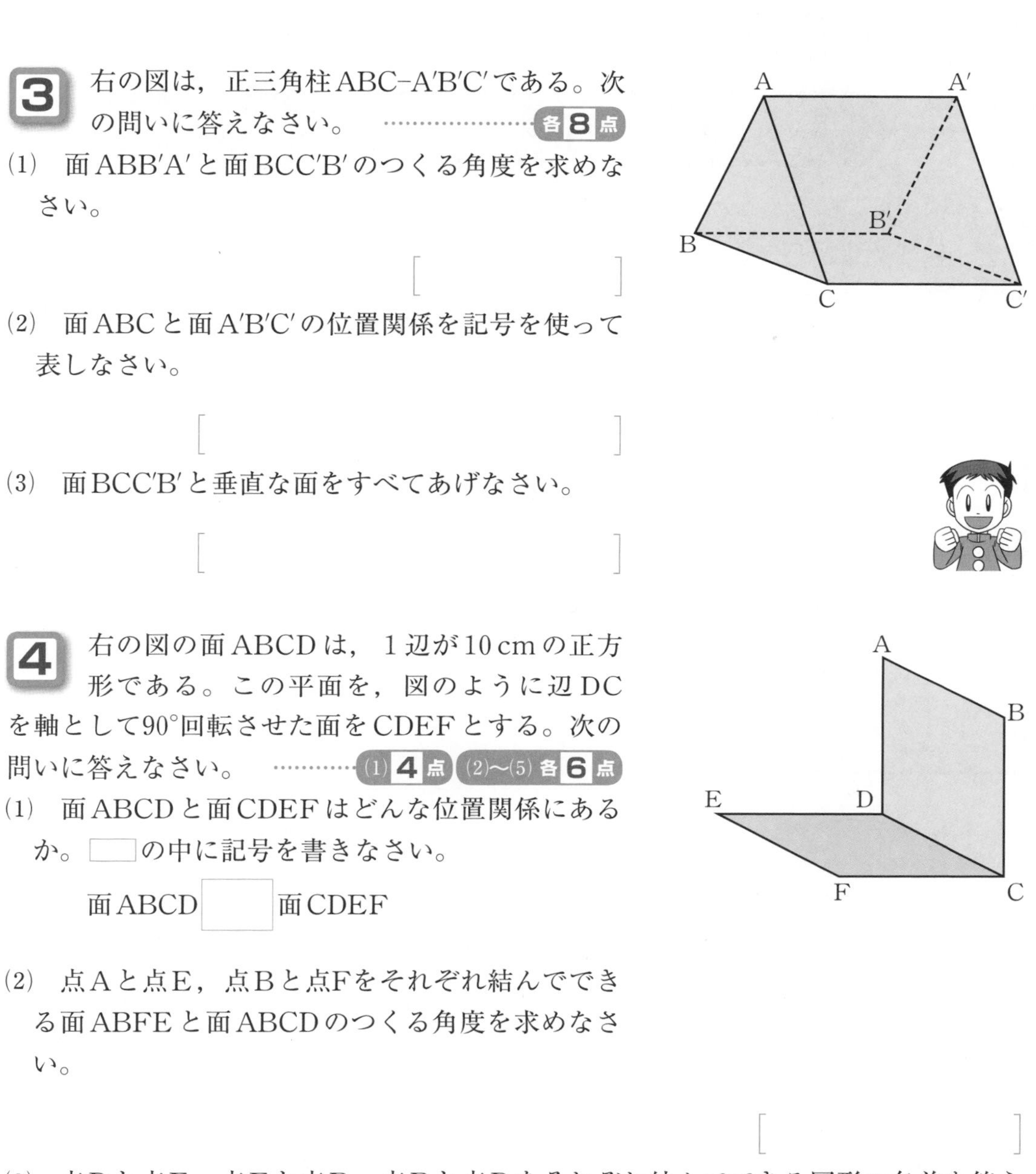

(1) 面ABB′A′と面BCC′B′のつくる角度を求めなさい。

[　　　　]

(2) 面ABCと面A′B′C′の位置関係を記号を使って表しなさい。

[　　　　]

(3) 面BCC′B′と垂直な面をすべてあげなさい。

[　　　　]

4 右の図の面ABCDは，1辺が10 cmの正方形である。この平面を，図のように辺DCを軸として90°回転させた面をCDEFとする。次の問いに答えなさい。 …………(1) 4点 (2)〜(5) 各6点

(1) 面ABCDと面CDEFはどんな位置関係にあるか。□の中に記号を書きなさい。

面ABCD □ 面CDEF

(2) 点Aと点E，点Bと点Fをそれぞれ結んでできる面ABFEと面ABCDのつくる角度を求めなさい。

[　　　　]

(3) 点Dと点F，点Fと点B，点Bと点Dをそれぞれ結んでできる図形の名前を答えなさい。

[　　　　]

(4) 立体C−BDFは正三角錐であるといえるか答えなさい。

[　　　　]

(5) (4)の立体で，面ABCDにも面CDEFにも垂直な面を答えなさい。

[　　　　]

51 投影図

1 次の見取図で示した立体を，正面から見た図（立面図）と，真上から見た図（平面図）の両方で示しなさい。 各10点

例

正面

（立面図）

（平面図）

(1) 円錐（すい）

(2) 三角柱

正面

(3) 円柱

(4) 正四面体

正面

(5) 立方体

正面

ポイント

立体を正面から見た形や，真上から見た形で示す図を投影図（とうえい）という。

2 次の投影図は，それぞれどんな立体の投影図か。その名前と見取図をかきなさい。 名前・見取図 各**5**点

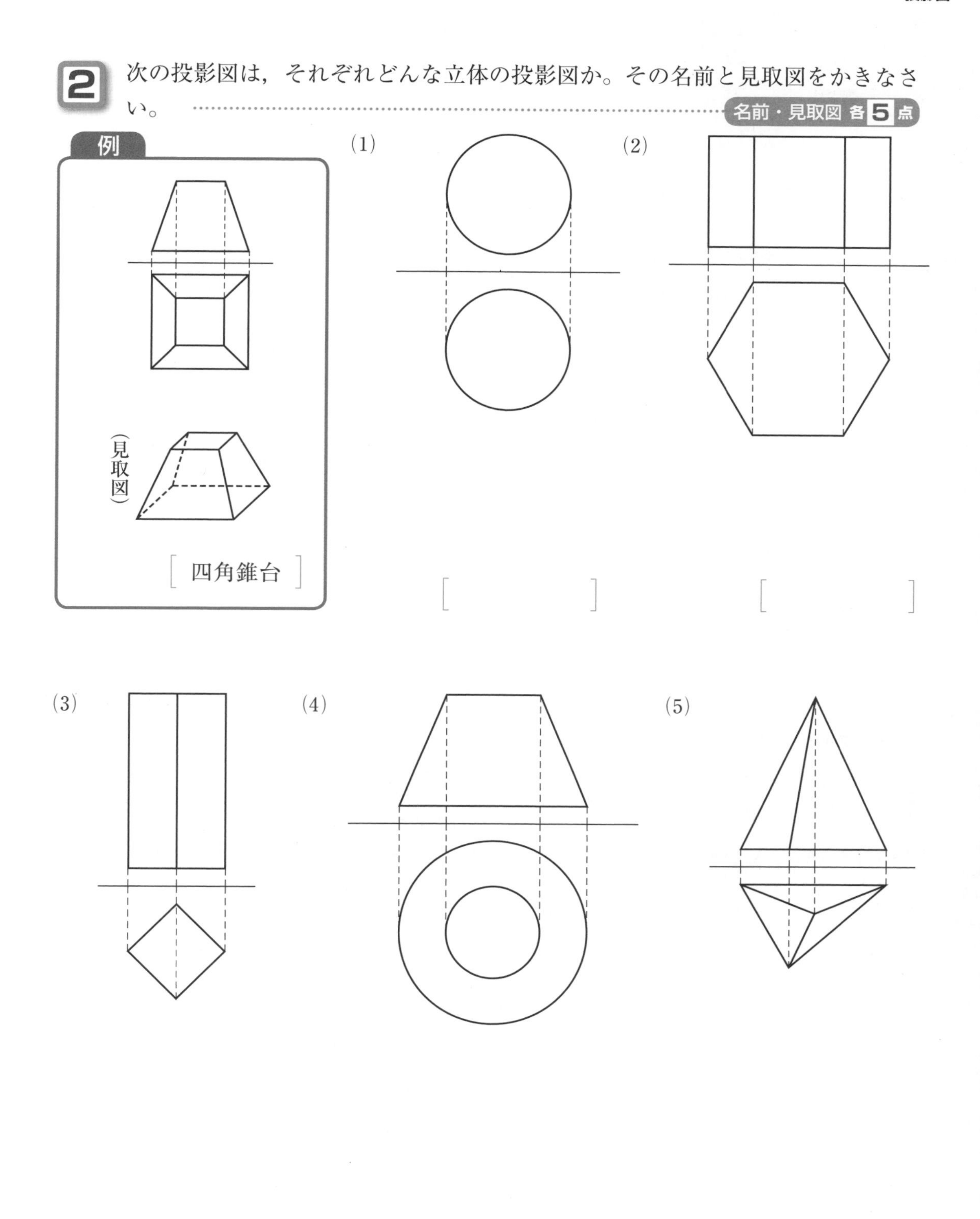

52 角柱・円柱の表面積

答えは別冊26ページ

1 右の図は，正四角柱の展開図である。次の問いに答えなさい。 ……… 各8点

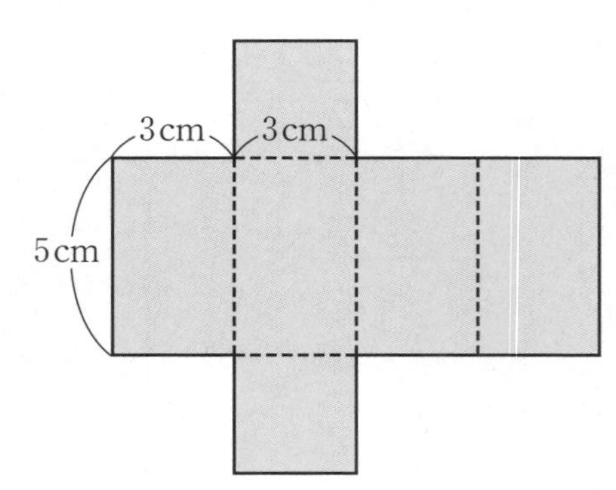

(1) 四角柱の側面の展開図は，長方形である。
この正四角柱の側面積を求めなさい。

[　　　　　　]

(2) この正四角柱の底面積を求めなさい。

[　　　　　　]

(3) この正四角柱の表面積を求めなさい。

ヒント (角柱・円柱の表面積)＝(側面積)＋(底面積)×2

[　　　　　　]

ポイント

側面全体の面積を側面積，1つの底面の面積を底面積，立体のすべての面の面積の和を表面積という。

2 次の角柱の表面積を求めなさい。 ……… 各10点

(1)

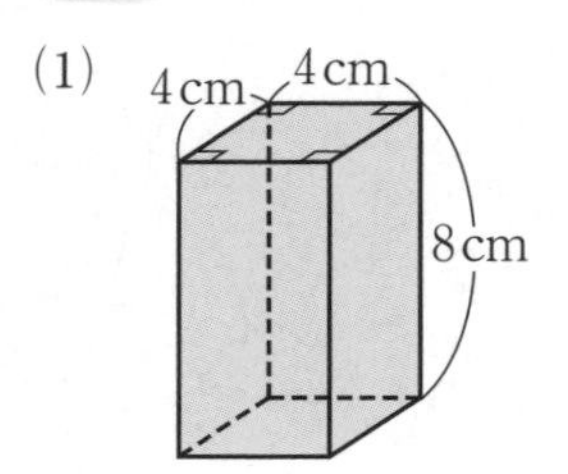

[　　　　　　]

(2)

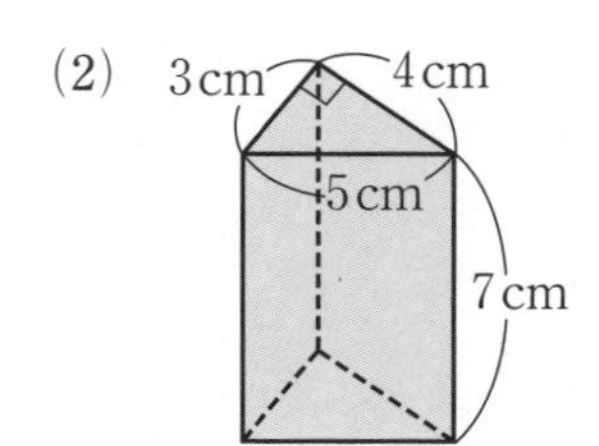

[　　　　　　]

3 右の図は，円柱の展開図である。次の問いに答えなさい。 …… 各9点

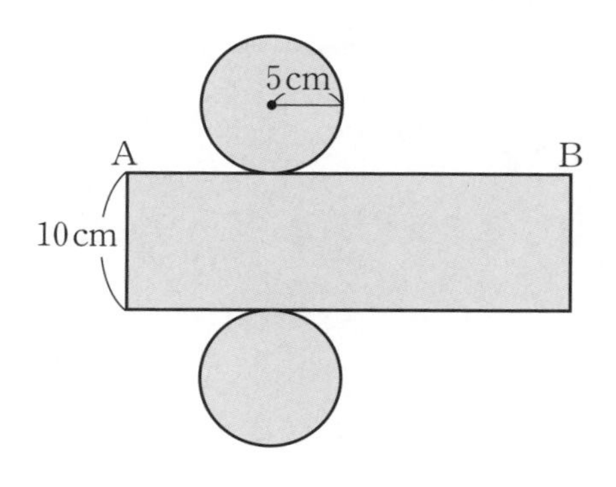

(1) 円柱の側面の展開図は，長方形である。辺ABの長さを求めなさい。

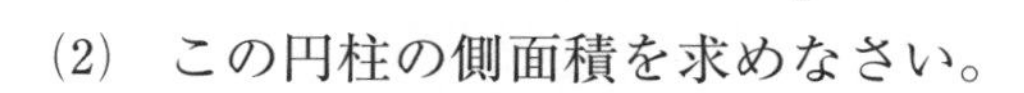

(2) この円柱の側面積を求めなさい。

(3) この円柱の底面積を求めなさい。

(4) この円柱の表面積を求めなさい。

4 次の円柱の表面積を求めなさい。 …… 各10点

(1)

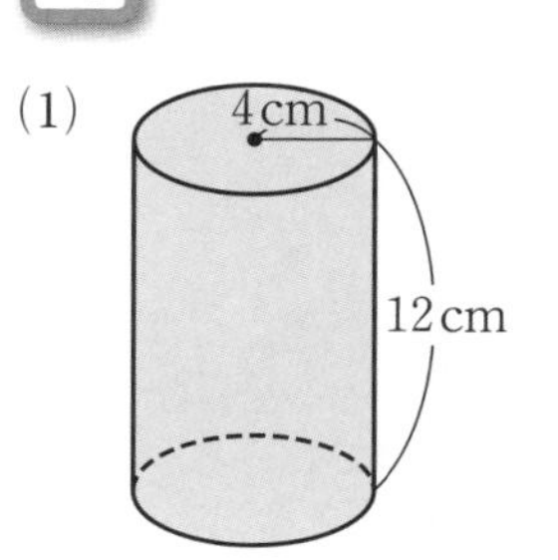

(2)

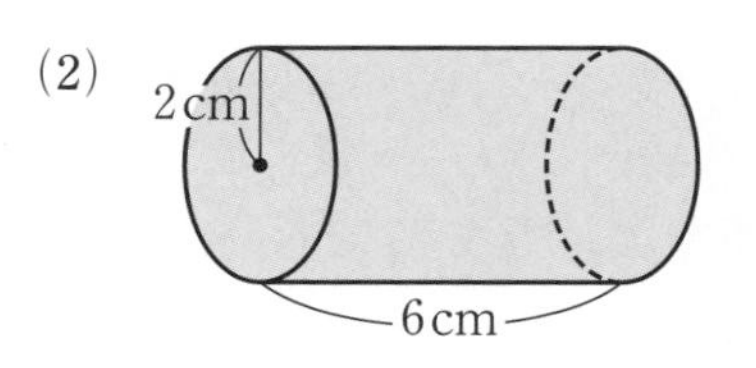

53 角錐の表面積

月　日　　点　答えは別冊26ページ

1 右の図は，正四角錐の展開図である。次の問いに答えなさい。 ………… 各6点

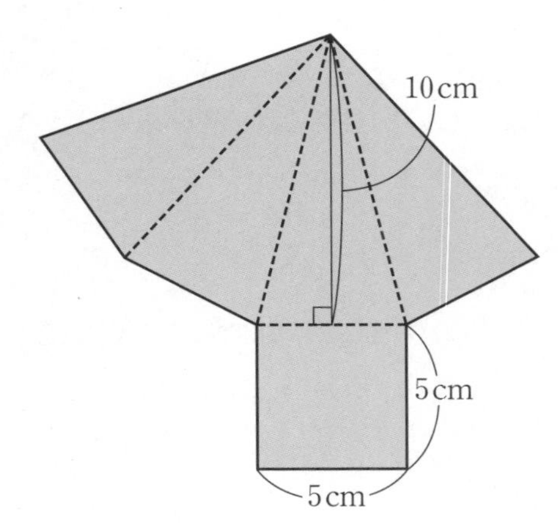

(1) この正四角錐の1つの側面はどんな形か答えなさい。

[　　　　　　]

(2) この正四角錐の1つの側面の面積を求めなさい。

[　　　　　　]

(3) この正四角錐の側面積を求めなさい。

[　　　　　　]

(4) この正四角錐の底面積を求めなさい。

[　　　　　　]

(5) この正四角錐の表面積を求めなさい。

[　　　　　　]

2 右の図は，ある立体の展開図である。次の問いに答えなさい。 ………… 各7点

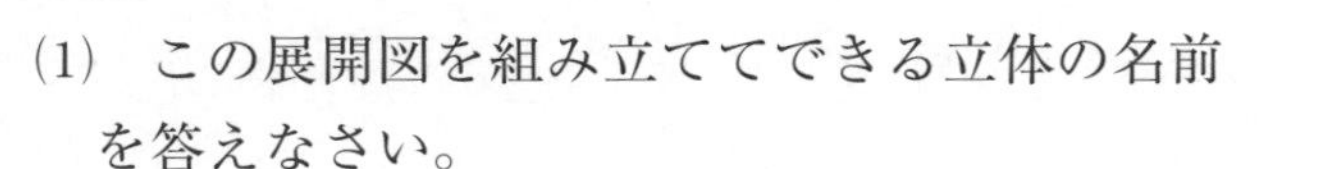

(1) この展開図を組み立ててできる立体の名前を答えなさい。

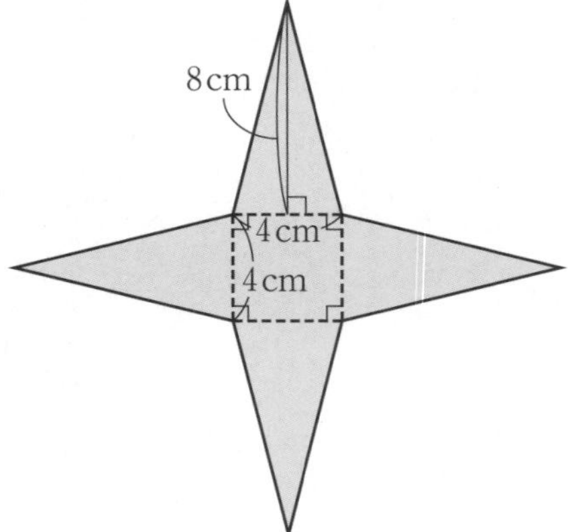

[　　　　　　]

(2) この立体の側面積を求めなさい。

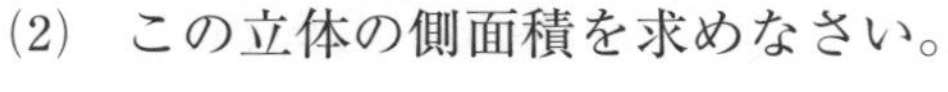

[　　　　　　]

(3) この立体の底面積を求めなさい。

[　　　　　　]

(4) この立体の表面積を求めなさい。

[　　　　　　]

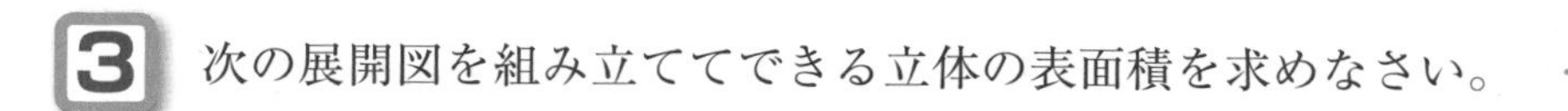

3 次の展開図を組み立ててできる立体の表面積を求めなさい。

(1)

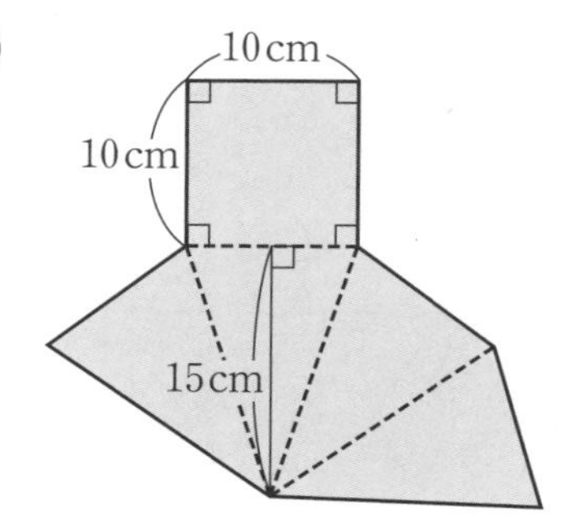

[　　　　　]

(2)

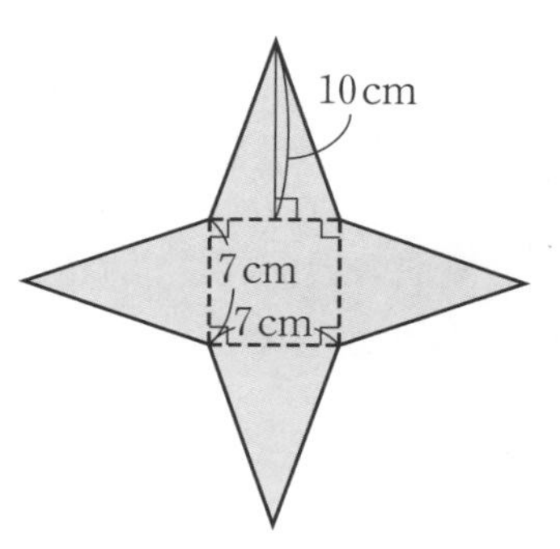

[　　　　　]

4 次の正四角錐の表面積を求めなさい。

(1)

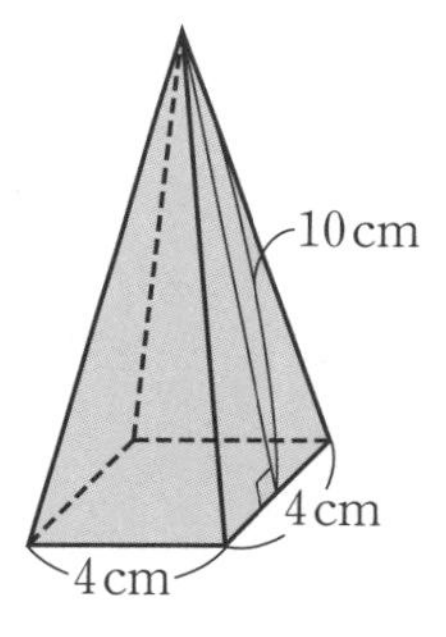

[　　　　　]

(2)

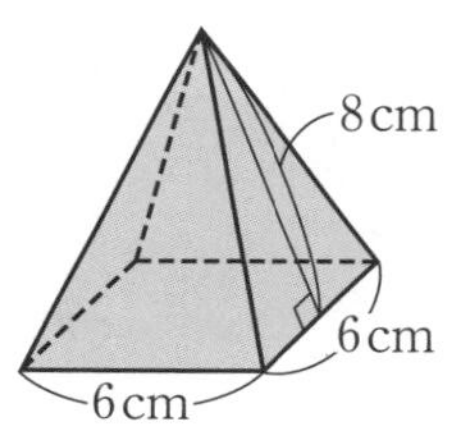

[　　　　　]

(3)

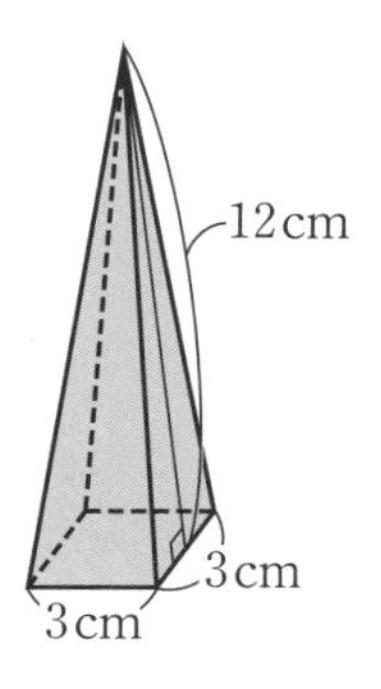

[　　　　　]

(4)

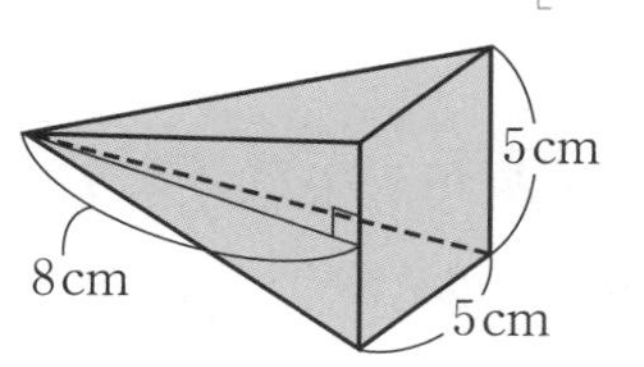

[　　　　　]

54 円錐の表面積

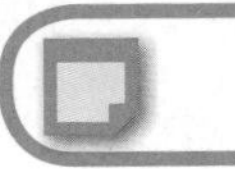

月　日　点

答えは別冊26ページ

1 右の図は，円錐(すい)の展開図である。次の問いに答えなさい。 …… 各7点

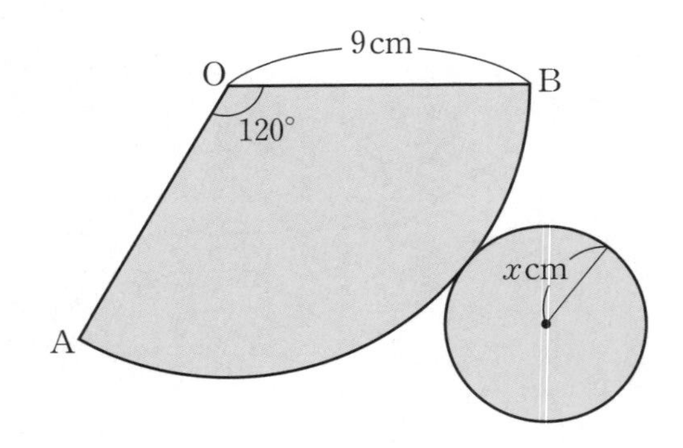

(1)　この円錐の側面の展開図は，半径9 cm，中心角120°のおうぎ形である。$\overset{\frown}{AB}$の長さを求めなさい。

[　　　　　]

(2)　この円錐の側面積（おうぎ形AOBの面積）を求めなさい。

[　　　　　]

(3)　この円錐の展開図において，$\overset{\frown}{AB}$の長さと底面の円周の長さは等しい。このことから，底面の円の半径をx cmとして方程式をつくりなさい。

[　　　　　]

(4)　(3)でつくった方程式を解き，xの値を求めなさい。

[　　　　　]

(5)　この円錐の底面積を求めなさい。

[　　　　　]

(6)　この円錐の表面積を求めなさい。

ヒント　（角錐・円錐の表面積）＝（側面積）＋（底面積）

[　　　　　]

ポイント

円錐の展開図では，側面のおうぎ形の弧(こ)の長さと底面の円周の長さは等しい。

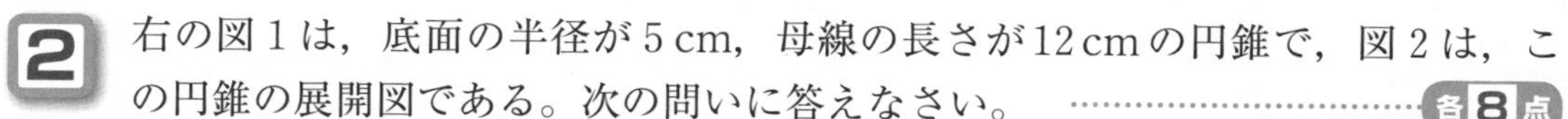

2

右の図1は，底面の半径が5 cm，母線の長さが12 cmの円錐で，図2は，この円錐の展開図である。次の問いに答えなさい。 ……………………… 各8点

(1) 底面の円周の長さを求めなさい。

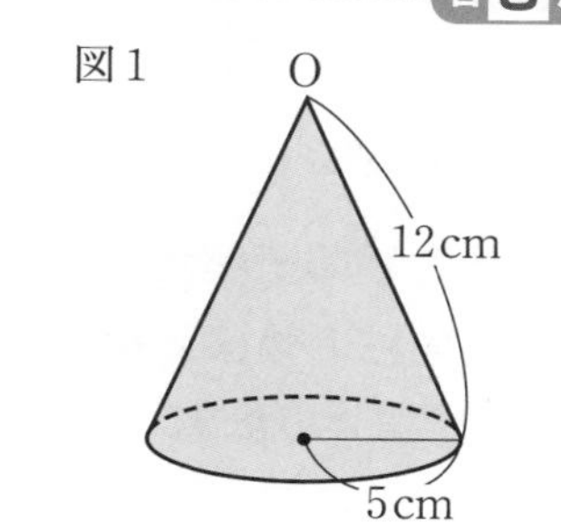

[　　　　　　　　]

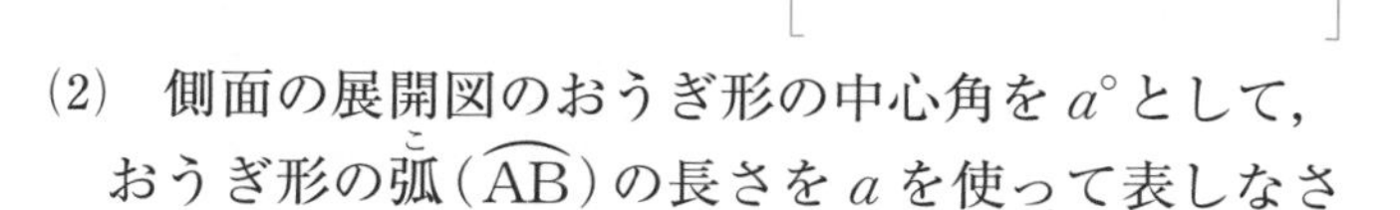

(2) 側面の展開図のおうぎ形の中心角を $a°$ として，おうぎ形の弧(こ)($\overset{\frown}{AB}$)の長さを a を使って表しなさい。

[　　　　　　　　]

(3) $\overset{\frown}{AB}$ の長さと底面の円周の長さが等しいことから，a の値を求めなさい。

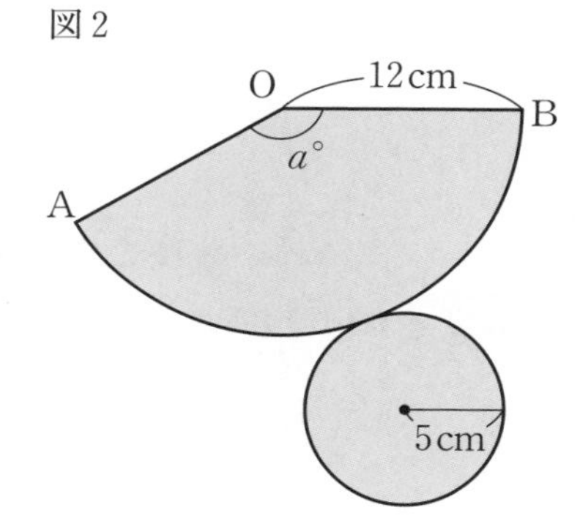

[　　　　　　　　]

(4) おうぎ形AOBの面積を求めなさい。

[　　　　　　　　]

(5) この円錐の表面積を求めなさい。

[　　　　　　　　]

3

右の図は，円錐の展開図である。次の問いに答えなさい。 ……………………… 各9点

(1) この円錐の底面の半径を求めなさい。

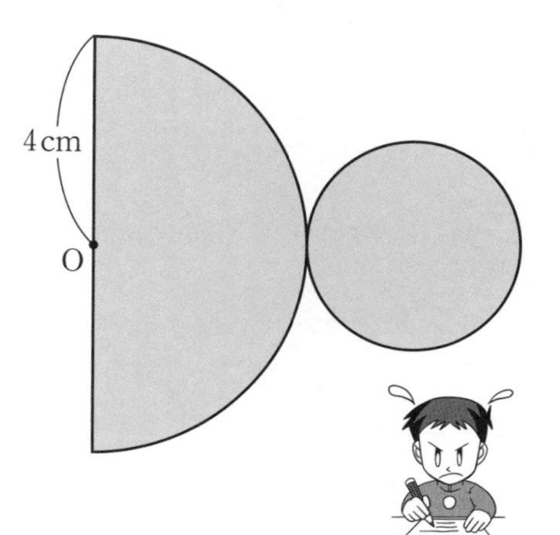

[　　　　　　　　]

(2) この円錐の表面積を求めなさい。

[　　　　　　　　]

55 角柱・円柱の体積

Memo 覚えておこう

●**角柱の底面積をS，高さをhとするとき，**
角柱の体積Vは，
$V=Sh$

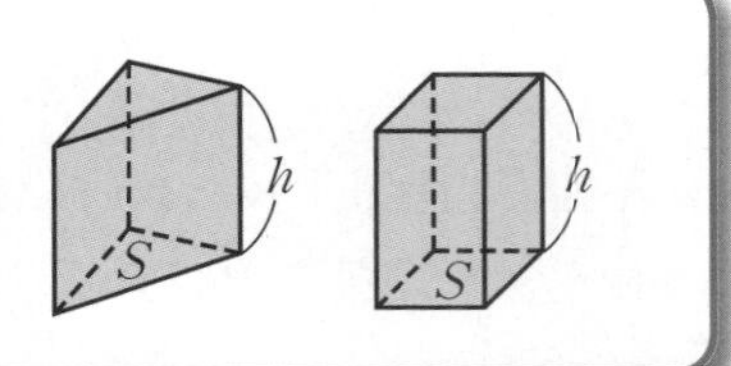

1 右の図は，底面が底辺 6 cm，高さ 5 cm の三角形で，高さが 10 cm の三角柱である。次の問いに答えなさい。 各8点

(1) この三角柱の底面積を求めなさい。

[　　　　　　　　]

(2) この三角柱の体積を求めなさい。

ヒント (角柱の体積)＝(底面積)×(高さ)

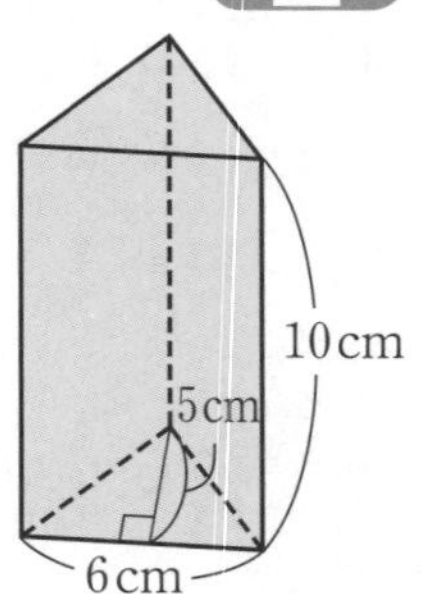

[　　　　　　　　]

2 右の図は，底面が 1 辺 4 cm の正方形で，高さが 7 cm の正四角柱である。次の問いに答えなさい。 各8点

(1) この四角柱の底面積を求めなさい。

[　　　　　　　　]

(2) この四角柱の体積を求めなさい。

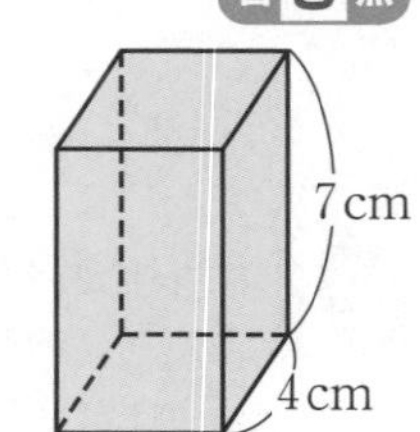

[　　　　　　　　]

3 次の角柱の体積を求めなさい。 各8点

(1) 底面が底辺 8 cm，高さ 6 cm の三角形で，高さが 12 cm の三角柱

[　　　　　　　　]

(2) 底面が 1 辺 6 cm の正方形で，高さが 8 cm の正四角柱

[　　　　　　　　]

Memo 覚えておこう

●円柱の底面の半径を r，高さを h とするとき，円柱の体積 V は，
$V=\pi r^2 h$

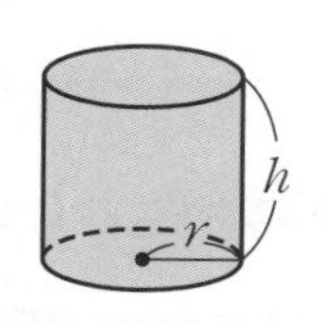

4 右の図は，底面の半径が 5 cm で，高さが 10 cm の円柱である。次の問いに答えなさい。 ……… 各 8 点

(1) この円柱の底面積を求めなさい。

[　　　　　　]

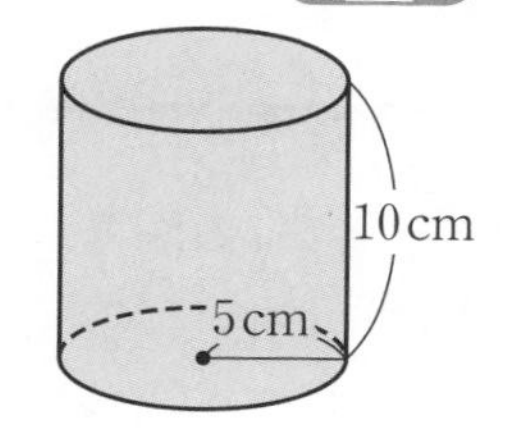

(2) この円柱の体積を求めなさい。

[　　　　　　]

5 次の円柱の体積を求めなさい。 ……… 各 8 点

(1) 底面の半径が 4 cm で，高さが 5 cm の円柱

[　　　　　　]

(2) 底面の直径が 10 cm で，高さが 7 cm の円柱

[　　　　　　]

6 次の角柱，円柱の体積を求めなさい。 ……… 各 10 点

(1)

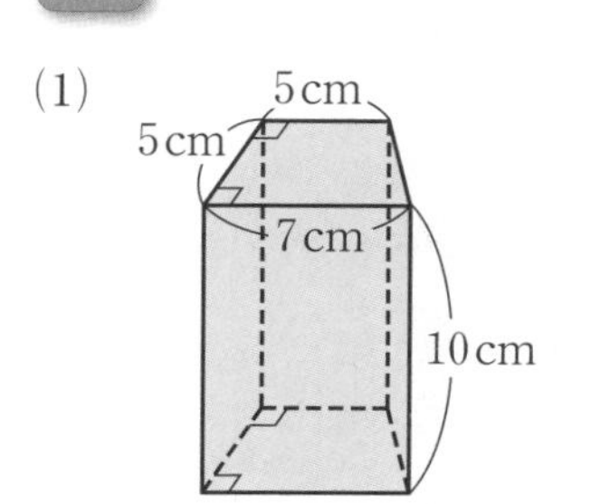

[　　　　　　]

(2)

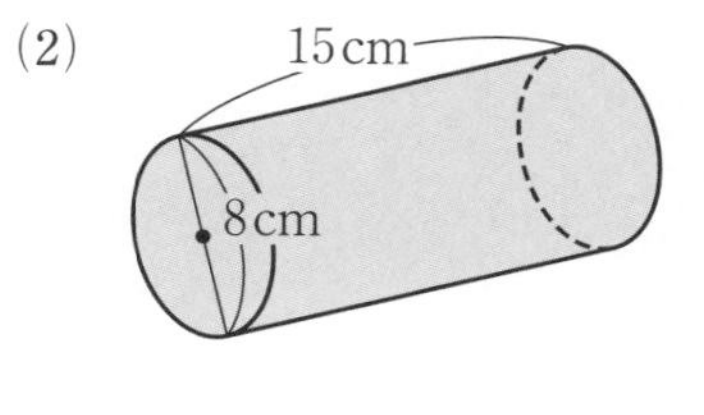

[　　　　　　]

56 角錐・円錐の体積

月　日

点

答えは別冊27ページ

Memo 覚えておこう

●角錐(すい)の底面積をS，高さをhとするとき，
角錐の体積Vは，

$$V=\frac{1}{3}Sh$$

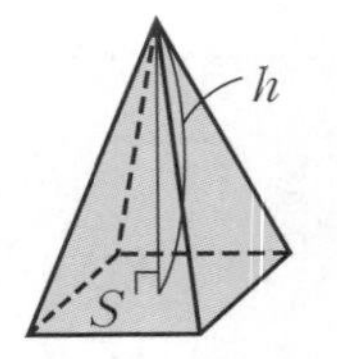

1 右の図は，底面が1辺5 cmの正方形で，高さが9 cmの正四角錐である。次の問いに答えなさい。 ……… 各8点

(1) この正四角錐の底面積を求めなさい。

[　　　　　　]

(2) この正四角錐の体積を求めなさい。

[　　　　　　]

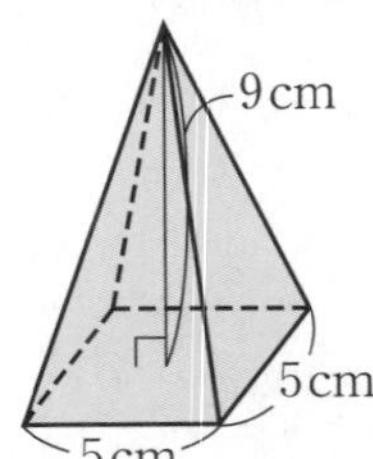

2 次の角錐の体積を求めなさい。 ……… 各8点

(1) 底面積が20 cm^{2}で，高さが6 cmの五角錐

[　　　　　　]

(2) 底面が1辺10 cmの正方形で，高さが15 cmの正四角錐

[　　　　　　]

3 下の図の体積や高さを求めなさい。 ……… 各9点

(1) 正四角錐の体積

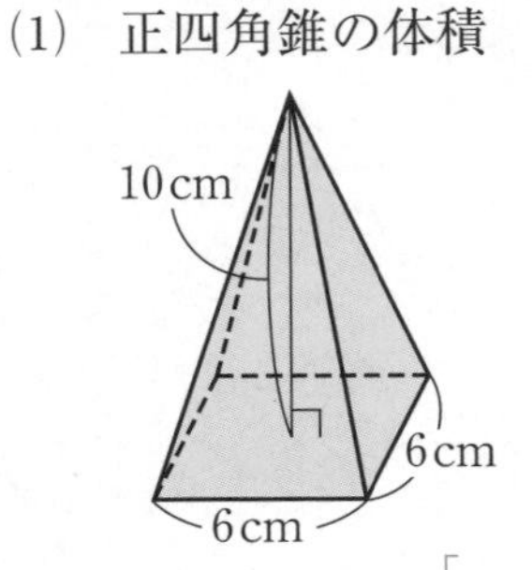

[　　　　　　]

(2) 正四角錐の体積が400 cm^{3}のときの高さ

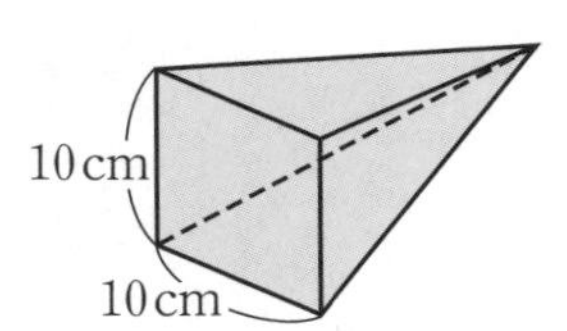

[　　　　　　]

Memo 覚えておこう

●円錐の底面の半径を r，高さを h とするとき，円錐の体積 V は，

$$V=\frac{1}{3}\pi r^2 h$$

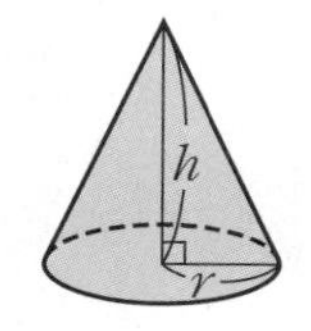

4

右の図は，底面の半径が 6 cm，高さが 15 cm の円錐である。次の問いに答えなさい。 各8点

(1) この円錐の底面積を求めなさい。

[　　　　　]

(2) この円錐の体積を求めなさい。

ヒント （円錐の体積）$=\frac{1}{3}\times$（底面積）$\times$（高さ）

[　　　　　]

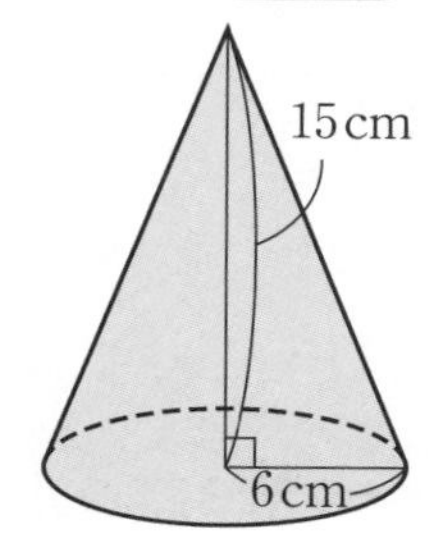

5

次の円錐の体積を求めなさい。 各8点

(1) 底面の半径が 3 cm で，高さが 10 cm の円錐

[　　　　　]

(2) 底面の直径が 8 cm で，高さが 6 cm の円錐

[　　　　　]

6

下の図の体積や高さを求めなさい。

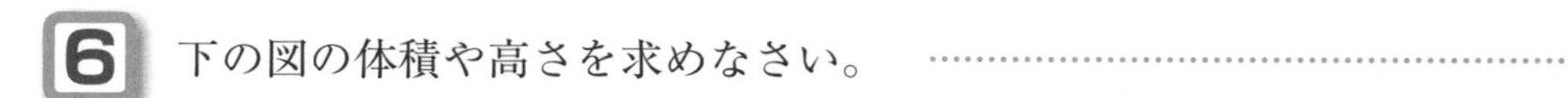

(1) 円錐の体積

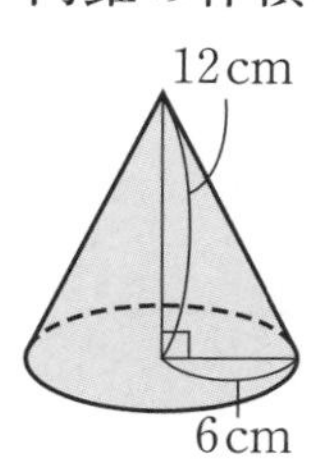

[　　　　　]

(2) 円錐の体積が $343\pi\,\mathrm{cm}^3$ のときの高さ

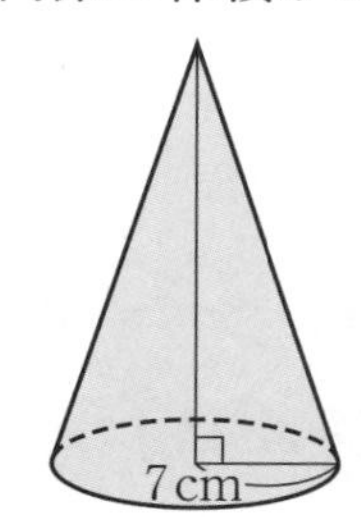

[　　　　　]

57 球の表面積と体積

 月  日   点

答えは別冊28ページ

1

半径が r の球の表面積は $4\pi r^2$ と表される。次の問いに答えなさい。 …

(1) 半径が 5 cm の球の表面積を求めなさい。

[　　　　　　]

(2) 半径が 10 cm の球の表面積を求めなさい。

[　　　　　　]

Memo 覚えておこう

●半径が r の球の表面積 S は,

$$S=4\pi r^2$$

2

半径が r の球の体積は $\frac{4}{3}\pi r^3$ と表される。次の問いに答えなさい。 …

(1) 半径が 3 cm の球の体積を求めなさい。

[　　　　　　]

(2) 半径が 6 cm の球の体積を求めなさい。

[　　　　　　]

Memo 覚えておこう

●半径が r の球の体積 V は,

$$V=\frac{4}{3}\pi r^3$$

3 右の図のような直径が6 cmの半円を，直線ℓを軸（じく）として1回転させてできる立体について，次の問いに答えなさい。 各9点

(1) できる立体の名前を書きなさい。

[　　　　]

(2) 表面積を求めなさい。

[　　　　]

(3) 体積を求めなさい。

[　　　　]

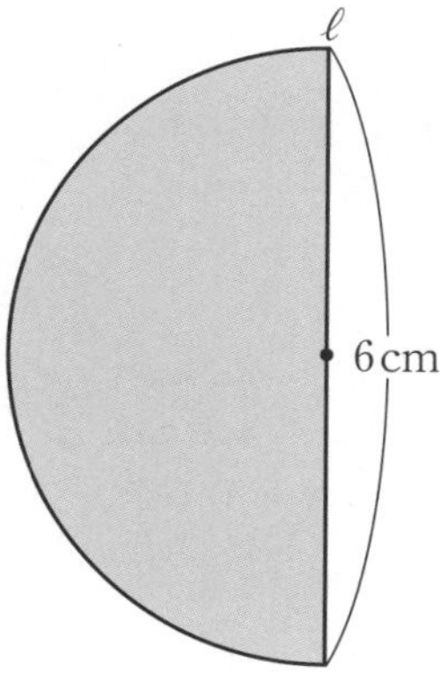

ℓ

6cm

4 右の図は，半径が4 cmの球を半分に切ったものである。次の問いに答えなさい。 各9点

(1) 体積を求めなさい。

[　　　　]

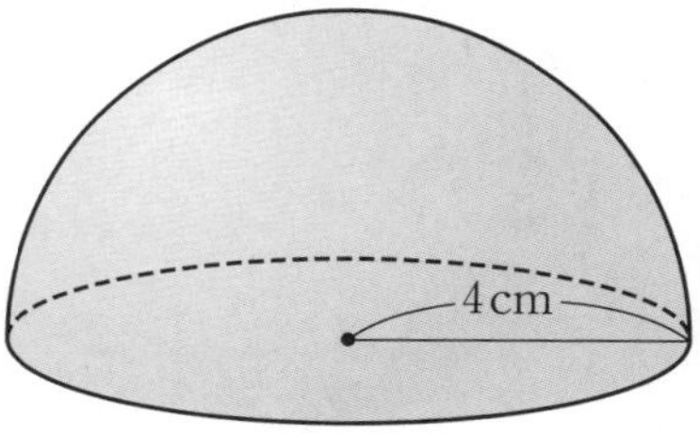

(2) 表面積を求めなさい。

ヒント (表面積)＝(球の表面積の半分)＋(切り口の円の面積)

[　　　　]

4cm

5 右の図のように，1辺が2 cmの立方体にちょうど入る球がある。次の問いに答えなさい。 (1) 9点 (2) 10点

(1) 球の体積を求めなさい。

[　　　　]

(2) 球の体積は，立方体の体積の何倍か求めなさい。

[　　　　]

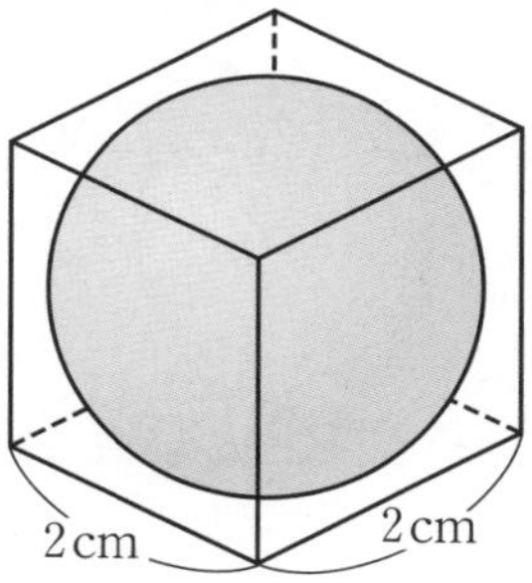

2cm　2cm

58 空間図形のまとめ

答えは別冊28ページ

1 次の角柱，円柱の表面積を求めなさい。 各6点

(1)

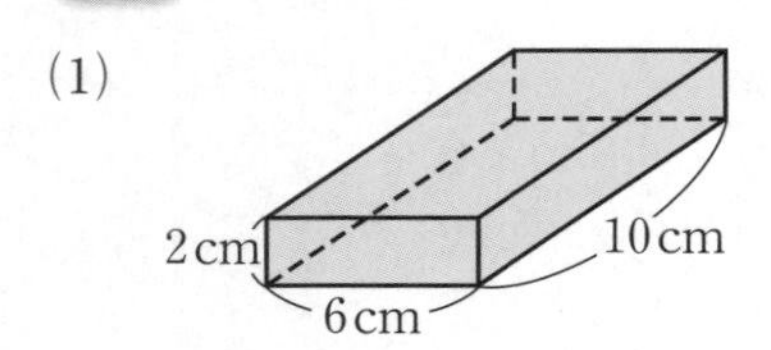

[ ]

(2)

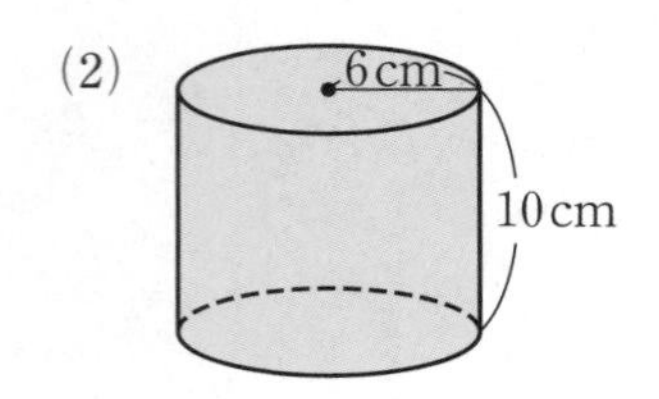

[ ]

2 右の図の△ABCを，辺ABを軸として1回転させてできる円錐の体積と，辺BCを軸として1回転させてできる円錐の体積を求めなさい。 各6点

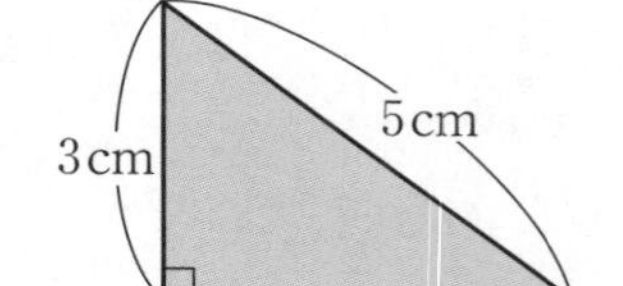

(1) 辺ABを軸とした円錐

[ ]

(2) 辺BCを軸とした円錐

[ ]

3 右の図は，立方体ABCD–EFGHである。次の問いに答えなさい。 各5点

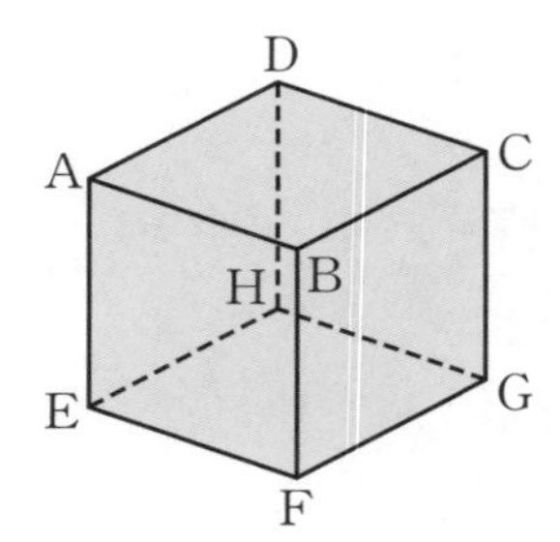

(1) 辺HGと平行な辺をすべて答えなさい。

[ ]

(2) 辺ADとねじれの位置にある辺の数を答えなさい。

[ ]

(3) 辺BFと垂直な面をすべて答えなさい。

[ ]

4 右の図の三角柱について，次の問いに答えなさい。

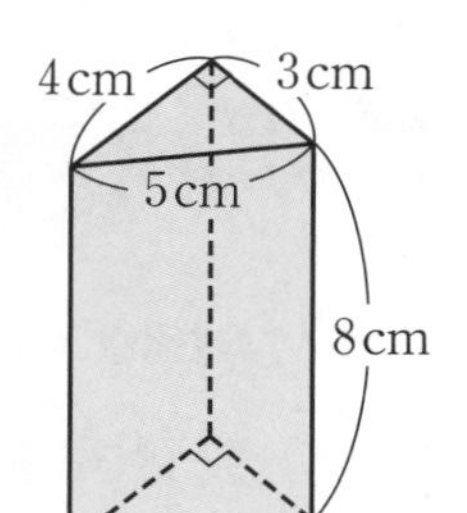

(1) 表面積を求めなさい。

(2) 体積を求めなさい。

5 右の図は，円錐の展開図である。次の問いに答えなさい。 各7点

(1) おうぎ形の弧(こ)の長さを求めなさい。

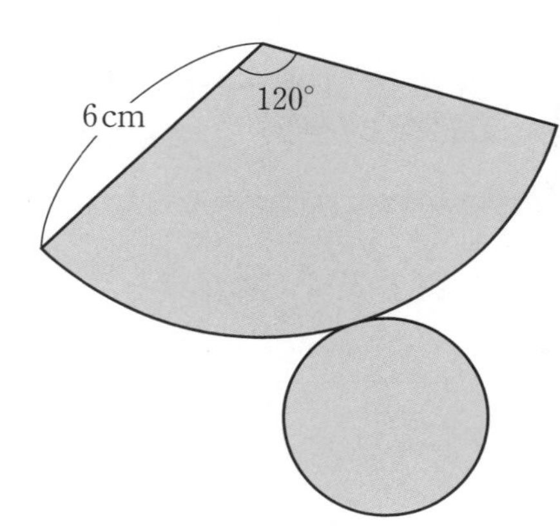

(2) 底面の半径を求めなさい。

(3) おうぎ形の面積を求めなさい。

(4) この円錐の表面積を求めなさい。

6 半径3 cm，高さ6 cmの円柱と，その円柱にちょうど入る円錐がある。次の問いに答えなさい。

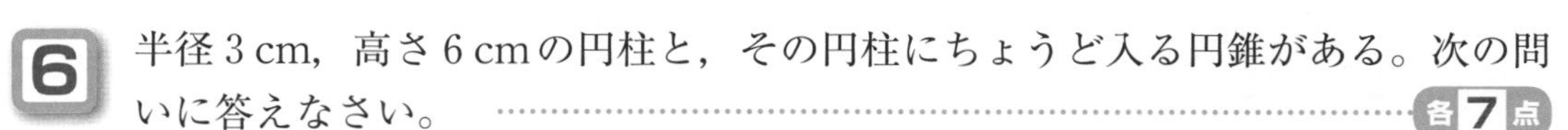

(1) 円柱の体積を求めなさい。

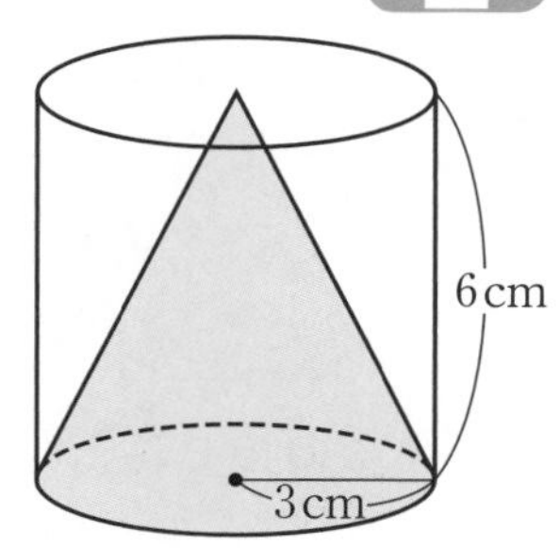

(2) 円錐の体積を求めなさい。

(3) 円柱の体積と円錐の体積の比を，もっとも簡単な整数の比で表しなさい。

59 度数分布①

月　日　点　答えは別冊29ページ

Memo 覚えておこう

度数分布表……データをいくつかの階級に分け，各階級ごとのデータの個数(度数)を表にしたもの。
階級……度数分布表の１つ１つの区間。
度数……各階級に入っているデータの個数。
累積度数……最初の階級から，ある階級までの度数の合計。
ヒストグラム(柱状グラフ)……階級の幅を底辺，度数を高さとする長方形を並べて，度数の分布を表したもの。
度数折れ線(度数分布多角形)……ヒストグラムでおのおのの長方形の上の辺の中点を線分で結んだもの。両端では，度数０の階級があるものと考える。

1 左の表は，あるチームのメンバーの身長を測定した結果である。階級の幅を5 cmにして，階級ごとの度数を右の度数分布表にまとめなさい。……25点

170.5	172.3	165.5
162.4	177.4	174.1
180.8	182.1	166.7
169.3	161.9	169.5
176.8	173.8	167.7
174.4	177.6	163.0
180.1	174.4	169.5
162.4	168.8	170.3

身　長(cm)	度数(人)
160以上～ 165未満	
165 ～ 170	
170 ～ 175	
175 ～ 180	
180 ～ 185	
合　計	

2 右の表は，あるクラスの数学のテストの得点の度数分布表である。次の問いに答えなさい。……各5点

(1) このクラスの人数を求めなさい。

[　　　　]

(2) 階級の幅を答えなさい。

[　　　　]

(3) 30点以上40点未満の人数を答えなさい。

[　　　　]

得　点(点)	度数(人)
0以上～ 10未満	2
10 ～ 20	6
20 ～ 30	20
30 ～ 40	10
40 ～ 50	2
合　計	

3 右の表は，あるクラスのソフトボール投げの記録の度数分布表である。次の問いに答えなさい。 各5点

(1) x の値を求めなさい。

［　　　］

(2) 40m以上50m未満の人数を求めなさい。［　　　］

(3) 累積度数の空欄(くうらん)をうめなさい。

(4) 35m未満の人数を求めなさい。［　　　］

記　録(m)	度数(人)	累積度数(人)
20以上～ 25未満	2	2
25 ～ 30	3	5
30 ～ 35	7	12
35 ～ 40	x	17
40 ～ 45	8	
45 ～ 50	4	
50 ～ 55	1	
合　計	30	

4 左の表は，あるクラスのテストの得点の度数分布表で，右の図は，そのヒストグラム(柱状グラフ)である。左の度数分布表を完成させなさい。 20点

得　点(点)	度数(人)
40以上～ 50未満	
50 ～ 60	
60 ～ 70	
70 ～ 80	
80 ～ 90	
90 ～100	
合　計	

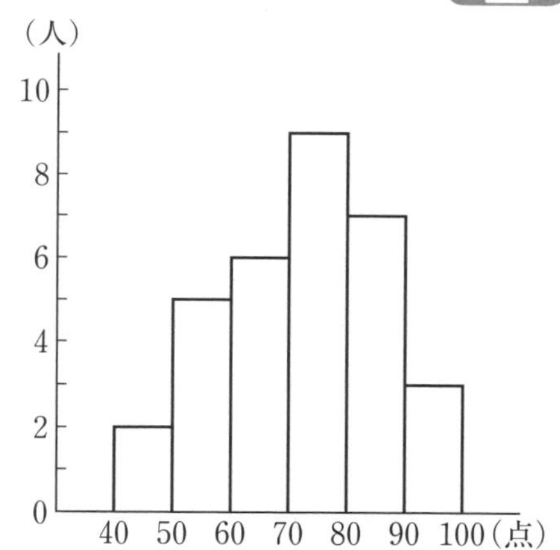

5 左の表は，あるクラスの生徒30人の25m平泳ぎの記録の度数分布表である。これをもとに，ヒストグラムと度数折れ線(度数分布多角形)を右の図にかきなさい。 20点

記　録(秒)	度数(人)
20以上～ 22未満	4
22 ～ 24	7
24 ～ 26	12
26 ～ 28	5
28 ～ 30	2
合　計	30

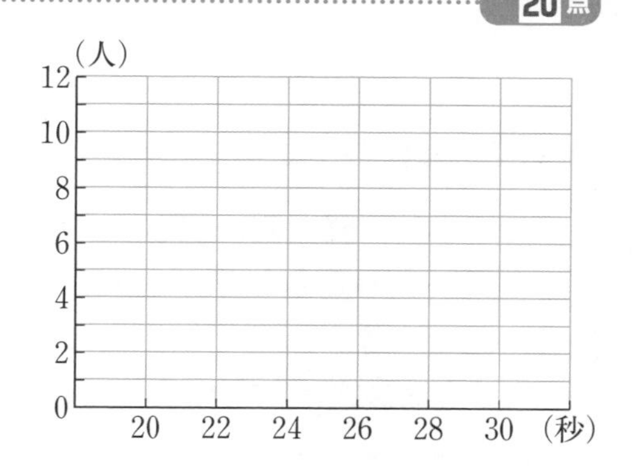

60 度数分布②

月　日　　点　　答えは別冊30ページ

Memo 覚えておこう

相対度数……各階級の度数の全体の度数に対する割合。
累積(るいせき)相対度数……最初の階級から，その階級までの相対度数の合計。

1 右の表は，あるクラスの数学のテストの得点の度数分布表である。次の問いに答えなさい(電卓(でんたく)を使用してもよい)。 ……… 各8点

(1) 度数分布表の相対度数の空欄(くうらん)にあてはまる数を書きなさい。

(2) 度数分布表の累積相対度数の空欄にあてはまる数を書きなさい。

(3) 得点が80点以上であるのは，全体の何％か答えなさい。

[　　　　]

(4) 得点が70点未満であるのは，全体の何％か答えなさい。

[　　　　]

得点(点)	度数(人)	相対度数	累積相対度数
40以上～50未満	3	0.075	0.075
50 ～ 60	9	0.225	0.300
60 ～ 70	14		
70 ～ 80	8		
80 ～ 90	5		
90 ～100	1		
合計	40	1.000	

2 下の表は，ある都市の2018年4月の1日の最高気温を1日から30日まで順に書き並べたものである。最小値，最大値，範囲(はんい)をそれぞれ求めなさい。ただし，単位は°Cである。 ……… 各6点

19.0	16.4	17.8	18.4	19.0	19.4	16.3	11.5	17.4	10.2
19.0	18.8	10.8	16.0	20.7	20.5	19.3	14.6	19.1	17.8
18.5	20.9	22.5	20.4	17.6	15.6	18.7	19.3	22.2	25.8

最小値[　　　　]　最大値[　　　　]　範囲[　　　　]

Memo 覚えておこう

●最小値，最大値，範囲
データの値の中で，もっとも小さい値を最小値，もっとも大きい値を最大値という。
また，最大値と最小値の差を，分布の範囲という。範囲＝最大値－最小値

3 左の表は，ある都市の2018年８月の１日の最高気温を度数分布表に整理したものである。ただし，表の中の「階級値」とは，階級の真ん中の値のことをいう。次の問いに答えなさい(電卓を使用してもよい)。 (1)，(3)〜(6) 各**8**点 (2) **10**点

最高気温(℃)	階級値(℃)	度数(日)	(階級値)×(度数)
22以上〜 24未満	23	4	92
24 〜 26	25	2	50
26 〜 28	27	1	27
28 〜 30	29	3	
30 〜 32	31	7	
32 〜 34	33	9	
34 〜 36	35	5	
合 計		31	

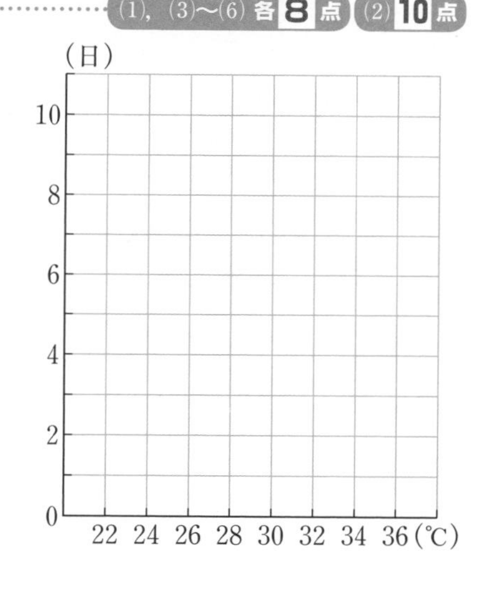

(1) 度数分布表をもとに，ヒストグラムを右の図にかきなさい。

(2) 平均値を求めるために，(階級値)×(度数) を各階級ごとに計算し，表を完成させなさい。

(3) (階級値)×(度数) の総和を全体の度数でわり，平均値を求めなさい。答えは小数第２位を四捨五入して小数第１位まで求めなさい。

[　　　　]

(4) 最頻値(さいひんち)を求めなさい。 [　　　　]

(5) ８月の晴れた日に最高気温が何度くらいになるかを調べるためには，最高気温の平均値，最頻値，中央値のどれを用いるのがもっともよいか答えなさい。

[　　　　]

(6) 地球温暖化について，50年間の変化の様子を調べるためには，最高気温の平均値，最頻値，中央値のどれを用いるのがもっともよいか答えなさい。 [　　　　]

ポイント

すべてのデータの値の合計を，総度数でわった値を平均値という。
データの値を大きさの順に並べたとき，その中央の値を中央値という。
データの値の中で，もっとも多い値を最頻値といい，度数分布表では，度数のもっとも多い階級の階級値である。

61 ことがらの起こりやすさ

月　　日　　点　答えは別冊30ページ

1 下の表は，1枚の硬貨（こうか）を投げたときの，投げた回数と，表が出た回数をまとめたものである。次の問いに答えなさい。 ［ ］各6点

投げた回数	100	200	400	600	800	1000
表が出た回数	54	94	204	297	404	500
表が出た相対度数	A	0.470	0.510	B	C	D

注意　表が出た相対度数＝$\frac{表が出た回数}{投げた回数}$

(1) 空欄（くうらん）A，B，C，Dにあてはまる数を答えなさい。

A［　　　　］　B［　　　　］

C［　　　　］　D［　　　　］

(2) 投げた回数を多くしていくと，表が出た相対度数はある一定の値に近づいていく。このある一定の値を求めなさい。

［　　　　］

Memo 覚えておこう

●確率

同じ実験をくり返していくと，あることがらの起こる相対度数は一定の値に近づいていく。このように，あることがらの起こりやすさの程度を表す数を，そのことがらの起こる確率といい，多数回の実験では，相対度数を確率とする。

2 下の表は，あるコインを投げたときの，投げた回数と，表が出た回数をまとめたものである。次の問いに答えなさい。 各10点

投げた回数	100	200	300	500	1000	2000
表が出た回数	43	91	130	227	452	898

(1) 投げる回数を増やしていくと，表が出る相対度数は，どんな値に近づくと考えられますか。小数第2位まで求めなさい。

［　　　　］

(2) このコインを10000回投げるとき，表は何回出ると考えられるか答えなさい。

［　　　　］

3 下の度数分布表は，ある中学校の生徒が，毎日の通学にかかった時間を記録し，まとめたものです。 (1)(2)[ ] 各5点 (3)〜(5) 各10点

時　　間(分)	度数(日)	相対度数	累積相対度数
15以上〜 20未満	12	0.12	0.12
20　〜 25	24	ア	0.36
25　〜 30	42	イ	ウ
30　〜 35	19	0.19	0.97
35　〜 40	3	0.03	エ
合　計	100	1.00	

(1) 相対度数のア，イにあてはまる数を答えなさい。

ア[　　　　]

イ[　　　　]

(2) 累積相対度数のウ，エにあてはまる数を答えなさい。

ウ[　　　　]

エ[　　　　]

(3) 通学にかかる時間で，もっとも起こりやすいのは何分以上何分未満か答えなさい。

[　　　　]

(4) 通学にかかる時間が25分未満の場合と，30分以上の場合では，どちらが起こりやすいか答えなさい。

[　　　　]

(5) 通学にかかる時間が30分未満である確率を求めなさい。

ヒント 相対度数＝確率

[　　　　]

62 データの活用のまとめ

月　日　点　答えは別冊31ページ

1 左の表は，30人の生徒が1か月に読んだ本の冊数を調べた結果である。次の問いに答えなさい。　各5点

7	3	4	1	5	10
2	7	8	5	11	0
5	6	3	5	4	9
1	13	2	8	5	6
10	7	5	9	0	4

冊　数(冊)	度数(人)
0以上～　3未満	
3　～　6	
6　～　9	
9　～　12	
12　～　15	
合　計	30

(1)　最小値，最大値，範囲(はんい)をそれぞれ求めなさい。

最小値[　　　]

最大値[　　　]

範　囲[　　　]

(2)　右の度数分布表を完成させなさい。

2 右の表は，1個のさいころを投げたときの，投げた回数と1の目が出た回数をまとめたものです。次の問いに答えなさい。　[ ]各6点

(1)　右の表のア～ウにあてはまる数を求めなさい。

ア[　　　]

イ[　　　]

ウ[　　　]

(2)　さいころを1回投げたとき，1の目が出る確率はいくつと考えられるか答えなさい。

[　　　]

(3)　さいころを5000回投げるとき，1の目は何回出ると考えられるか答えなさい。

[　　　]

投げた回数	1の目が出た回数	1の目が出た相対度数
100	18	0.180
200	35	ア
300	49	0.163
400	66	イ
500	84	0.168
1000	166	0.166
1500	252	0.168
2000	334	ウ

3 右の表は，ある中学校の１年Ａ組と１年Ｂ組について，50ｍ走のタイムを調べ，その結果を度数分布表に整理したものである。次の問いに答えなさい。

各10点

(1)　Ｂ組のヒストグラムを下の図にかきなさい。

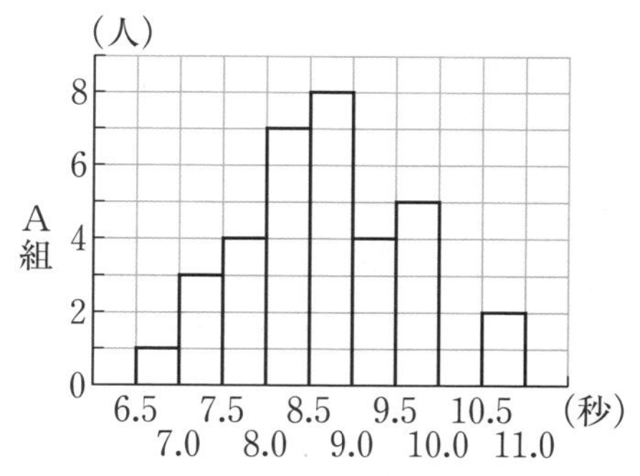

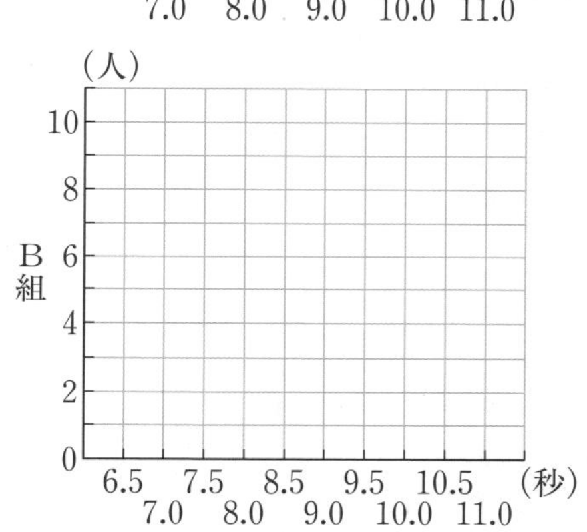

タイム(秒)	度数(人)	
	Ａ組	Ｂ組
6.5以上～ 7.0未満	1	0
7.0 ～ 7.5	3	2
7.5 ～ 8.0	4	6
8.0 ～ 8.5	7	7
8.5 ～ 9.0	8	9
9.0 ～ 9.5	4	7
9.5 ～10.0	5	5
10.0 ～10.5	0	3
10.5 ～11.0	2	0
合　計	34	39

(2)　２つのヒストグラムを比べたとき，散らばりぐあいが小さい方の組を答えなさい。

[　　　　　　　]

(3)　8.5秒以上9.0秒未満の階級の相対度数は，Ａ組とＢ組ではどちらが大きいか答えなさい。

[　　　　　　　]

(4)　Ｂ組で，速い方から数えて５番目の生徒は，どの階級に入っているか答えなさい。

[　　　　　　　]

(5)　Ａ組とＢ組で，速い方からそれぞれ４人ずつ選び，リレーをしたとき，勝つと予想される方の組を答えなさい。

[　　　　　　　]

「中学基礎100」アプリ テスト前5科4択 で，

スキマ時間にもテスト対策！

問題集

＼日常学習 テスト1週間前／

『中学基礎がため100%』シリーズに取り組む！

アプリ

＼定期テスト直前！／

テスト必出問題を「4択問題アプリ」でチェック！

アプリの特長

『中学基礎がため100%』の5教科各単元にそれぞれ対応したコンテンツ！

＊ご購入の問題集に対応したコンテンツのみ使用できます。

テストに出る重要問題を4択問題でサクサク復習！

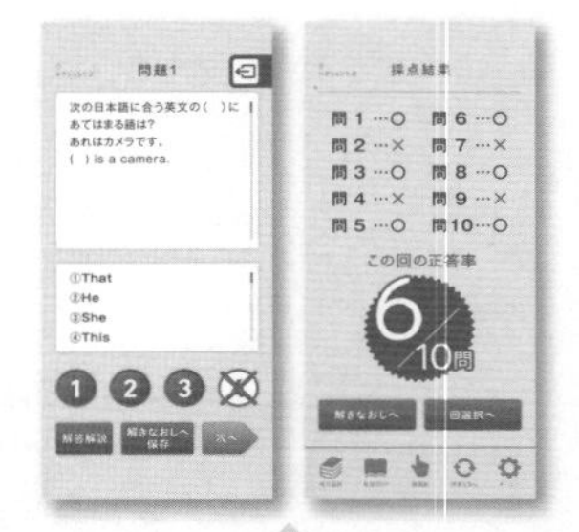

間違えた問題は「解きなおし」で，何度でもチャレンジ。テストまでに100点にしよう！

＊アプリのダウンロード方法は，本書のカバーそで（表紙を開いたところ），または1ページ目をご参照ください。

中学基礎がため100%

できた！ 中1数学 関数・図形・データの活用

2021年２月　第１版第１刷発行
2024年１月　第１版第６刷発行

発行人／志村直人
発行所／株式会社くもん出版
〒141-8488
東京都品川区東五反田2－10－2　東五反田スクエア11F
☎ 代表　03(6836)0301
編集直通　03(6836)0317
営業直通　03(6836)0305

印刷・製本／TOPPAN株式会社

デザイン／佐藤亜沙美（サトウサンカイ）
カバーイラスト／いつか
本文イラスト／平林知子
本文デザイン／岸野祐美・永見千春・池本円（京田クリエーション）・坂田良子
編集協力／株式会社カルチャー・プロ

ISBN 978-4-7743-3104-1

CD57501

くもん出版ホームページ　https://www.kumonshuppan.com/

＊本書は『くもんの中学基礎がため100%　中1数学　関数・図形編』を改題し，新しい内容を加えて編集しました。

これだけは覚えておこう

―中1数学　関数・図形の要点のまとめ―

比例と反比例

① 比例

y と x の関係が，$y=ax$ の形の式で表されるとき，y は x に比例するという。

比例定数 a は，どれか1組の y の値を x の値でわれば求められる。

② 反比例

y と x の関係が，$y=\frac{a}{x}$ の形の式で表されるとき，y は x に反比例するという。

比例定数 a は，どれか1組の y の値と x の値をかければ求められる。

③ 比例のグラフ

$y=ax$ のグラフは原点を通る直線である。定数 a はグラフの傾きを表している。

(1) $a>0$ のときグラフは右上がり。

(2) $a<0$ のときグラフは右下がり。

④ 反比例のグラフ

$y=\frac{a}{x}$ のグラフはなめらかな2つの曲線で，双曲線とよばれる。

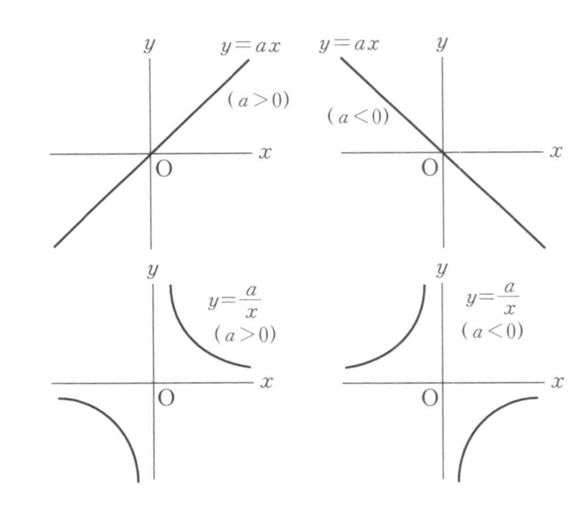

平面図形

① 垂直二等分線の作図

点A，Bを中心として等しい半径の円をかき，その交点CDを結ぶ。

② 角の二等分線の作図

頂点Oを中心とする円をかき，角の2辺との交点をC，Dとする。

点C，Dを中心として等しい半径の円をかき，その交点Eと，点Oを結ぶ。

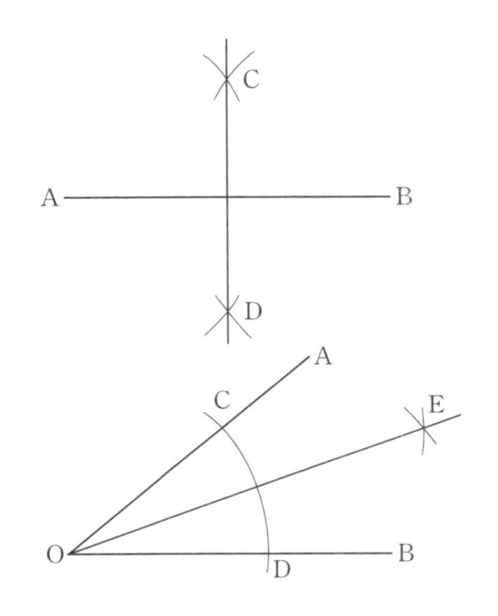

←ていねいに引っぱってください。別冊解答になります。

中学基礎がため100%

できた！中1数学

関数・図形・データの活用

別冊解答書

答えと考え方

1 関数関係 P.4-5

1 答 (1) ○ (2) × (3) ○
(4) × (5) ○ (6) ○ (7) ×

2 答 (1) $y=250$ (2) ○

考え方
(1) 乗車距離12kmは，乗車距離15kmまでの範囲にあるから，運賃は250円である。
(2) xの値を決めると，それにともなってyの値もただ1つに決まるから，yはxの関数である。

3 答 (1)

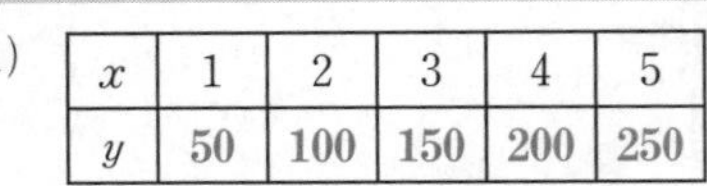

x	1	2	3	4	5
y	50	100	150	200	250

(2)

x	50	100	150	200	250
y	250	200	150	100	50

(3)

x	1	2	3	4	5
y	4	8	12	16	20

(4)

x	3	4	5	6	10
y	20	15	12	10	6

(5)

x	1	2	3	4	5
y	1	4	9	16	25

考え方
(1) (代金)＝(1本の値段)×(本数)
(2) (残りのページ数)
＝(はじめのページ数)
－(読んだページ数)
(3) (道のり)＝(速さ)×(時間)
(4) (縦の長さ)
＝(長方形の面積)÷(横の長さ)
(5) (正方形の面積)
＝(1辺の長さ)×(1辺の長さ)

4 答 (1)

x	1	2	3	4	5
y	3	6	9	12	15

(2) $y=3x$ (3) ○

考え方
(1) (周りの長さ)
＝(1辺の長さ)×3
(2) (1)のことばの式にあてはめると，$y=x\times3$ より，$y=3x$

2 変数と変域 P.6-7

1 答 (1)

x	0	1	2	3	4	5	6	7	8	9	10
y	0	3	6	9	12	15	18	21	24	27	30

(2) $y=3x$
(3) 水そうの中の水の量は，10分でいっぱいになるから。
(4) [0]以上，[30]以下
(5) [0] $\leqq x \leqq$ [10]

2 答 (1)

x	0	1	2	3	4	5	6
y	0	5	10	15	20	25	30

(2) $y=5x$ (3) 6時間
(4) [0] $\leqq x \leqq$ [6]，[0] $\leqq y \leqq$ [30]

3 答 (1)

m	0	1	2	3	4	5	6	7	8	9
n	0	40	80	120	160	200	240	280	320	360

(2) $n=40m$ (3) 9日
(4) [0] $\leqq m \leqq$ [9]，[0] $\leqq n \leqq$ [360]

4 答 (1) $y=0.2x+1.8$
(2) 9 kg
(3) $0\leqq x\leqq 36$，$1.8\leqq y\leqq 9$

考え方
(2) $0.2\times36+1.8=9$(kg)
(3) りんごを36個つめると箱がいっぱいになるから，$0\leqq x\leqq 36$
　箱だけの重さは1.8 kg，りんご36個のときの全体の重さは9 kgだから，$1.8\leqq y\leqq 9$

5 答 (1) $1\leqq x\leqq 9$
(2) $-2\leqq y<10$
(3) $3<m$ ($m>3$)
(4) $0<n<5$
(5) $-3<z\leqq 2$

考え方
(1) 以上，以下のときは，≧，≦のような不等号を使う。
(2)(3) 未満やより小さい，より大きいは，<，>のような不等号を使う。

3 比例①

P.8-9

1 答 (1)

x	1	2	3	4	5	6	7
y	4	8	12	16	20	24	28

$y=4x$

(2)

x	0	1	2	3	4	5	6	7
y	0	20	40	60	80	100	120	140

$y=20x$

(3)

x	1	2	3	4	5	6	7	8
y	10	12	14	16	18	20	22	24

$y=2x+8$

(4) (1), (2)　　(5) (1), (2)

2 答 (番号に○をつけるもの)

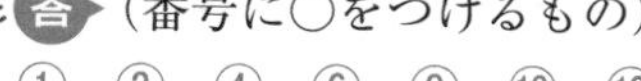

①, ②, ④, ⑥, ⑨, ⑩, ⑫, ⑭

考え方

⑩ $5y=2x$ より, $y=\frac{2}{5}x$

⑪ $y-2x=3$ より, $y=2x+3$

⑫ $x+y=0$ より, $y=-x$

⑮ $xy=12$ より, $y=\frac{12}{x}$

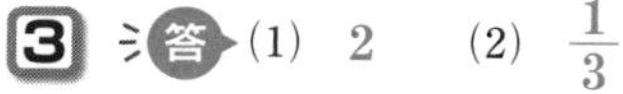

3 答 (1) 2　(2) $\frac{1}{3}$

4 答 (1) 10　(2) -3　(3) -2

(4) 1　(5) -1　(6) $\frac{1}{2}$

(7) $-\frac{1}{4}$　(8) $\frac{1}{3}$　(9) $\frac{2}{5}$

(10) c　(11) ab　(12) $\frac{1}{m}$

考え方

$y=ax$ の形の式で表されているとき, a を比例定数という。

4 比例②

P.10-11

1 答 (1) $y=5x$

(2) [y], [x], [y], [x]

(3) 5

考え方

(1) x の値が 2 倍, 3 倍, …になると, y の値も 2 倍, 3 倍, …になっているので, y は x に比例している。

2 答 (1) ① 4　② $y=4x$

(2) ① 2　② $n=2m$

(3) ① -6　② $y=-6x$

(4) ① $\frac{2}{5}$　② $y=\frac{2}{5}x$

(5) ① $\frac{1}{3}$　② $y=\frac{1}{3}x$

考え方

(4) $4\div10=\frac{4}{10}=\frac{2}{5}$

3 答 (1) ① $y=3x$　② $y=0$

③ $y=-6$

(2) ① $y=-5x$　② $y=0$

③ $y=-50$　④ $x=-6$

(3) ① $n=-2m$　② $n=-4$

③ $m=5$

(4) ① $y=\frac{1}{6}x$　② $y=\frac{3}{2}$ $(y=1.5)$

③ $x=-180$

5 比例③

P.12-13

1 答 (1) ① $y=20x$　② 20

(2) ① $y=50x$　② 50

(3) ① $y=x$　② 1

(4) ① $y=2x^2$　② ×

(5) ① $y=\pi x$　② π

(6) ① $y=170x$　② 170

(7) ① $y=6x$　② 6

考え方

(6) $y=50x+120x$
$=(50+120)x=170x$

(7) $y=2\times(x+2x)=2\times3x=6x$

2 答 (1) 16km

(2) ① $y=16x$　② 16

(3) 32km　(4) 25L

考え方

(1) $240\div15=16$(km)

(4) $400\div16=25$(L)

3 答 (1) 4.5L $\left(\frac{9}{2}\text{L}\right)$

(2) ① $y=4.5x$ $\left(y=\frac{9}{2}x\right)$

② 4.5 $\left(\frac{9}{2}\right)$

(3) 45L　(4) 8 分後

(5) 20分後

(6) $0 \leqq x \leqq 20$, $0 \leqq y \leqq 90$

考え方

(1), (2) 比例定数は$\dfrac{y}{x}$で求められる。

$54 \div 12 = 4.5$

答えは分数でもよい。

(3) $y=4.5x$ の式に $x=10$ を代入する。

(4) $y=4.5x$ の式に $y=36$ を代入する。

(5) 水そうの中の水の量がいっぱいになるのは, $y=90$ のときである。

6 反比例①

P.14-15

1  (1)

x	2	4	5	10	15	20
y	30	15	12	6	4	3

$y=\dfrac{60}{x}$

(2)

x	1	2	4	6	8	16
y	48	24	12	8	6	3

$y=\dfrac{48}{x}$

(3)

x	5	10	20	30	50	80
y	95	90	80	70	50	20

$y=100-x$

(4) (1), (2)　(5) (1), (2)

2  (番号に○をつけるもの)

①, ②, ③, ⑤, ⑥, ⑦, ⑧, ⑨, ⑩

考え方

⑦ $xy=10$ より, $y=\dfrac{10}{x}$

⑧ $xy=300$ より, $y=\dfrac{300}{x}$

⑨ $xy=-4$ より, $y=-\dfrac{4}{x}$

⑩ $xy=\dfrac{1}{2}$ より, $y=\dfrac{1}{2x}$

3 答 (1) 30　(2) 12

4 答 (1) 20　(2) 2　(3) 1

(4) -6　(5) 10　(6) 50

(7) -6　(8) $\dfrac{1}{5}$　(9) m

(10) c

考え方

(5) $xy=10$ より, $y=\dfrac{10}{x}$

(7) $xy=-6$ より, $y=-\dfrac{6}{x}$

(8) $xy=\dfrac{1}{5}$ より, $y=\dfrac{1}{5x}$

7 反比例②

P.16-17

1 答 (1)

x	2	3	4	6	12	18	36
y	18	12	9	6	3	2	1

(2) 式…$y=\dfrac{36}{x}$, 比例定数…36

2 答 (1)

x	2	3	5	10	20	30	60
y	60	40	24	12	6	4	2

(2) 式…$y=\dfrac{120}{x}$, 比例定数…120

$\boxed{x}$, $\boxed{y}$ (順不同)

3 答 (1) ① 10　② $y=\dfrac{10}{x}$

(2) ① -12　② $y=-\dfrac{12}{x}$

(3) ① 60　② $y=\dfrac{60}{x}$

4 答 (1) ① $y=\dfrac{18}{x}$　② $y=18$

③ $x=9$

(2) ① $y=-\dfrac{24}{x}$　② $y=-24$

③ $y=4$　④ $x=-24$

(3) ① $q=\dfrac{40}{p}$　② $q=40$

③ $p=4$

(4) ① $y=\dfrac{20}{x}$　② $y=\dfrac{1}{4}$

③ $x=20$

8 反比例③

P.18-19

1 答 (1) ① $y=\dfrac{200}{x}$　② 200

(2) ① $y=\dfrac{600}{x}$　② 600

(3) ① $y=\dfrac{800}{x}$　② 800

考え方
(2) $x \times y = 600$ より，$y = \frac{600}{x}$
(3) $x \times y = 400 \times 2 = 800$ より，
$y = \frac{800}{x}$

2 答 (1) 72 km
(2) ① $y = \frac{72}{x}$ ② 72
(3) 8 時間
(4) ① 時速18 km ② $y = \frac{144}{x}$

考え方
(1) 時速24 kmで行くと，3時間かかるので，進んだ道のりは72 km。
(4) 往復するので，道のりは144 km。

3 答 (1) $y = \frac{600}{x}$ (2) 40 cm
(3) 12 cm

考え方
(1) 長方形の面積は，
$20 \times 30 = 600(\mathrm{cm}^2)$

4 答 (1) $y = \frac{2000}{x}$ (2) 毎分80 L
(3) 16分間

考え方
(1) 満水のとき，$50 \times 40 = 2000$(L)
(2) $2000 \div 25 = 80$(L)
(3) $2000 \div 125 = 16$(分間)

5 答 (1) $y = 3$ (2) 6 (3) $y = \frac{1}{x}$

考え方
(1) $x \times y = 6 \times 4 = 24$ より，$y = \frac{24}{x}$
(2) $m \times n = 30 \times \frac{1}{5} = 6$ より，$n = \frac{6}{m}$

9 比例と反比例 P.20-21

1 答 (番号に○をつけるもの)
(1) ① (2) ① (3) ②

2 答 (番号に○をつけるもの)
(1) ② (2) ① (3) ①

3 答 ① ○ ② △ ③ ○
④ × ⑤ ○ ⑥ △
⑦ △ ⑧ △ ⑨ ○
⑩ × ⑪ △ ⑫ ×
⑬ ○ ⑭ ×

4 答 (1) ① $y = 5x$ ② 5
(2) ① $y = \frac{50}{x}$ ② 50
(3) ① $y = 18x$ ② 18
(4) ① $y = \frac{100}{x}$ ② 100
(5) ① $y = 10x$ ② 10

考え方
(2) $x \times y = 50$ より，$y = \frac{50}{x}$
(3) 20 Lのガソリンで360 km走るので，ガソリン1 Lあたり
$360 \div 20 = 18$(km)走る。
(4) 時速20 kmで5時間かかるので，道のりは，$20 \times 5 = 100$(km)
(5) (三角形の面積)
$= \frac{1}{2} \times$(底辺)$\times$(高さ)
$y = \frac{1}{2} \times 20 \times x = 10x$

5 答 (1) $y = \frac{40}{x}$ (2) $-\frac{3}{2}$
(3) $y = 12$ (4) $y = 24$ (5) -4

考え方
(1) $x \times y = 2 \times 20 = 40$ より，$y = \frac{40}{x}$
(2) $y \div x = 12 \div (-8) = -\frac{3}{2}$ より，
$y = -\frac{3}{2}x$
(3) $x \times y = (-6) \times (-8) = 48$ より，
$y = \frac{48}{x}$
(4) $y \div x = 9 \div \frac{3}{2} = 6$ より，$y = 6x$
(5) $x \times y = (-4) \times 1 = -4$ より，
$y = -\frac{4}{x}$

10 比例・反比例の応用 P.22-23

1 答 (1) 10 g (2) $y = 10x$
(3) 120 m

考え方
(1) 針金の長さと重さは比例する。
$50 \div 5 = 10$(g)
(3) $1200 = 10x$，$x = 120$

2 答 $3900\,\mathrm{cm}^2$

考え方

厚紙の重さと面積は比例する。厚紙の重さがx g のときの面積をy cm^{2}とすると，$y=ax$とおける。
重さ20gの長方形の面積が
$20\times30=600$(cm^2) だから，
$600=20a$，$a=30$，$y=30x$
$x=130$を代入して，$y=30\times130=3900$

3 答 (1) 12°　(2) 20°

考え方

(1) 時間と短針(長針)の回転する角度は比例する。短針は60分間で$360°\div12=30°$回転するから，1分間に$30°\div60=0.5°$回転する。
24分間では，$0.5°\times24=12°$回転する。
(2) 長針は60分間で360°回転するから，240°回転する時間は，
$60\times\frac{240}{360}=40$(分)。よって，短針は，$0.5°\times40=20°$回転する。

4 答 12人

考え方

人数と1人がぬるかべの面積は反比例する。1人がぬる面積を$\frac{1}{3}$にするには，人数を3倍にすればよい。

5 答 (1) 600　(2) 30
(3) 90回転
(4) B…80回転，C…300回転
(5) 40回転　(6) 12

考え方

(歯の数)×(回転数)は，かみ合う歯車では等しくなる。また，歯の数と回転数は，反比例する。
(1)(2) Bの歯の数をxとすると，
$24\times25=20x$より，$x=30$

11 比例・反比例のまとめ P.24-25

1 答
(1) 式…$y=1000-3x$　×
(2) 式…$y=50x$　比
(3) 式…$y=\frac{1000}{x}$　反
(4) 式…$y=0.1x$　$\left(y=\frac{1}{10}x\right)$　比
(5) 式…$y=x^2$　×
(6) 式…$y=\frac{100}{x}$　反

考え方

$y=ax$の形の式で表されるとき，yはxに比例する。
$y=\frac{a}{x}$の形の式で表されるとき，yはxに反比例する。
(4) 10gで1cmのびるばねだから，1gでは0.1cmのびる。

2 答 ① 4　② 20　③ $\frac{1}{5}$
④ -6　⑤ ×　⑥ 1
⑦ 3　⑧ ×　⑨ -3

考え方

⑦ $xy=3$より，$y=\frac{3}{x}$
⑨ $y+3x=0$より，$y=-3x$

3 答 (1) $y=4x$　(2) 10
(3) $y=-3$　(4) $y=\frac{10}{x}$
(5) $x=-\frac{1}{2}$

考え方

(1) 比例定数$y\div x=12\div3=4$
(3) 比例定数$y\div x=4\div20=\frac{1}{5}$
(4) 比例定数$x\times y=5\times2=10$
(5) 比例定数$x\times y=\frac{2}{5}\times(-10)=-4$

4 答 (1) 12.5L　$\left(\frac{25}{2}\text{L}\right)$
(2) ① $y=12.5x$　$\left(y=\frac{25}{2}x\right)$
② 12.5　$\left(\frac{25}{2}\right)$
(3) 125L　(4) 16分後
(5) [0] ≦x≦ [16]，[0] ≦y≦ [200]

考え方

(1) $75\div6=12.5$(L)
(4) $200\div12.5=16$(分後)

12 座標① P.26-27

1 答 A(5, 2)，B(2, −3)，C(−3, 4)，D(−4, −2)，E(3, 0)，F(−5, 0)，G(0, 5)，H(0, −3)，I(2, 2)，J(0, 0)，K(7, 8)，L(−7, −8)
(1) 原点　(2) y，x

2 答

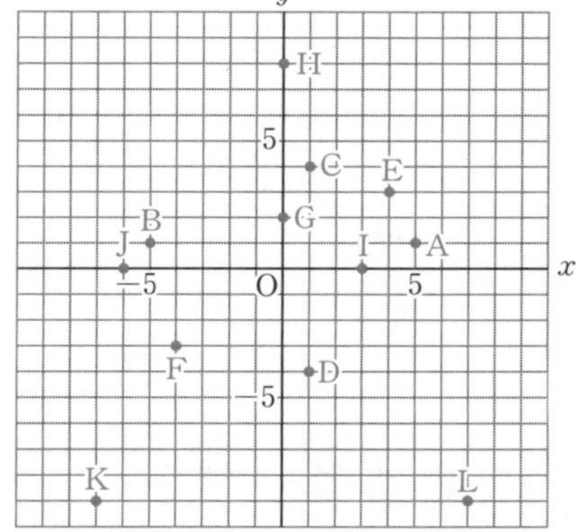

(順不同)(1)　I，J　　(2)　G，H

3 答

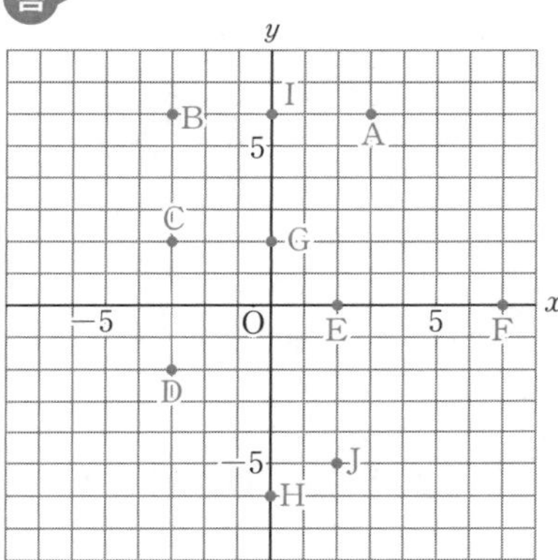

(順不同)

(1)　E，J　　(2)　A，B，I

(3)　G，H，I　　(4)　G，H，I

(5)　E，F　　(6)　E，F

4 答 ①　E　②　O　③　B

④　F　⑤　I　⑥　G

⑦　A　⑧　D　⑨　C　⑩　H

(順不同)(1)　B，F　　(2)　B，F

13 座標②　P.28-29

1 答

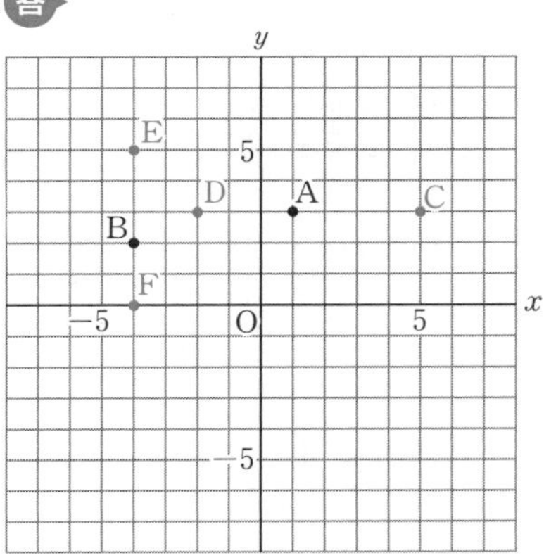

(1)　(5，3)　　(2)　(−2，3)

(3)　(−4，5)　　(4)　(−4，0)

(5)　(−4，8)　　(6)　(−4，−4)

(7)　(1，6)　　(8)　(3，6)

(9)　(2，−4)

2 答

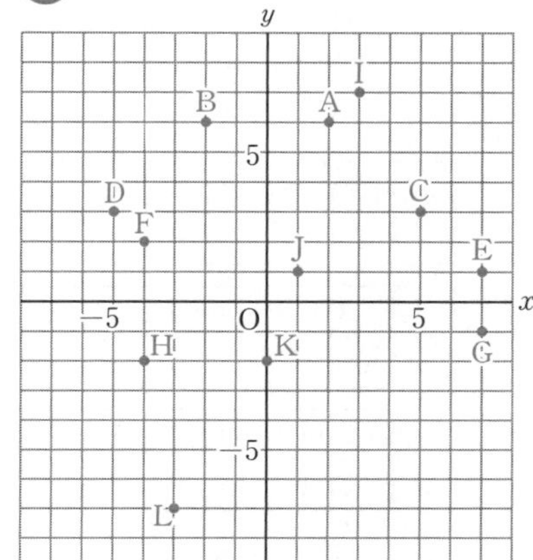

(1)　3，3　　(2)　左，下(下，左)

(3)　左，4，下，2(下，2，左，4)

(4)　0，2

3 答 (1)　(1，6)　　(2)　(4，1)

(3)　(−5，−1)　　(4)　(−1，−3)

(5)　(7，−1)　　(6)　(−4，6)

14 比例のグラフ①　P.30-31

1 答 (1)

x	−5	−4	−3	−2	−1	0	1	2	3	4	5
y	−10	−8	−6	−4	−2	0	2	4	6	8	10

(2)，(3)，(4)，(5)

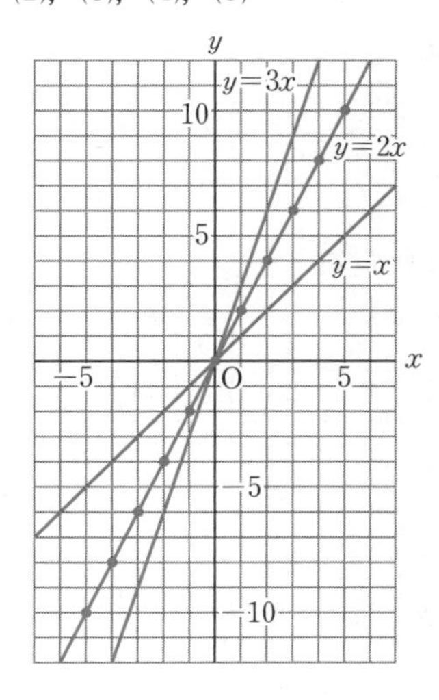

(4)の表

x	-3	-2	-1	0	1	2	3
y	-9	-6	-3	0	3	6	9

(5)の表

x	-3	-2	-1	0	1	2	3
y	-3	-2	-1	0	1	2	3

(6) ① **1**　② **2**　③ **3**

2 答 (1)

x	-3	-2	-1	0	1	2	3
y	3	2	1	0	-1	-2	-3

(2)

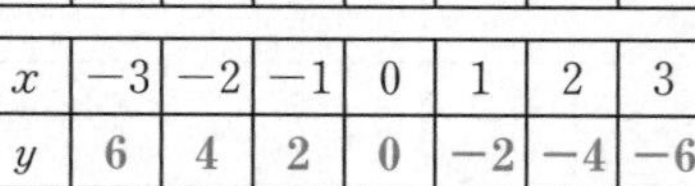

x	-3	-2	-1	0	1	2	3
y	6	4	2	0	-2	-4	-6

(3)

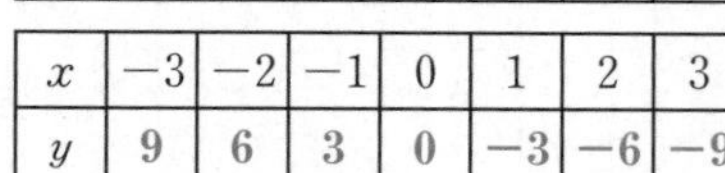

x	-3	-2	-1	0	1	2	3
y	9	6	3	0	-3	-6	-9

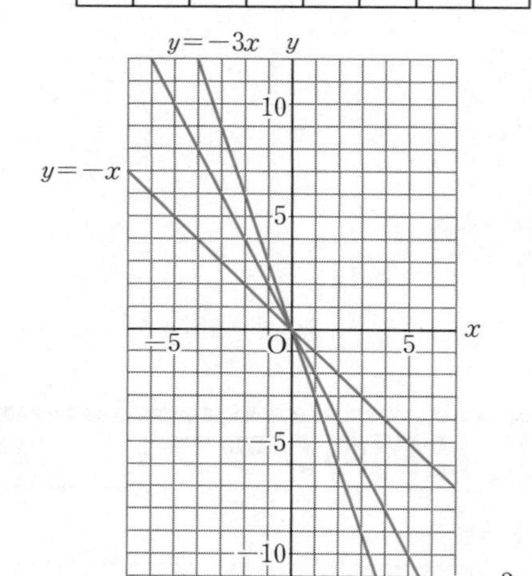

(4) ① **-1**　② **-2**　③ **-3**

3 答

(1) 比例定数… $\frac{1}{2}$

x	-6	-4	-2	0	2	4	6
y	-3	-2	-1	0	1	2	3

(2) 比例定数… $-\frac{1}{2}$

x	-6	-4	-2	0	2	4	6
y	3	2	1	0	-1	-2	-3

(3) 比例定数… $\frac{1}{3}$

x	-6	-3	0	3	6
y	-2	-1	0	1	2

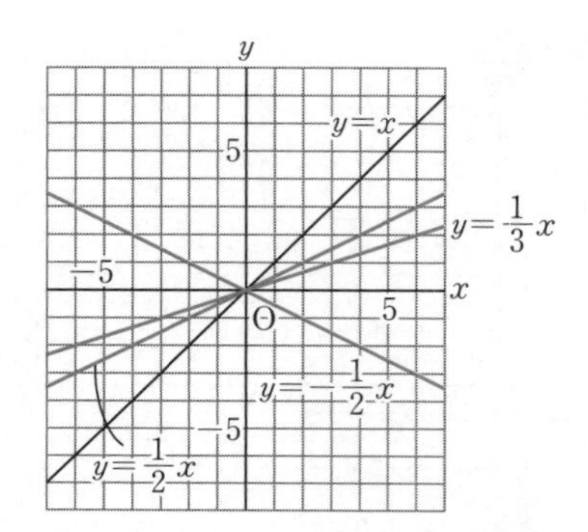

15 比例のグラフ②

P.32-33

1 答 (1) **C**　(2) **B**　(3) **A**
(4) **D**

考え方
(1)　2点O，(1，1)を通るグラフをさがす。
(4)　2点O，(2，1)を通るグラフをさがす。

2 答 (1) **F**　(2) **E**　(3) **H**
(4) **G**

考え方
(1)　2点O，(4，1)を通るグラフをさがす。
(2)　2点O，(1，-2)を通るグラフをさがす。

3 答 (1) **I**　(2) **J**　(3) **L**
(4) **K**

考え方
(1)　$y=\frac{1}{2}x$ のグラフをさがす。

4 答 (1) $y=2x$　(2) $y=-4x$
(3) $y=-x$

考え方
(1)　$y=ax$ に $x=2$，$y=4$ を代入して，
$4=2a$　$a=2$
(2)　(1)と同様にして，$4=a\times(-1)$，
$a=-4$
(3)　グラフ上の1点をどこか1つとる。
例として点(5，-5)をとり，(1)と同様にして求める。

5 答 (1) $y=3x$　(2) $y=-\frac{1}{2}x$
(3) $y=4x$　(4) $y=-\frac{2}{3}x$

考え方
(1)　$y=ax$ に $x=2$，$y=6$ を代入して，
$6=2a$　$a=3$

16 比例のグラフ③ P.34-35

1 答 (1)　2　　(2)　3

2 答 (1)　2　　(2)　2　　(3)　減少

(4)　4(ずつ)増加

(5)　4(ずつ)減少または，−4(ずつ)増加

(6)　6(ずつ)減少または，−6(ずつ)増加

(7)　1(ずつ)増加

3 答 (1)　①　B　　②　$y=\frac{3}{2}x$

(2)　$y=3x$　　(3)　3　　(4)　D

考え方

(1)　$y=ax$ に $x=4$，$y=6$ を代入して，

$6=4a$　　$a=\frac{3}{2}$

(2)　点(1，3)を通るから，
$y=ax$ に $x=1$，$y=3$ を代入して，
$3=a\times1$　　$a=3$

4 答 (1)　$y=-4x$　　(2)　$y=\frac{2}{5}x$

(3)　$q=-8$　　(4)　$p=-5$

(5)　$q=4$　　(6)　5

考え方

(1)　$y=ax$ に $x=3$，$y=-12$ を代入すると，$-12=3a$　　$a=-4$

(3)　$y=-2x$ に $x=4$，$y=q$ を代入すると，$q=-2\times4=-8$

(4)　$y=3x$ に $x=p$，$y=-15$ を代入すると，$-15=3p$　　$p=-5$

(5)　$y=\frac{2}{5}x$ に $x=10$，$y=q$ を代入すると，$q=\frac{2}{5}\times10=4$

17 反比例のグラフ① P.36-37

1 答 (1)の表

x	0	1	2	3	4	6
y	×	6	3	2	1.5	1

(1)，(2)

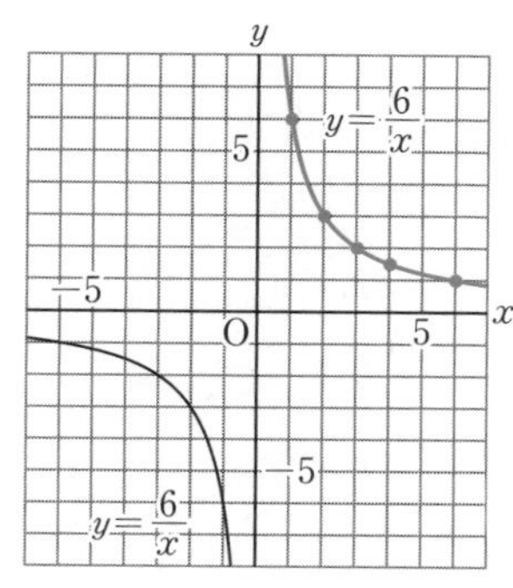

2 答 (1)の表

x	−6	−4	−3	−2	−1	0	1	2	3	4	6
y	1	1.5	2	3	6	×	−6	−3	−2	−1.5	−1

(1)，(2)

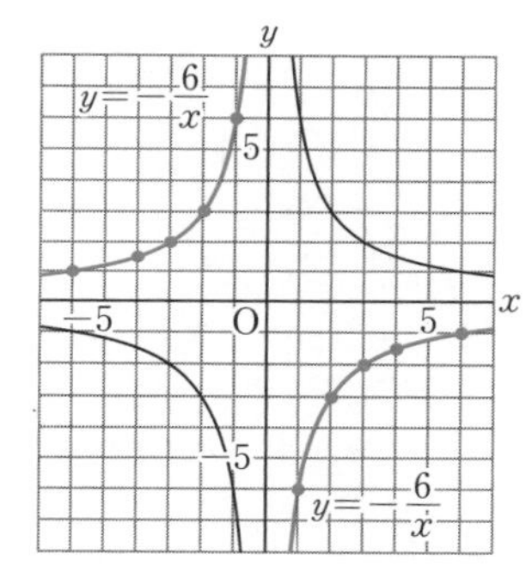

3 答 (1)　①

x	−8	−4	−2	−1	0	1	2	4	8
y	−0.5	−1	−2	−4	×	4	2	1	0.5

②

x	−8	−4	−2	−1	0	1	2	4	8
y	−1	−2	−4	−8	×	8	4	2	1

(2)　①

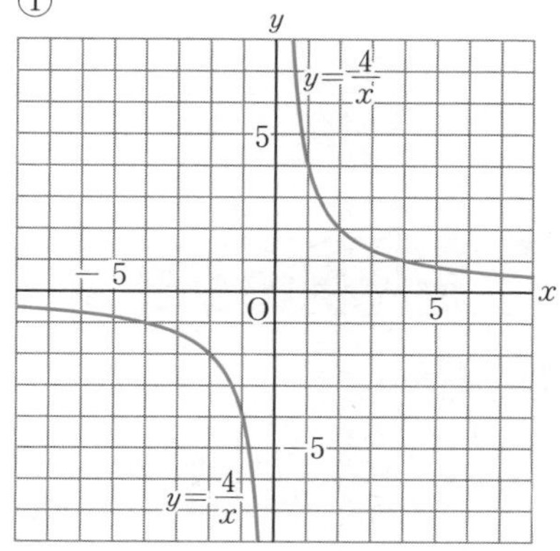

②

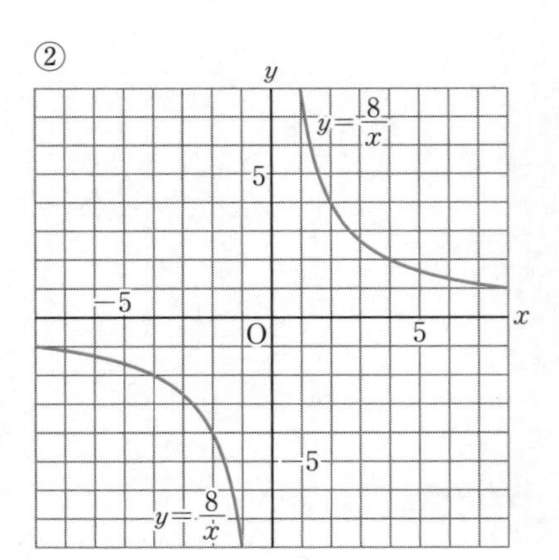

4 答 (1)

x	−4	−2	−1	0	1	2	4
y	1	2	4	╳	−4	−2	−1

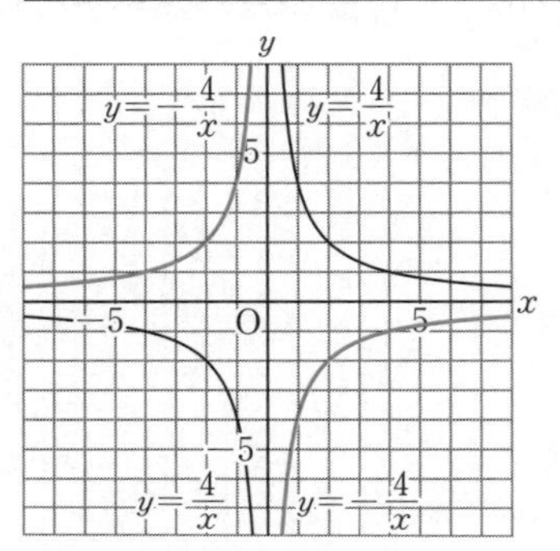

(2)

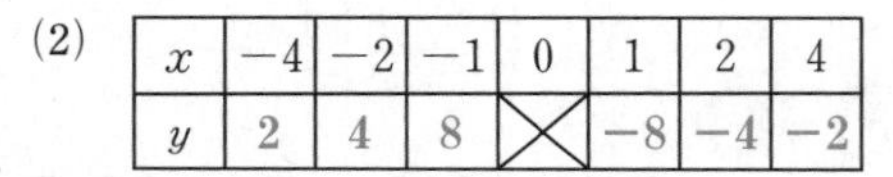

x	−4	−2	−1	0	1	2	4
y	2	4	8	╳	−8	−4	−2

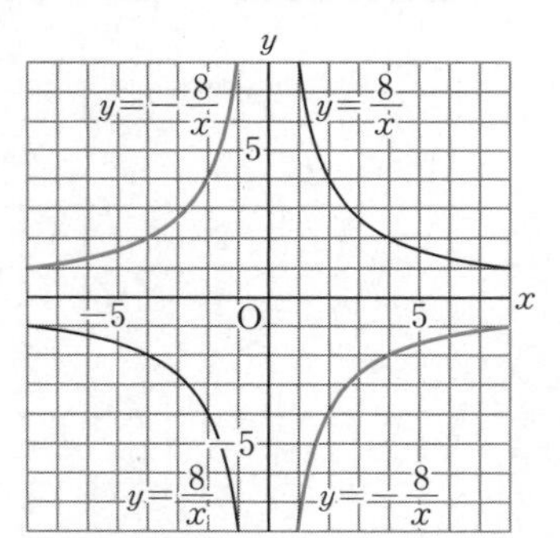

18 反比例のグラフ② P.38-39

1 答 (1) B　(2) A　(3) C

考え方
(1) 点(1, 5)を通るグラフをさがす。
(2) 点(2, 5)を通るグラフをさがす。
(3) 点(2, −5)を通るグラフをさがす。

2 答 (1) C　(2) B　(3) A

考え方
(1) 点(1, 6)を通るグラフをさがす。
(3) 点(2, −4)を通るグラフをさがす。

3 答 (1) B　(2) C　(3) A

4 答 (1) 2　(2) $y=\frac{6}{x}$

考え方
(2) (1)より，点(3, 2)を通るので，
$y=\frac{a}{x}$ に $x=3$, $y=2$ を代入すると，
$2=\frac{a}{3}$　$a=6$

5 答 (1) $y=\frac{12}{x}$　(2) $y=-\frac{10}{x}$
(3) $q=-2$　(4) $p=3$　(5) $p=-\frac{5}{2}$

考え方
(3) $y=\frac{6}{x}$ に $x=-3$, $y=q$ を代入すると，$q=\frac{6}{-3}=-2$

19 比例・反比例のグラフ① P.40-41

1 答 (1) ① B　② $y=\frac{2}{3}x$
(2) ① C　② $y=-\frac{1}{2}x$
(3) ① A　② $y=2x$

考え方
(1) 点(3, 2)を通るグラフはBである。
$y=ax$ に $x=3$, $y=2$ を代入すると，$2=3a$　$a=\frac{2}{3}$

2 答 (1) ① A　② $y=-\frac{12}{x}$
(2) ① B　② $y=\frac{2}{x}$
(3) ① $a=8$　② $y=\frac{8}{x}$

考え方
(3) 点Cの座標は(4, 2)だから，
$y=\frac{a}{x}$ に $x=4$, $y=2$ を代入すると，
$2=\frac{a}{4}$　$a=8$

3 答 (1) ① B　② $y=\frac{6}{x}$

(2) ① C　② $y=\frac{3}{2}x$

(3) ① A　② $y=-2x$

(4) $(-2,\ -3)$

4 答 (1) $y=-\frac{3}{5}x$　(2) $y=\frac{18}{x}$

(3) $m=45$　(4) $n=\frac{2}{5}$

考え方

(1) $y=ax$ に $x=10$，$y=-6$ を代入すると，$-6=10a$　$a=-\frac{3}{5}$

(2) $y=\frac{b}{x}$ に $x=2$，$y=9$ を代入すると，$9=\frac{b}{2}$　$b=18$

20 比例・反比例のグラフ② P.42-43

1 答 A…$y=x$，B…$y=\frac{1}{3}x$，

C…$y=\frac{2}{x}$，D…$y=-\frac{10}{x}$

考え方

グラフが通る点の座標を読みとる。
Aは点(2，2)，Bは点(3，1)，
Cは点(1，2)，Dは点(−2，5)を通る。

2 答 (1) $y=-2x$　(2) $y=\frac{1}{x}$

(3) $y=\frac{12}{x}$　(4) $y=\frac{5}{3}x$

(5) C　(6) B　(7) D

3 答 (1) A…$y=2x$，B…$y=\frac{3}{5}x$，

C…$y=-\frac{1}{2}x$

(2) A　(3) C　(4) $q=15$

考え方

(4) $y=\frac{3}{5}x$ に $x=25$，$y=q$ を代入すると，$q=\frac{3}{5}\times25=15$

4 答 (1) A…$y=-\frac{6}{x}$，B…$y=\frac{16}{x}$，

C…$y=\frac{4}{x}$

(2) B　(3) A　(4) $q=-1$

考え方

(4) $y=-\frac{6}{x}$ に $x=6$，$y=q$ を代入すると，$q=-\frac{6}{6}=-1$

5 答 (1) $y=2x$　(2) $y=\frac{18}{x}$

考え方

(1) $y=ax$ に $x=8$，$y=16$ を代入すると，$16=8a$　$a=2$

(2) $y=\frac{a}{x}$ に $x=6$，$y=3$ を代入すると，$3=\frac{a}{6}$　$a=18$

21 比例・反比例のグラフのまとめ P.44-45

1 答

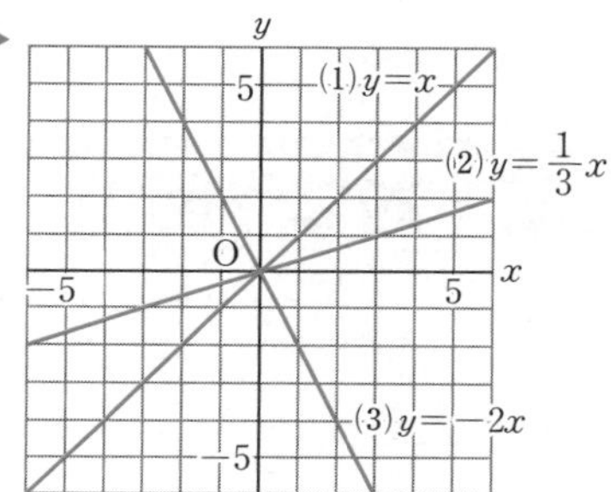

2 答

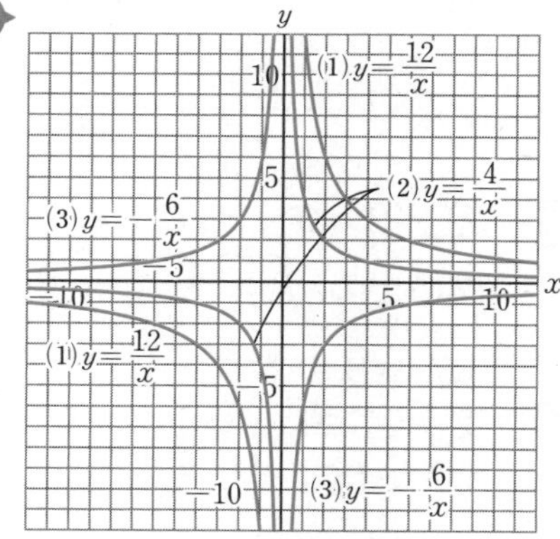

3 答 A…$y=-3x$，B…$y=-\frac{4}{x}$，

C…$y=\frac{10}{x}$，D…$y=2x$

4 答

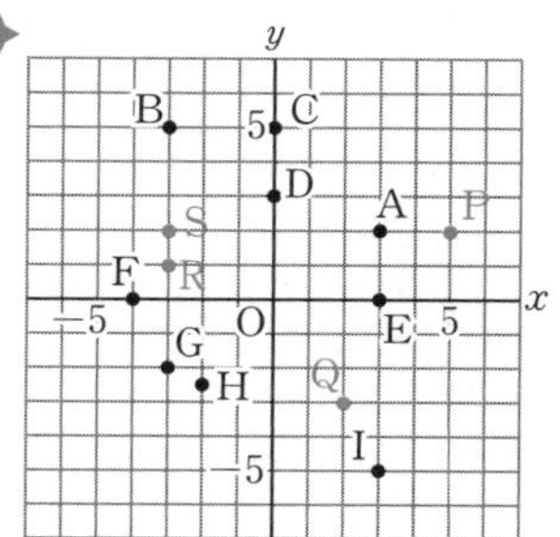

(1) P(5, 2)　　(2) Q(2, −3)

(3) R(−3, 1)　　(4) S(−3, 2)

(5) 点…G，座標…G(−3, −2)

(6) E，F　(順不同)

5 答 (1) $y=3x$　　(2) $y=\frac{1}{2}x$

(3) $y=\frac{8}{x}$　　(4) $y=-\frac{2}{x}$

(5) 3（ずつ）増加　　(6) 2（ずつ）増加

考え方

(1) Aは比例のグラフだから，
$y=ax$ に $x=2$，$y=6$ を代入すると，$6=2a$　　$a=3$

(3) Cは反比例のグラフだから，
$y=\frac{a}{x}$ に $x=2$, $y=4$ を代入すると，
$4=\frac{a}{2}$　　$a=8$

22 基本的な作図①　P.46-47

1 答 (1)

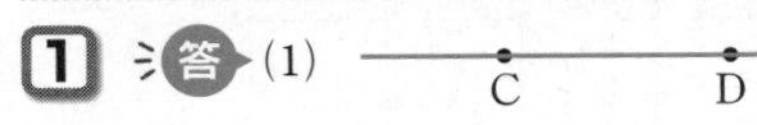

(2) C D

(3) C D

(4) F E

2 答 (1) EF=5cm　　(2) MN=PQ

(3) AB=3CD　　(4) $GH=\frac{1}{2}IJ$

(5) AB=AC

3 答 (1) MN//QR　　(2) AB⊥AC

(3) $k \perp \ell$　　(4) GH//IJ

(5) $g // h$

4 答

(1)　　(2)

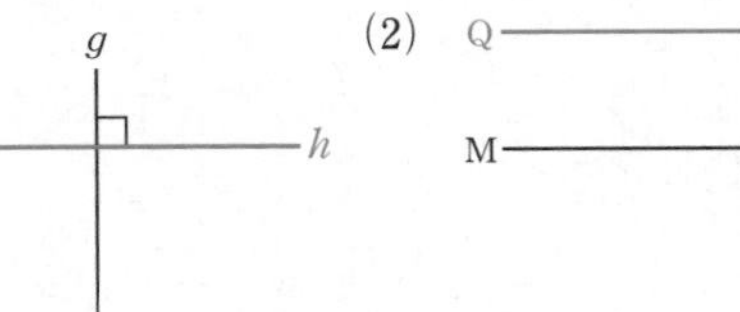

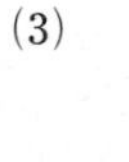

(3)

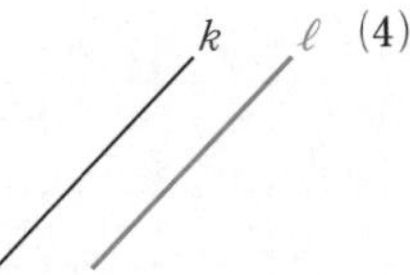

(4)

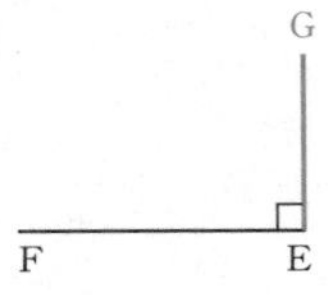

23 基本的な作図②　P.48-49

1 答 (1) ∠B=∠C

(2) ∠ABC=60°　　(3) AD⊥BC

(4) BD=CD　　(5) BC=2BD

(6) $\angle BAD=\frac{1}{2}\angle BAC$

2 答 (1) ① ∠BAD（∠A）

② ∠BDC

③ ∠ABC

(2) ∠CDB，∠DBC　(順不同)

3 答 (1)，(2)

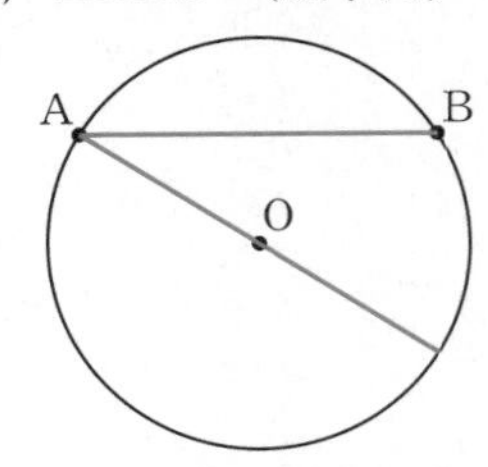

(3)，(4)

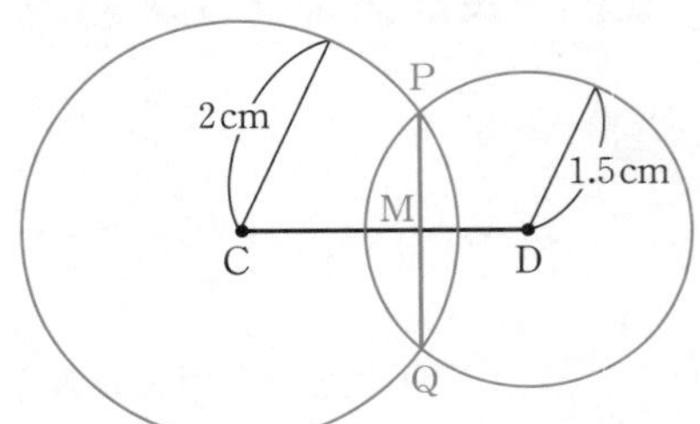

(5) CD⊥PQ

(6) PC=QC，PD=QD，PM=QM

4 答 (1)，(3)，(5)

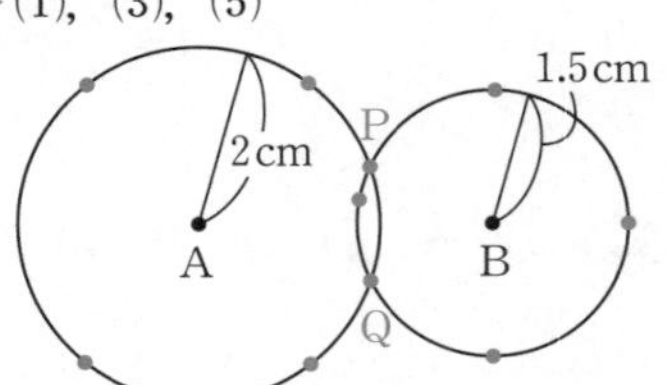

(2) A，2，円周

(4) B，1.5，円周

(6) C 3cm 2cm D

24 垂線　P.50-51

1 答 ①,②

③,④

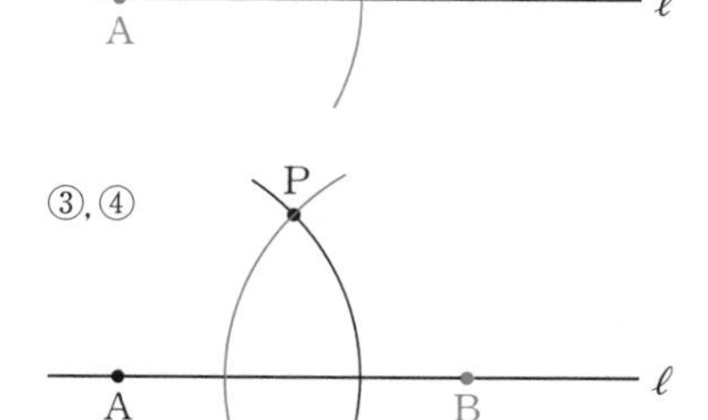

⑤,⑥

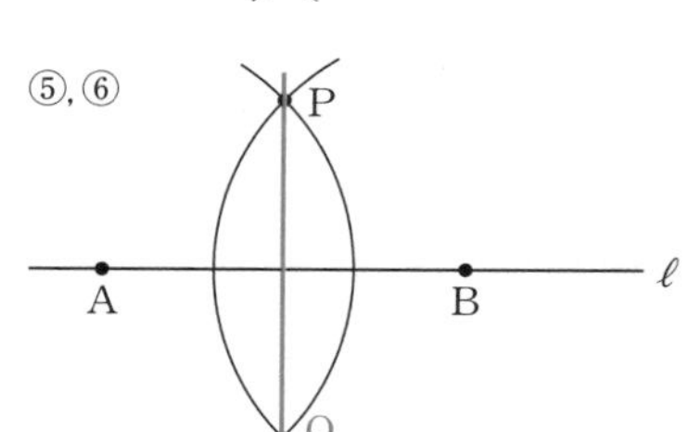

2 答

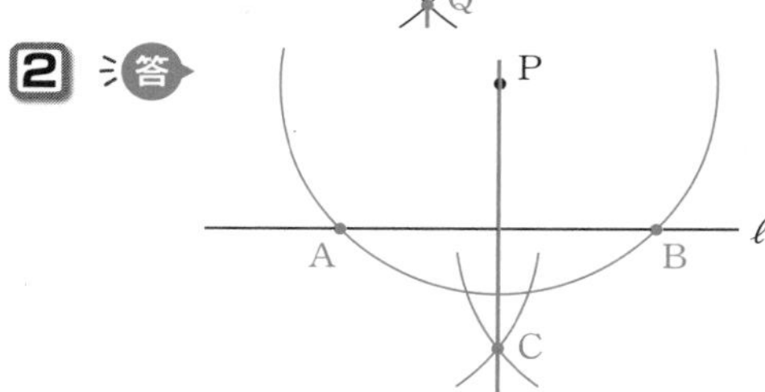

3 答

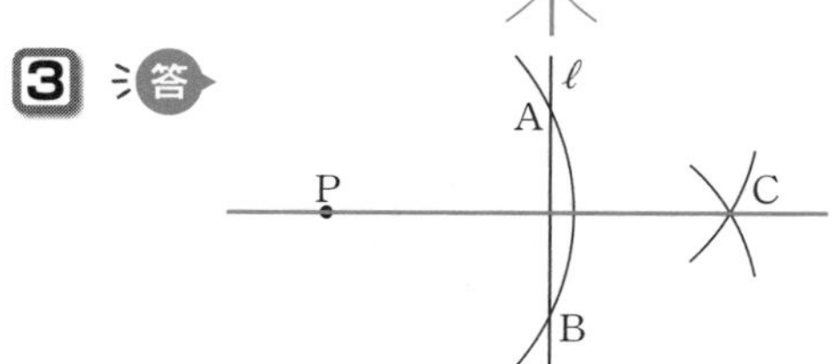

考え方　点Pを中心として直線ℓと交わる円をかく。その交点A，Bから同じ半径の円をかき，交点Cと点Pを結ぶ。

4 答

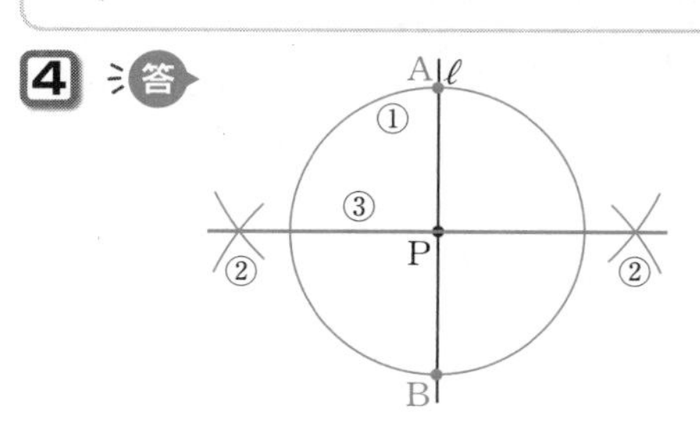

5 答

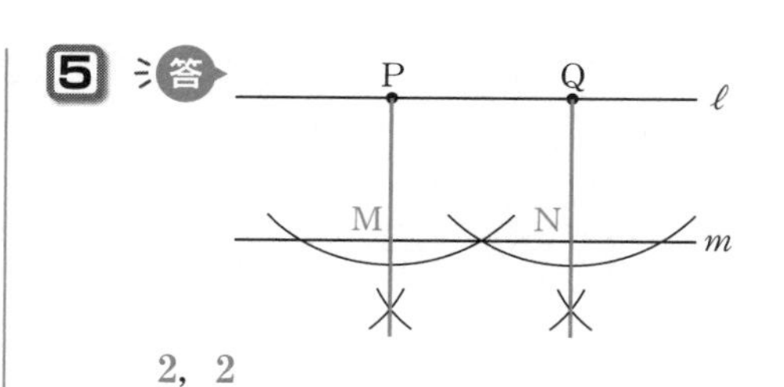

2，2

考え方　2点P，Qを中心として直線mと交わるように円をかき，それらの交点を中心とする等しい半径の円をかく。

6 答

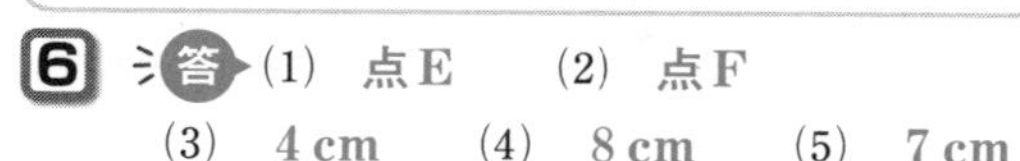

(1)　点E　(2)　点F

(3)　4 cm　(4)　8 cm　(5)　7 cm

25 垂直二等分線　P.52-53

1 答 ①，②，③，④

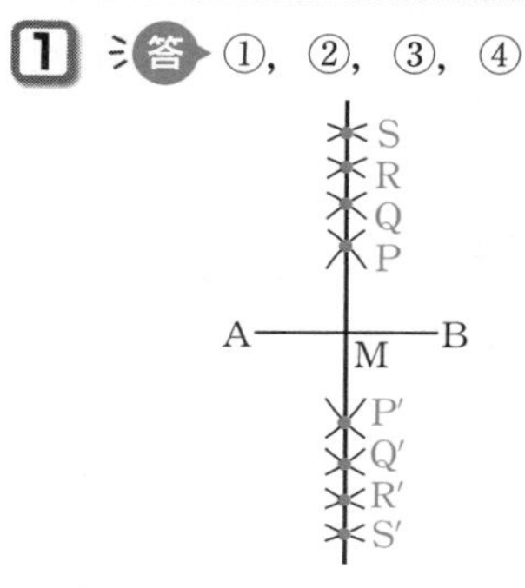

(1)　AB⊥SS′　(2)　AM＝BM

2 答

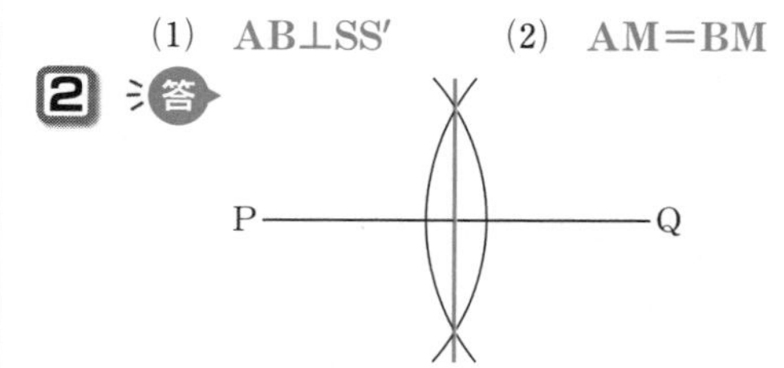

考え方　2点P，Qを中心として適当な同じ半径の円を交わるようにかき，2つの交点を直線で結ぶ。

3 答

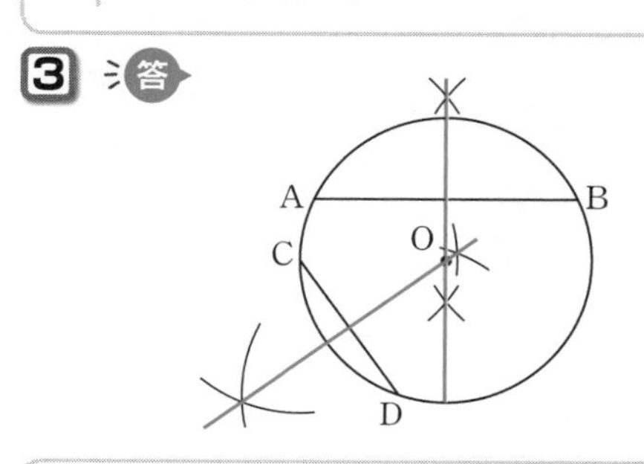

考え方　**2**と同様に2つの垂直二等分線を作図する。

4 答

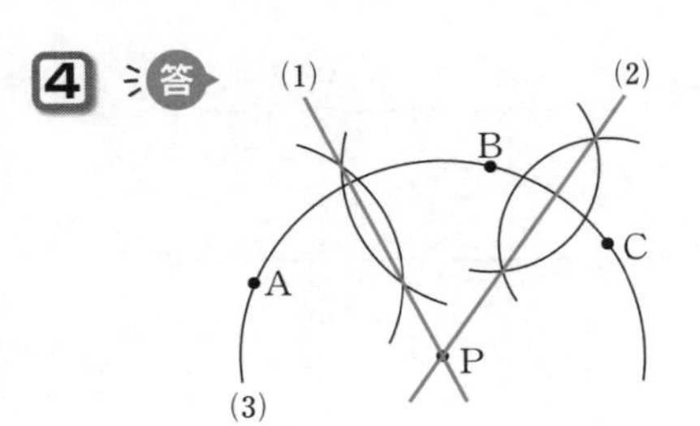

5 答

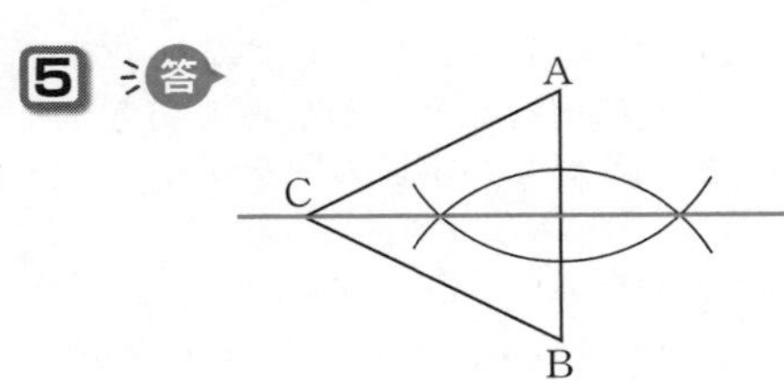

26 角の二等分線 P.54-55

1 答 ①，②

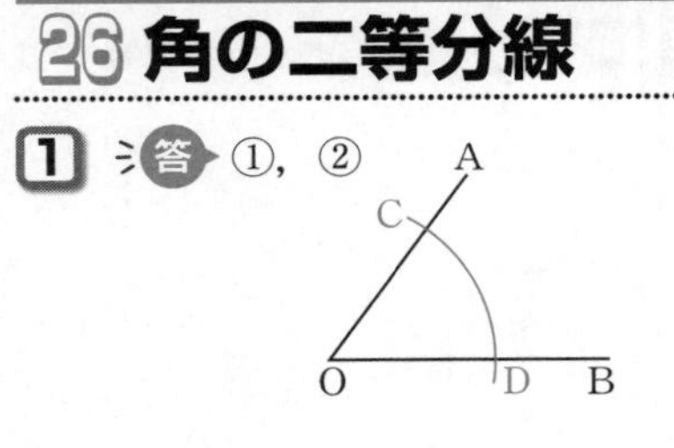

③，④

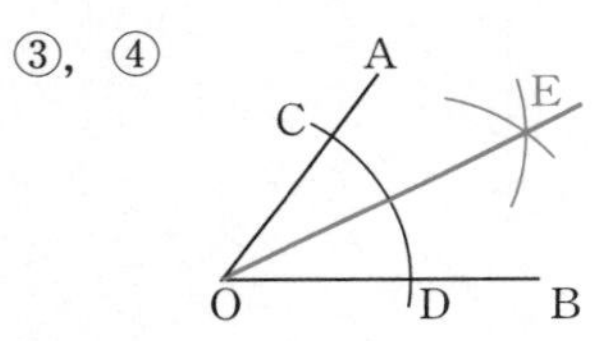

2 答 (1)

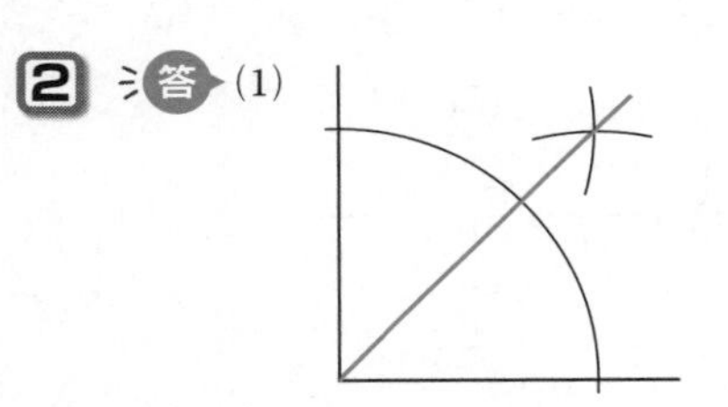

(2)

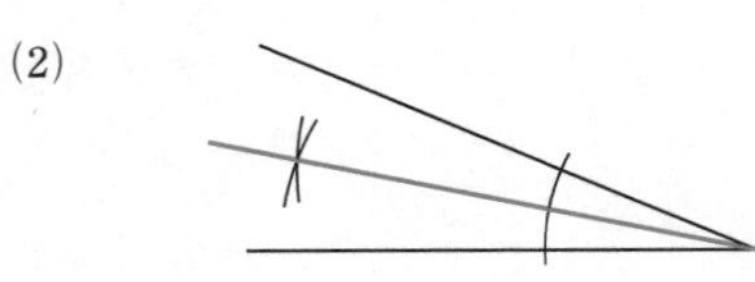

(3)

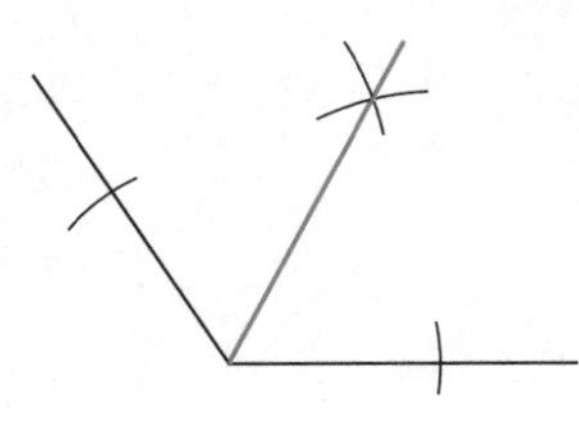

3 答

(1)

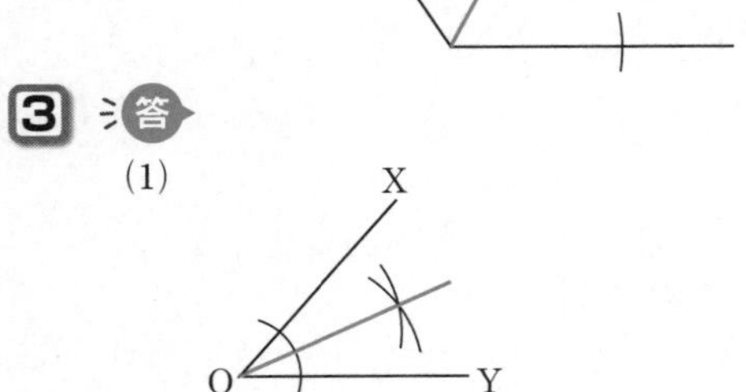

(2)

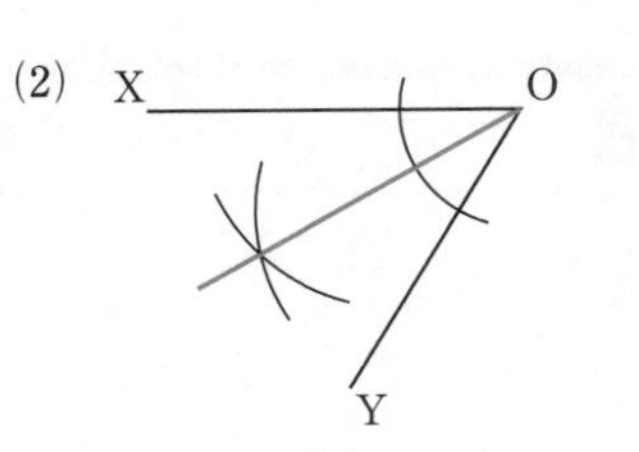

(3)

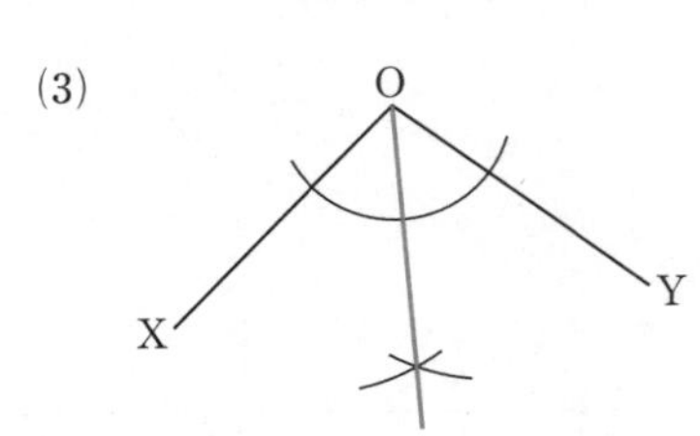

(4)

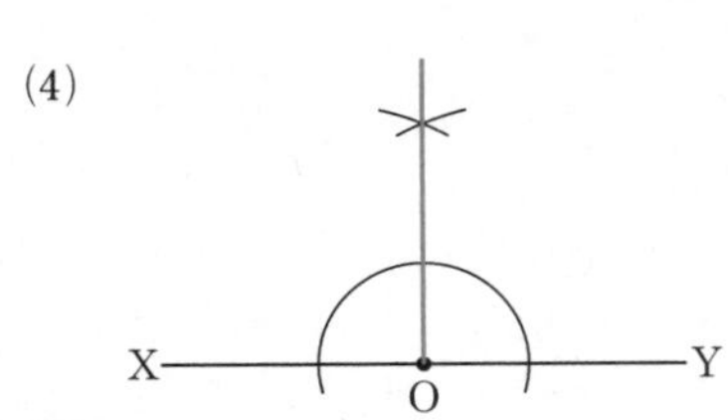

4 答

(1)

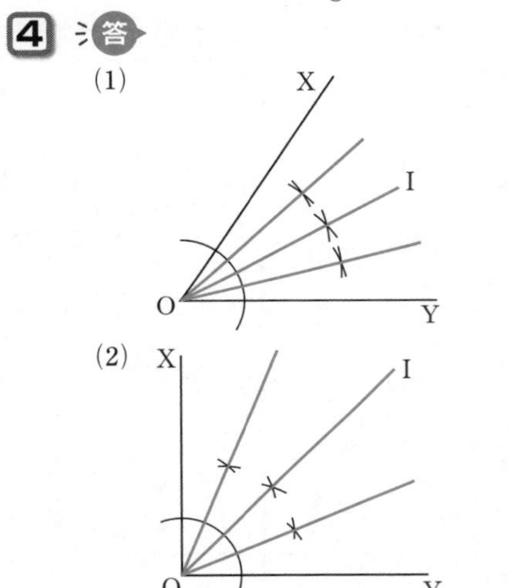

考え方 ∠XOY の二等分線 OI を作図し，さらに，∠XOI と∠YOI を 2 等分する。

27 作図の応用① P.56-57

1 答

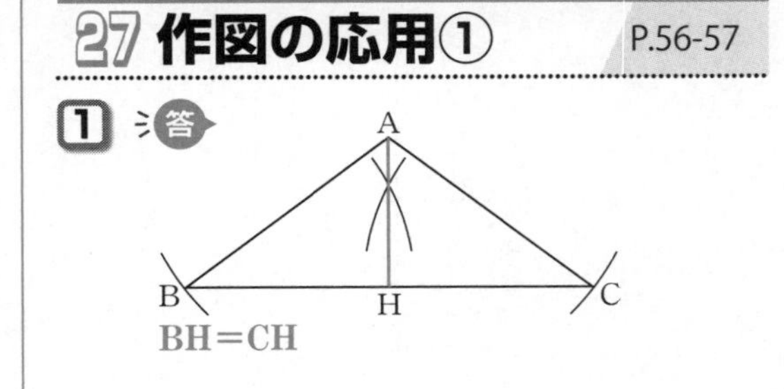

考え方　点Hを中心とする半径BHの円が点Cを通れば，BH＝CH であることがわかる。

答 (1)　右の図

(2)　∠AHB＝**90°**

BH と CH の関係…**BH＝CH**

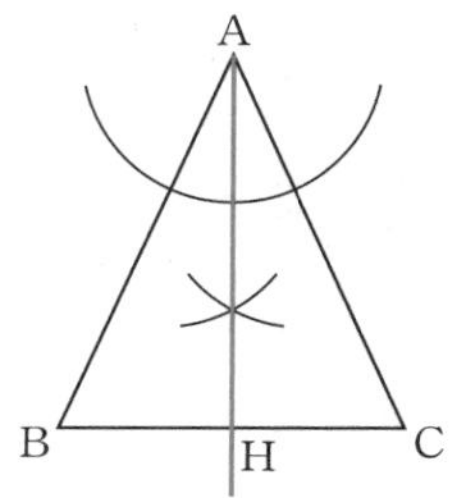

3 答

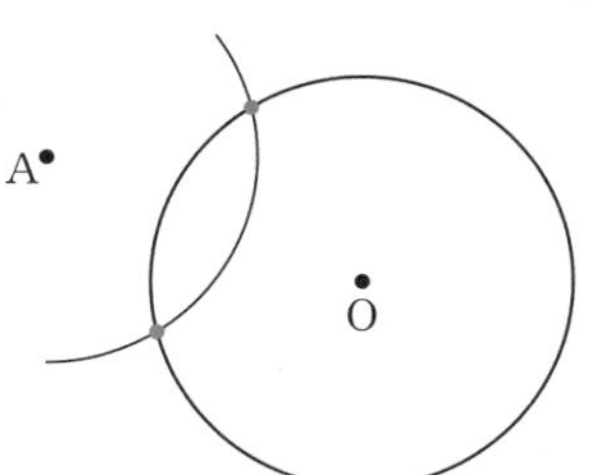

考え方　点Aを中心にして，円Oと同じ半径の円をかく。

答 (1)　**60°**

(2)　右の図

(3)　**30°**

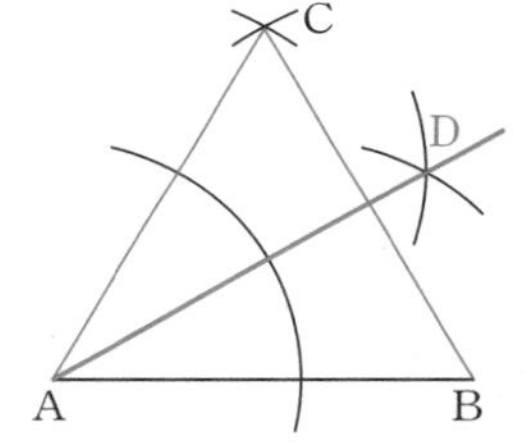

答 (1)　下の図

(2)　**90°**

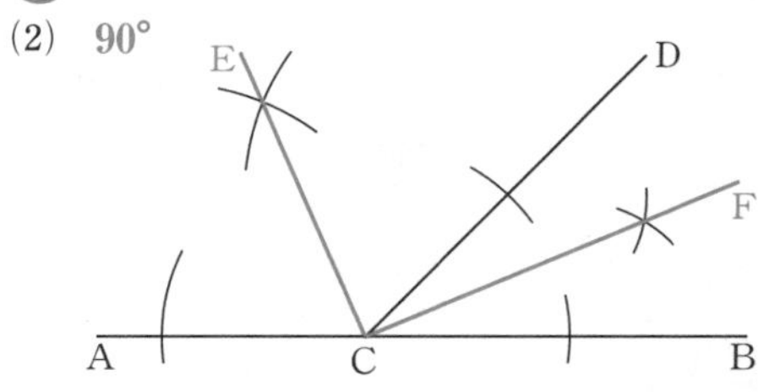

考え方　(2)　∠DCF＝(180°−2x°)÷2
＝90°−x°，∠ECF＝∠ECD
＋∠DCF＝x°＋(90°−x°)＝90°

6 答 (1)，(3)　下の図　　(2)　**45°**

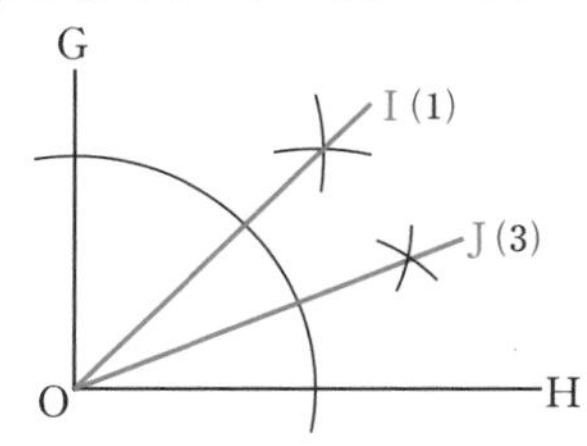

(4)

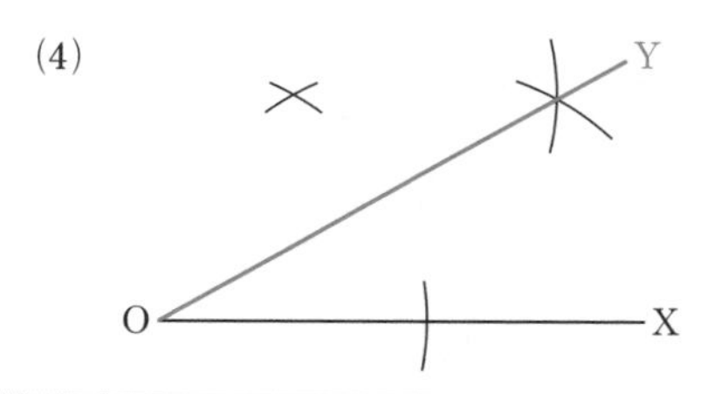

考え方　(3)　∠IOHの二等分線を作図する。
(4)　正三角形の１つの角の大きさは60°であることを利用する。

28 作図の応用②　P.58-59

1 答

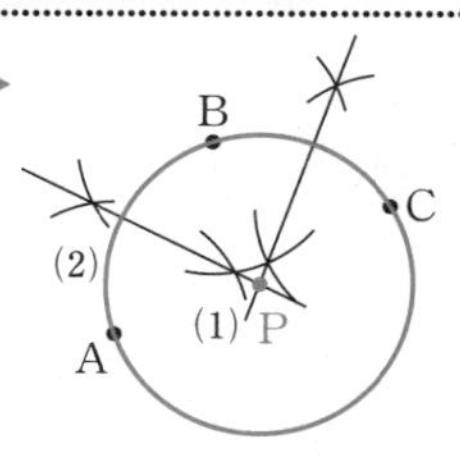

考え方　(1)　線分AB，線分BCの垂直二等分線をひいて，その２つの直線の交点をPとする。

2 答

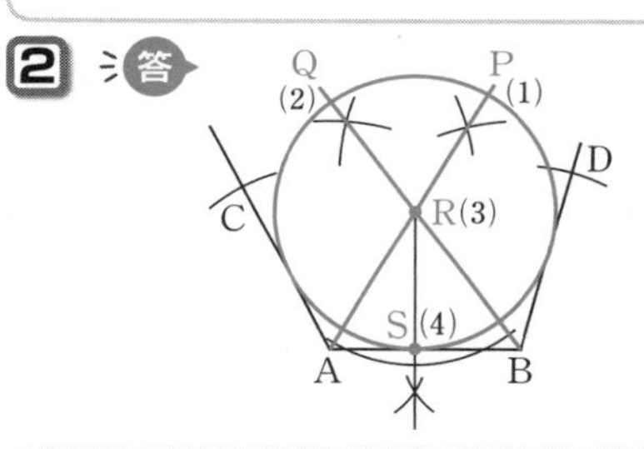

考え方　(4)　上の図のように，円Rは線分AC，AB，BDに接する。

3 答

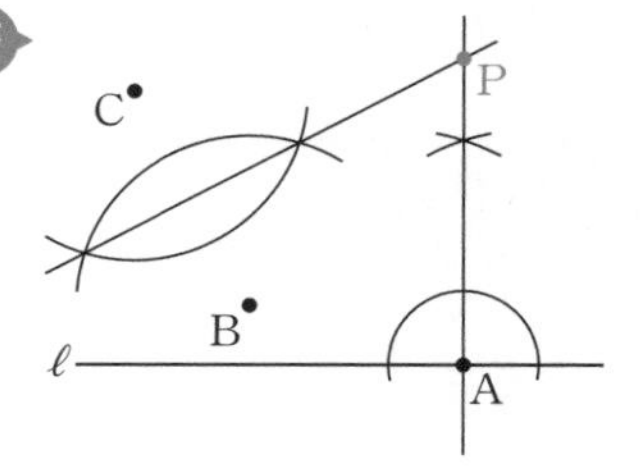

考え方　線分BCの垂直二等分線と点Aを通り直線ℓに垂直な直線との交点を求める。

4 答 (1), (2)

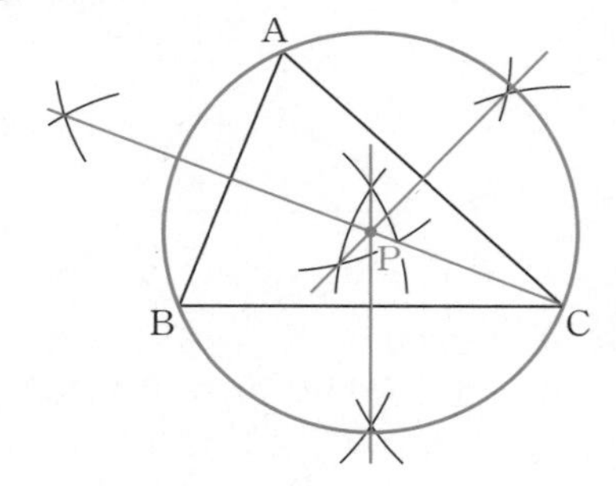

(注意) 3点A，B，Cは1つの円周上にある。

5 答 (1), (2)

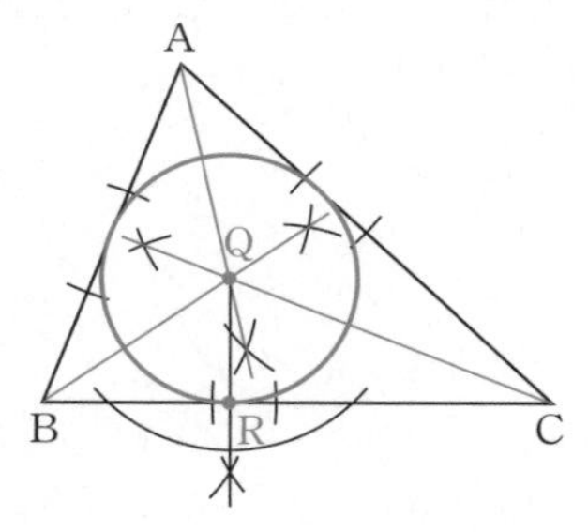

6 答

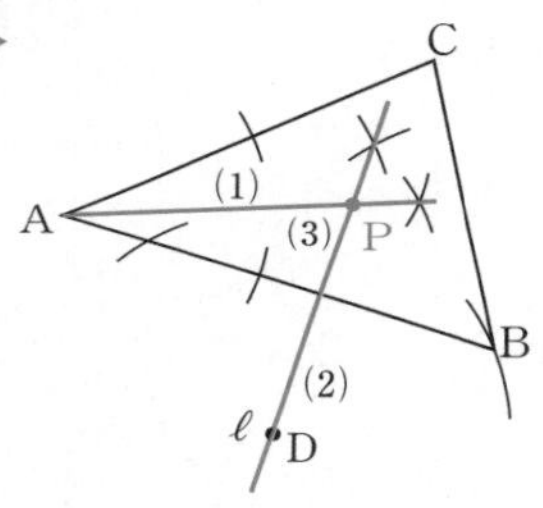

考え方

角の二等分線上の点から角の2つの辺までの距離は等しい。よって，∠CABの二等分線と垂線 ℓ との交点Pから，辺AB，ACまでの距離は等しい。

29 平行移動 P.60-61

1 答 (1) 点E　(2) 辺DF
(3) 線分EF　(4) ∠EDF

2 答 (1) 辺EH
(2) 線分AE，DH，CG
(3) 線分AE，DH，CG

3 答

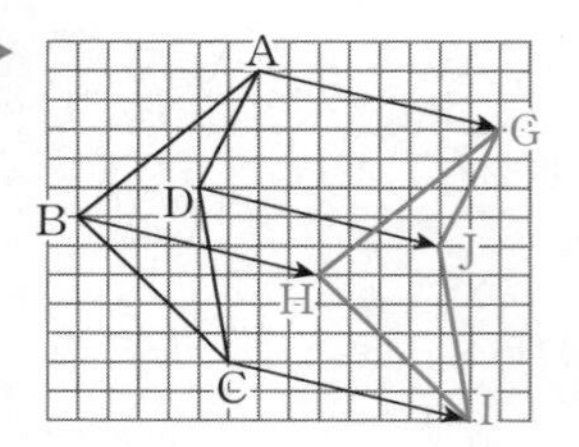

4 答 (1), (2)

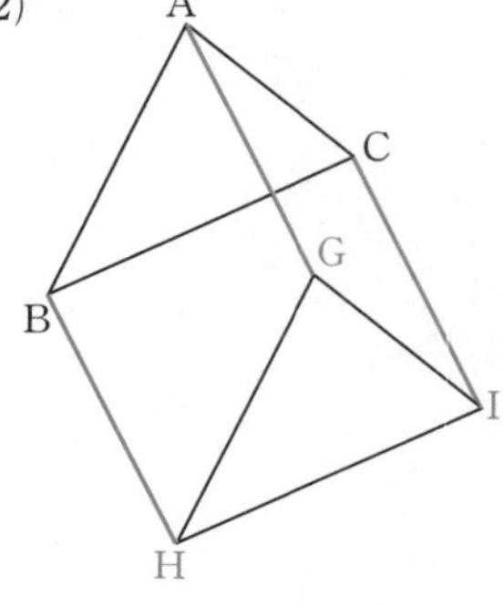

(3) 線分AGと線分CI
(4) 線分AGと線分CI
(5) 線分GH　(6) 線分HI
(7) 線分GI

5 答

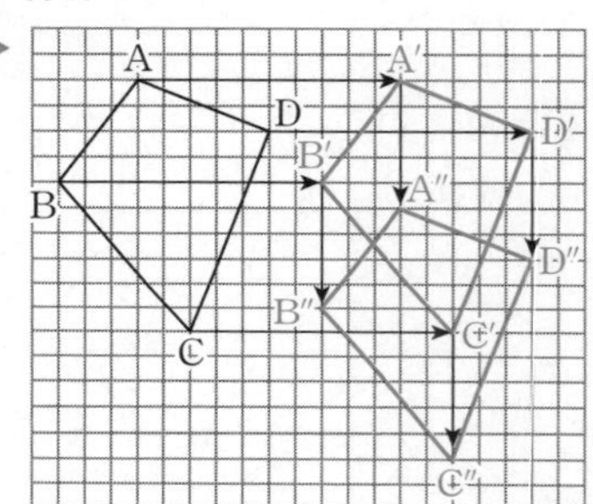

30 回転移動 P.62-63

1 答 (1) 辺A′B′　(2) 線分B′C′
(3) ∠A′B′C′　(4) 60°

2 答 (1)

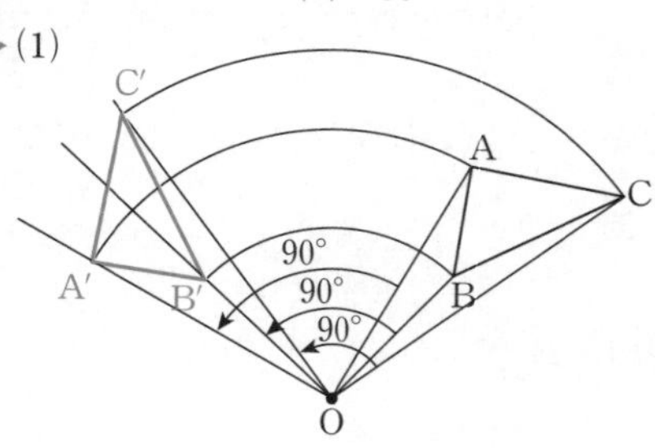

(2) 線分OA′　(3) 線分OC′
(4) ∠AOA′と∠COC′

3 答 (1)

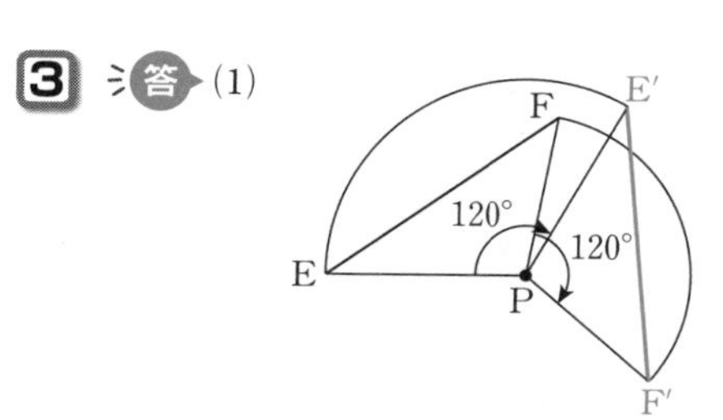

(2) ∠FPF′　　(3) 線分E′P

4 答 (1) 点B　(2) 110°　(3) 25°
(4) 線分DB

5 答 (1)

(2) 180°

6 答
(1)

(2)

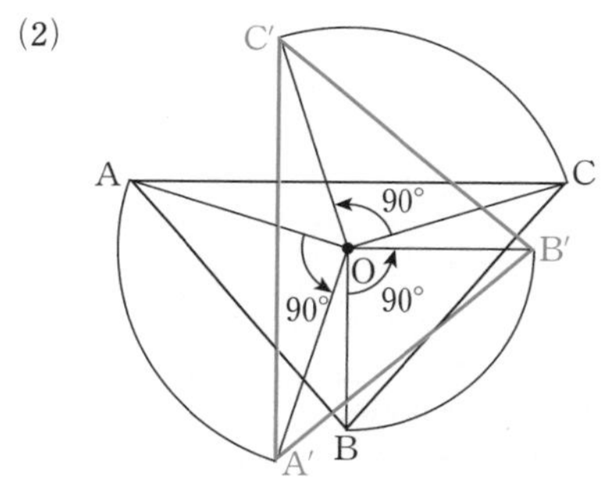

31 対称移動 P.64-65

1 答 (1) 線分A′B′　(2) 線分A′L
(3) 線分C′N　(4) AA′∥BB′∥CC′

2 答

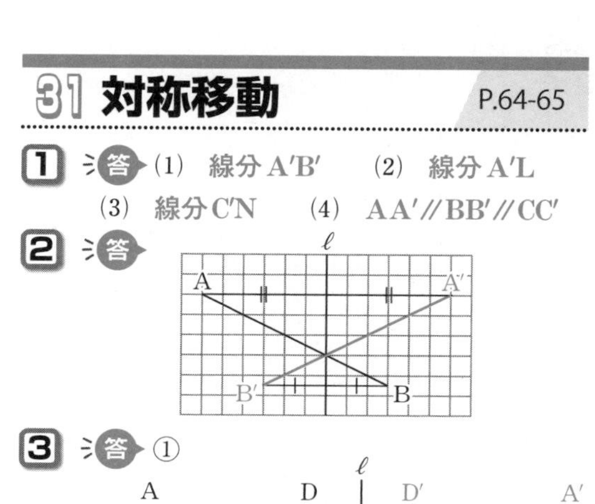

3 答 ①

②

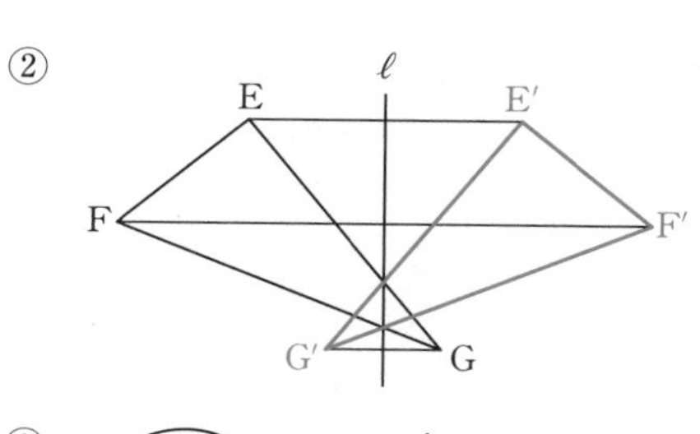

③

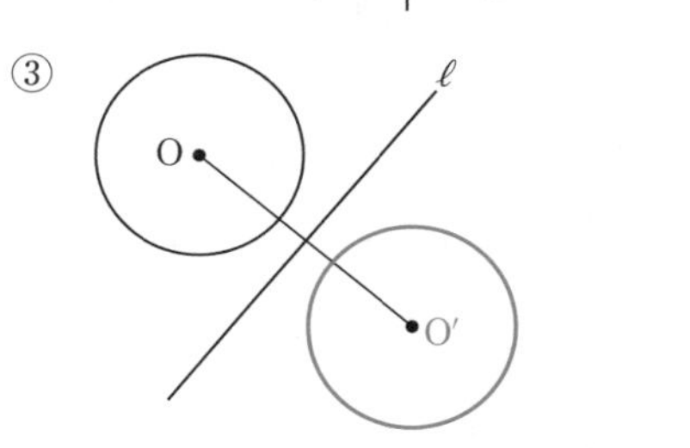

4 答
(1) 線分AA′,
線分BB′,
線分CC′
(2) 直線ℓ上
(3) 直線ℓ上

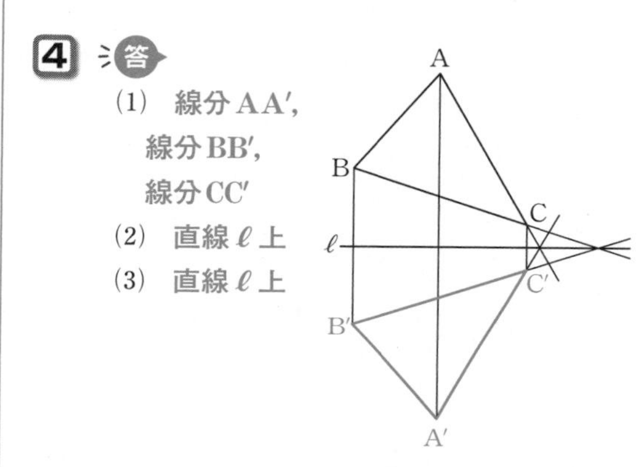

32 図形の移動① P.66-67

1 答

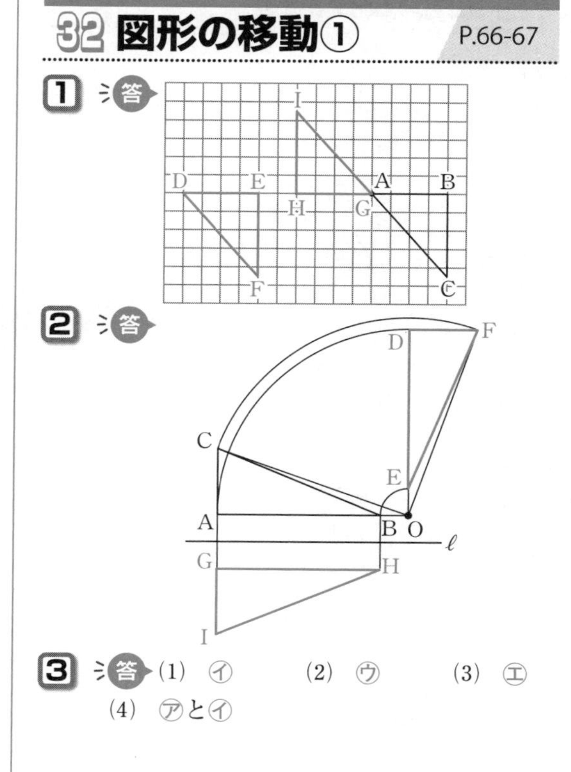

2 答

3 答 (1) ㋑　(2) ㋒　(3) ㋓
(4) ㋐と㋑

4 答 (1) 線分OC

(2) 線分ACの垂直二等分線

(∠AOCの二等分線)

(3) 右の図

(4) 点O

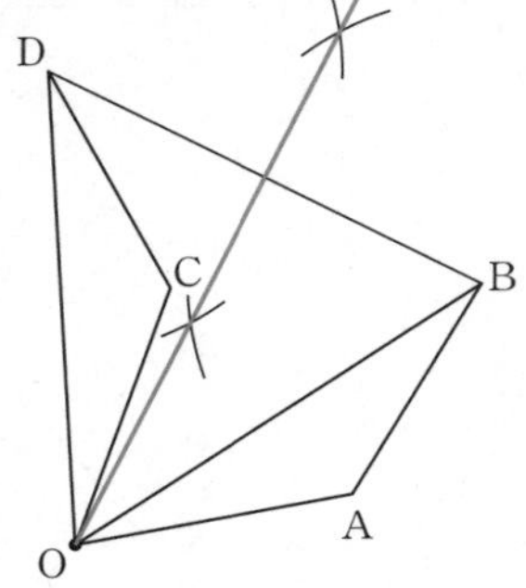

5 答

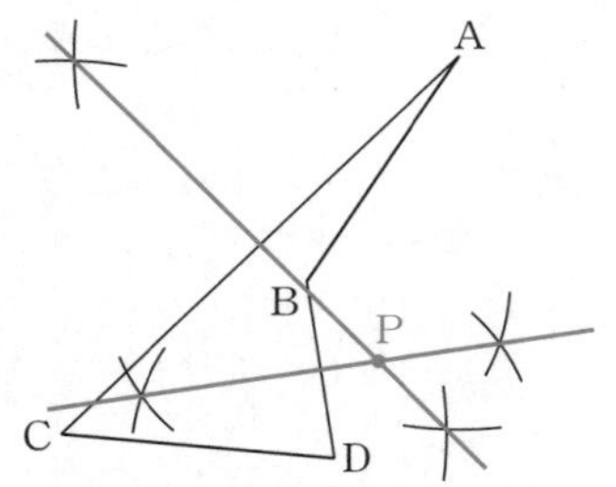

考え方　線分AC，BDの垂直二等分線の交点が点Pである。

33 図形の移動② P.68-69

1 答 (1)

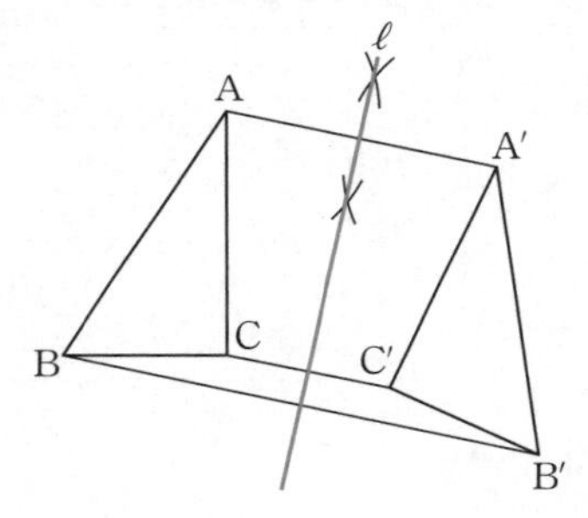

(2)

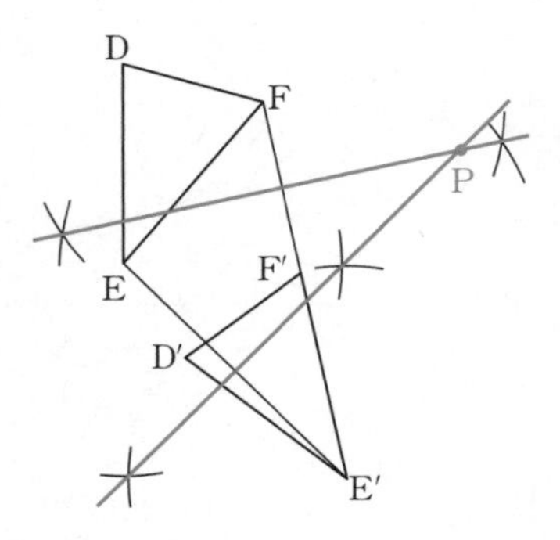

(3) 直線GI

(4) 回転移動

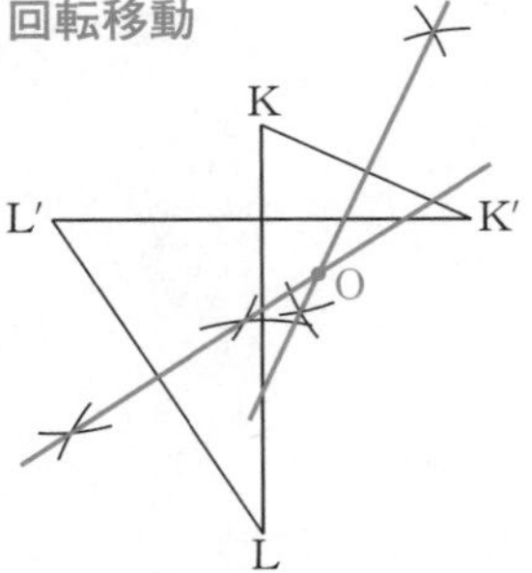

考え方
(1) 線分AA′(BB′またはCC′)の垂直二等分線を作図する。
(2) 線分FF′，EE′の垂直二等分線の交点が点Pである。
(4) 線分KK′，LL′の垂直二等分線の交点が回転の中心Oである。

2 答 (1)，(2)

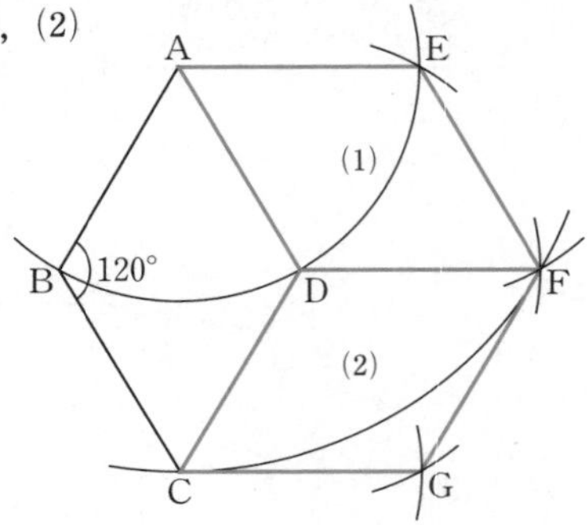

(3) 時計回りに60°

考え方
(1) 点Aを中心として回転移動したひし形は，ひし形ADFEである。
(2) 直線DCを軸として対称移動したひし形は，ひし形FGCDである。
(3) 点Cを中心として時計回りに60°回転移動すればよい。

3 答

(1)

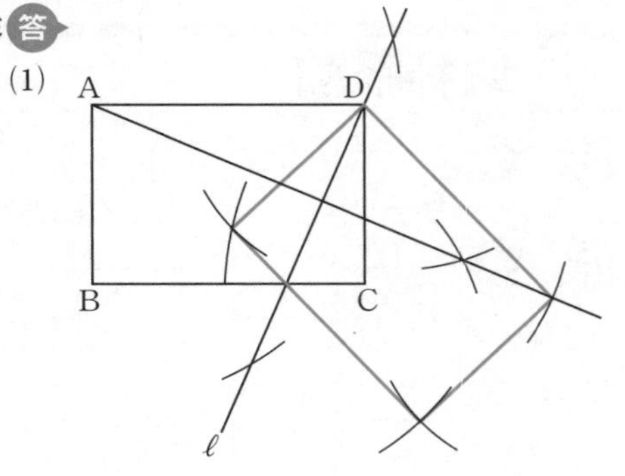

(2)

考え方 (2) 直線mについて点Oと対称な点Mを作図し，さらに，直線nについて点Mと対称な点Nを求め，点Nを中心とする円Oと同じ半径の円をかく。

34 図形の移動③ P.70-71

1 答 (1)

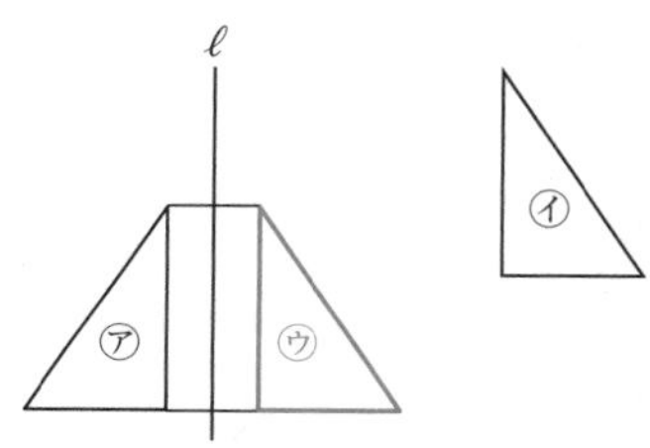

(2) 平行移動

(3) (例１)平行移動の後対称移動

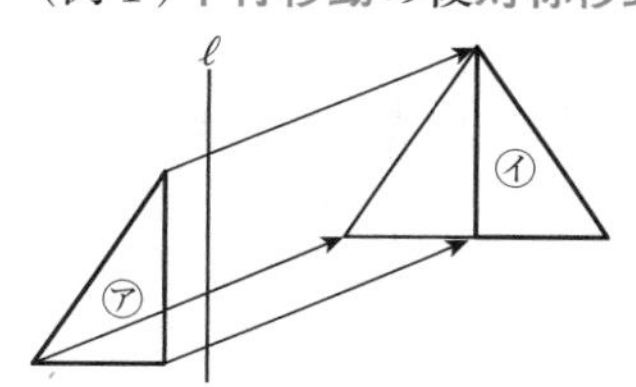

(例２)回転移動の後対称移動

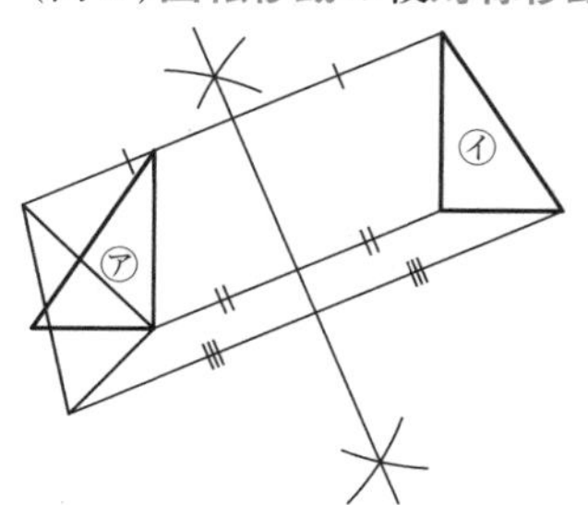

2 答 (1)

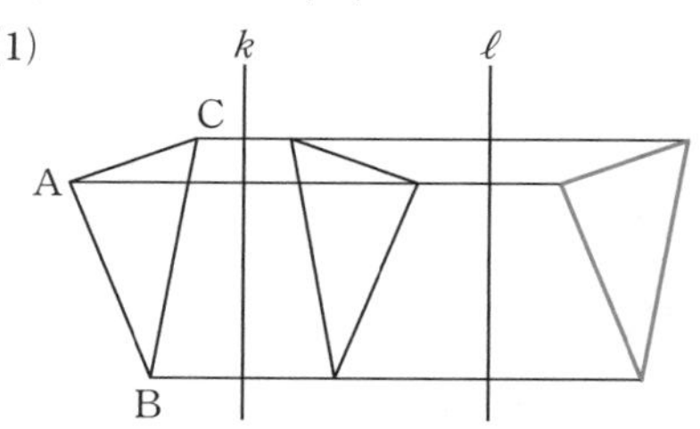

平行移動

(2)

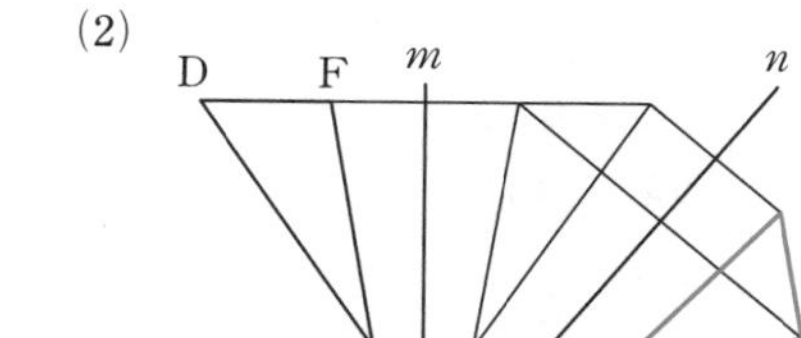

回転移動

3 答 (1)

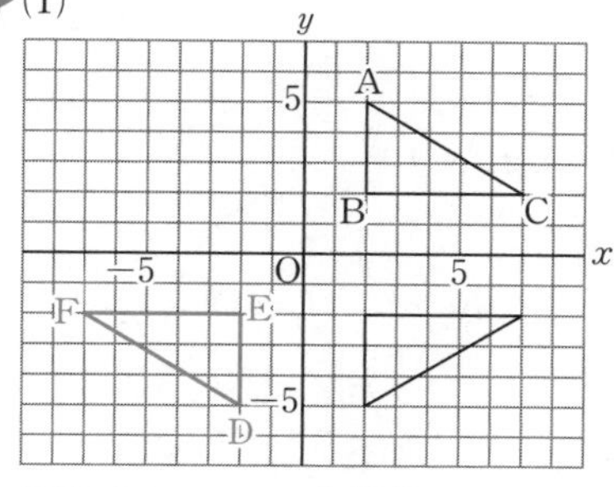

(2) 原点Oについて点対称

(3) D(−2, −5)　(4) F(−7, −2)

4 答 (1) 図形…㋑と㋒

移動…回転移動(点対称移動)，平行移動(順不同)

(2) ① 平行移動の後対称移動

(対称移動の後平行移動)

② 回転移動

(3) 回転移動(点対称移動)

35 図形の移動④ P.72-73

1 答 (1) ㋑，㋒

(2) ㋒，㋔，㋖，㋘，㋚

(3) ㋓，㋖，㋙

(4) ㋑，㋒，㋔，㋖，㋘，㋚，㋛

(5) ㋖　(6) ㋔，㋗，㋚

(7) 反時計回りに120°(時計回りに240°)

2 答 (1) 回転の中心…点B

回転の角度…時計回りに60°

(2) 回転の角度…180°

右の図の点M

(3) 直線BC

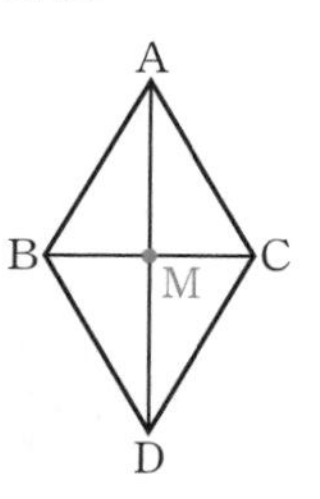

3 答 (1) 三角形…△CDP

回転の中心…点P

回転の角度…180°

(2) 三角形…△CDB
回転の中心…点P
回転の角度…180°

(3) △DCP

36 円と直線 P.74-75

1 答 (1) ① 0個 ② 2個
③ 1個 ④ 2個

(2) ③

2 答 ①，②

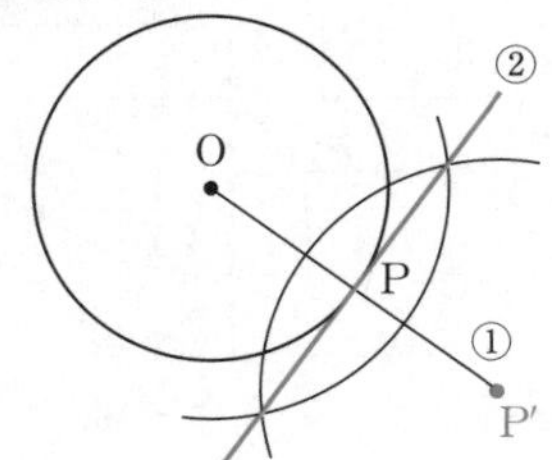

3 答

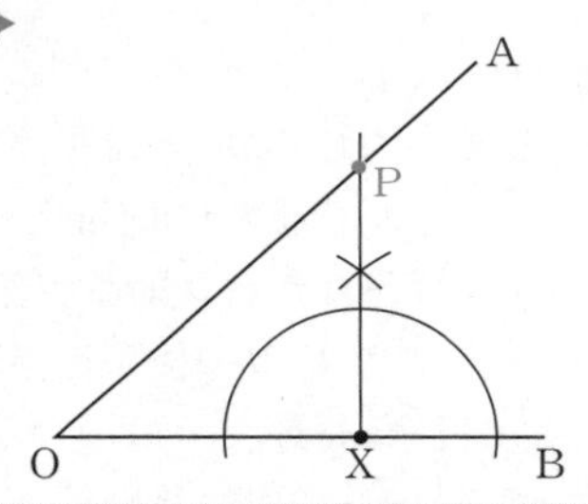

考え方　点Xを通る半直線OBの垂線をひき，その垂線と半直線OAの交点がPとなる。

4 答

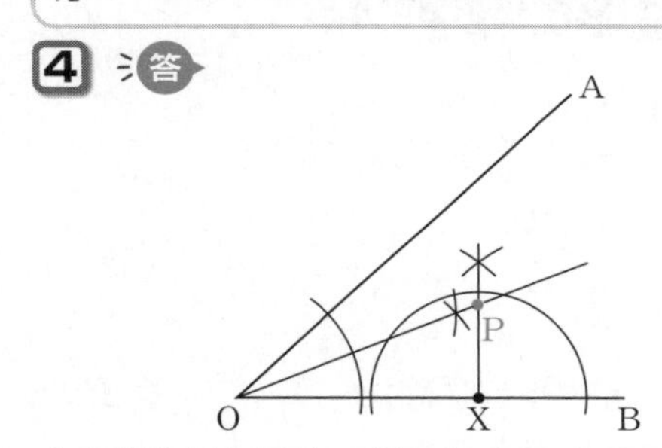

考え方　∠AOBの二等分線をひく。点Xを通る半直線OBの垂線をひき，その垂線と∠AOBの二等分線の交点がPとなる。

37 おうぎ形の弧の長さ P.76-77

1 答 (1) 16π cm (2) 6π cm
(3) 5π cm

考え方
(1) $2\pi\times8=16\pi$ (cm)
(2) $\pi\times6=6\pi$ (cm)
(3) $2\pi\times5\times\frac{1}{2}=5\pi$ (cm)

2 答 (1) $\frac{1}{4}$倍 (0.25倍) (2) 2π cm
(3) $\frac{1}{6}$倍 (4) $\frac{1}{3}$倍 (5) $\frac{a}{360}$倍

3 答 $2\pi r$，a

4 答 (1) 4π cm (2) 12π cm
(3) 8π cm

考え方
(1) $2\pi\times10\times\frac{72}{360}=4\pi$ (cm)
(2) $2\pi\times8\times\frac{270}{360}=12\pi$ (cm)
(3) $2\pi\times12\times\frac{120}{360}=8\pi$ (cm)

5 答 $(12+\pi)$ cm

考え方
おうぎ形の弧の長さは，
$2\pi\times6\times\frac{30}{360}=\pi$ (cm)
求めるのは，おうぎ形の周りの長さだから，$6+6+\pi=12+\pi$ (cm)

38 おうぎ形の中心角と弧 P.78-79

1 答 中心角，合同，$\overset{\frown}{CD}$

2 答 2，2，3，3，2，3

3 答 (1) 4 cm (2) 8 cm
(3) 45° (4) 24 cm

考え方
(1) おうぎ形の弧の長さは，中心角に比例するから，
$\overset{\frown}{BC}=2\overset{\frown}{AB}=4$ cm となる。
(2) $\overset{\frown}{CD}=4\overset{\frown}{AB}=8$ cm
(3) 中心角30°のおうぎ形AOBの$\overset{\frown}{AB}$の長さが，2 cmであるから，
$\angle DOE=30^\circ\times\frac{3}{2}=45^\circ$
(4) $\overset{\frown}{AB}\times\frac{360}{30}=24$ (cm)

4 答 (1) 20 cm² (2) 25 cm²

考え方

(1) おうぎ形の面積は，中心角に比例する。

中心角 40° のおうぎ形AOBの面積は 10 cm² であるから，中心角 80° のおうぎ形BOCの面積は，その 2 倍の 20 cm² となる。

(2) (1)と同様に，おうぎ形CODの面積は，おうぎ形AOBの面積の $\frac{100}{40}$ 倍であるから，

$10\times\frac{100}{40}=25(\mathrm{cm}^2)$

39 おうぎ形の面積① P.80-81

1 答 (1) 25π cm²　(2) 49π cm²

(3) 50π cm²

考え方

(1) $\pi\times5^2=25\pi(\mathrm{cm}^2)$

(2) $\pi\times7^2=49\pi(\mathrm{cm}^2)$

(3) $\pi\times10^2\times\frac{1}{2}=50\pi(\mathrm{cm}^2)$

2 答 (1) 64π cm²　(2) $\frac{1}{8}$ 倍

(3) 8π cm²　(4) $\frac{a}{360}$ 倍

考え方

(1) $\pi\times8^2=64\pi(\mathrm{cm}^2)$

(2) おうぎ形の面積は，中心角に比例するから，$\frac{45}{360}=\frac{1}{8}$(倍)である。

(3) $64\pi\times\frac{1}{8}=8\pi(\mathrm{cm}^2)$

3  (1) $\frac{3}{2}\pi$ cm² (1.5π cm²)

(2) $\frac{135}{4}\pi$ cm²

考え方

(1) $\pi\times3^2\times\frac{60}{360}=\frac{3}{2}\pi(\mathrm{cm}^2)$

(2) $\pi\times9^2\times\frac{150}{360}=\frac{135}{4}\pi(\mathrm{cm}^2)$

4 答 (1) 12π cm²　(2) 10π cm²

(3) 30π cm²

考え方

(1) $\pi\times4^2\times\frac{270}{360}=12\pi(\mathrm{cm}^2)$

(2) $\pi\times5^2\times\frac{144}{360}=10\pi(\mathrm{cm}^2)$

(3) $\pi\times6^2\times\frac{300}{360}=30\pi(\mathrm{cm}^2)$

40 おうぎ形の面積② P.82-83

1 答 (1) 6π cm²　(2) 8π cm²

(3) $(100-25\pi)$ cm²

(4) $(120-25\pi)$ cm²

考え方

(1) 大きい半円の面積は，8π cm²
小さい半円の面積は，2π cm²
よって，$8\pi-2\pi=6\pi(\mathrm{cm}^2)$

(2) $\pi\times8^2\times\frac{1}{4}-\pi\times4^2\times\frac{1}{2}$

$=16\pi-8\pi=8\pi(\mathrm{cm}^2)$

(3) $10^2-\left(\pi\times10^2\times\frac{1}{4}\right)$

$=100-25\pi(\mathrm{cm}^2)$

(4) $10\times12-\pi\times5^2=120-25\pi(\mathrm{cm}^2)$

2 答 4，16，8，16

3 答 (1) $(18\pi-36)$ cm²

(2) $(64-16\pi)$ cm²

(3) 2π cm²　(4) $(32\pi-64)$ cm²

考え方

(2) 1 辺が 8 cm の正方形の面積から，半径 4 cm の円 1 個分の面積をひけばよい。

$8^2-\pi\times4^2=64-16\pi(\mathrm{cm}^2)$

(3) (全体の半円の面積)

$=\pi\times3^2\times\frac{1}{2}=\frac{9}{2}\pi(\mathrm{cm}^2)$

中の半円の面積は，それぞれ

$\pi\times2^2\times\frac{1}{2}=2\pi(\mathrm{cm}^2)$,

$\pi\times1^2\times\frac{1}{2}=\frac{\pi}{2}(\mathrm{cm}^2)$

よって，

$\frac{9}{2}\pi-\left(2\pi+\frac{\pi}{2}\right)=2\pi(\mathrm{cm}^2)$

(4) 半径 4 cm の円の面積から，(2)で求めた面積をひけばよい。

$\pi\times4^2-(64-16\pi)$
$=32\pi-64(\mathrm{cm}^2)$

41 平面図形のまとめ P.84-85

1 答 (1), (2)

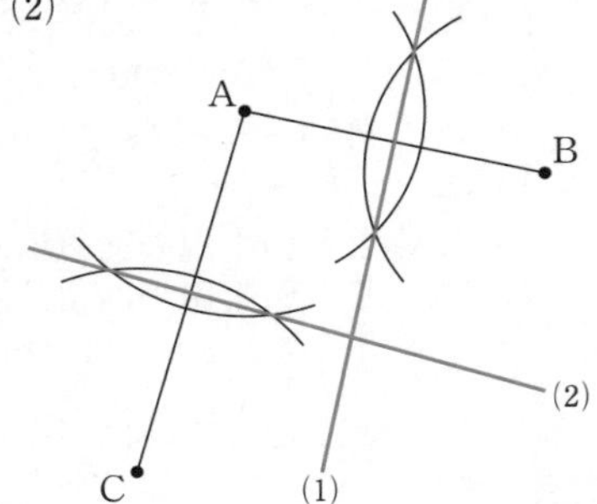

(3) 3点から等しい距離にある。

2 答 (1), (2), (3)

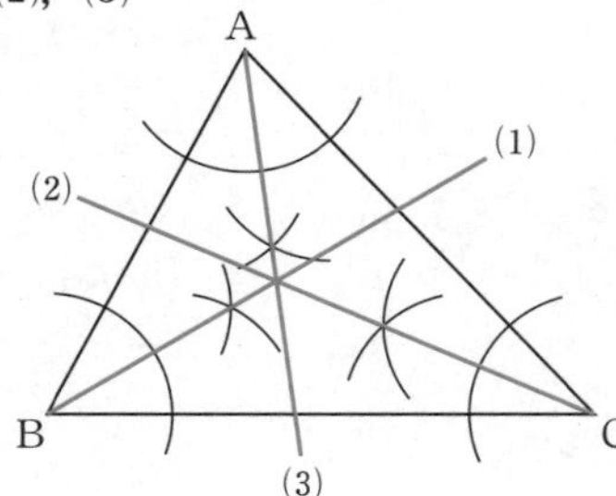

3 答 (1), (2)

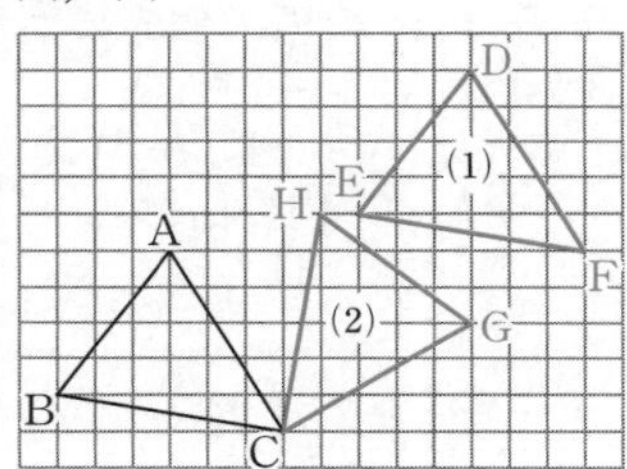

4 答 (1) ∠AOB　(2) $\overset{\frown}{CD}$

(3) $\overset{\frown}{CD}=\overset{\frown}{DE}$

5 答 (1) $(10\pi+20)$cm　(2) 50π cm^2

考え方

(1) $2\pi\times10\times\frac{1}{2}+10\times2$

$=10\pi+20$(cm)

(2) $\pi\times10^2\times\frac{1}{2}=50\pi$(cm^2)

6 答 (1) 周りの長さ…$(2\pi+16)$cm,

面積…8π cm^2

(2) 周りの長さ…$(4\pi+6)$cm,

面積…6π cm^2

考え方

(1) 周りの長さ…$2\pi\times8\times\frac{45}{360}+8\times2$

$=2\pi+16$(cm)

面積…$\pi\times8^2\times\frac{45}{360}=8\pi$(cm^2)

(2) 周りの長さ…$2\pi\times3\times\frac{240}{360}+3\times2$

$=4\pi+6$(cm)

面積…$\pi\times3^2\times\frac{240}{360}=6\pi$(cm^2)

42 角柱と円柱 P.86-87

1 答 (1) 正四角柱(直方体)

(2) 正五角柱　(3) 正三角柱

(4) 正六角柱

考え方

(1) 底面が正方形の角柱を，正四角柱という。

2 答 (1) 正三角形　(2) 2つ

(3) 長方形　(4) 3つ

考え方

(2) 角柱の底面は2つある。

(3) 角柱の側面の形は長方形である。

3 答 (1) 形…正五角形，数…2つ

(2) 形…長方形，数…5つ

4 答 (1) ○　(2) ×　(3) ○

(4) ×

考え方

(2) 円錐である。

(3) 横になっていても，円柱に変わりはない。

(4) (正)四角柱である。

5 答 (1) 円　(2) 2つ　(3) 曲面

(4) 長方形　(5) 5 cm

考え方

(2) 円柱の底面は2つある。

(3) 円柱の側面は曲面になっている。

(4) 円柱の側面の展開図は長方形になっている。

6 答 ① 4　② 12　③ 8

④ 12　⑤ 20　⑥ 20

43 角錐と円錐 P.88-89

1 答 (1) × (2) ○ (3) ×
(4) ○

2 答 (1) 正方形 (2) 1つ
(3) 二等辺三角形 (4) 4つ

> **考え方**
> (2) 角錐の底面は1つである。
> (3) 正四角錐の側面は合同な二等辺三角形である。

3 答 (1) 形…正六角形，数…1つ
(2) 形…二等辺三角形，数…6つ

4 答 (1) × (2) ○ (3) ×
(4) ○

> **考え方**
> (1) 円柱である。
> (3) (正)三角錐である。

5 答 (1) 円 (2) 1つ (3) 曲面
(4) おうぎ形 (5) 線分AO

> **考え方**
> (1) 円錐の底面は円である。
> (3) 円錐の側面は曲面になっている。
> (4) 円錐の側面の展開図は，おうぎ形である。

6 答 (1) 正三角錐 (2) 1つ
(3) 二等辺三角形 (4) 円
(5) おうぎ形

44 直線と平面① P.90-91

1 答 (1) $\ell /\!/ Y$ (2) $m \perp Y$

2 答 (1) $m \perp X$ (2) $n \perp \ell$
(3) $n /\!/ Y$ (4) いえない

> **考え方**
> (4) 下の図のように，直線n，kがねじれの位置になることがあるから，$k /\!/ n$とはいえない。

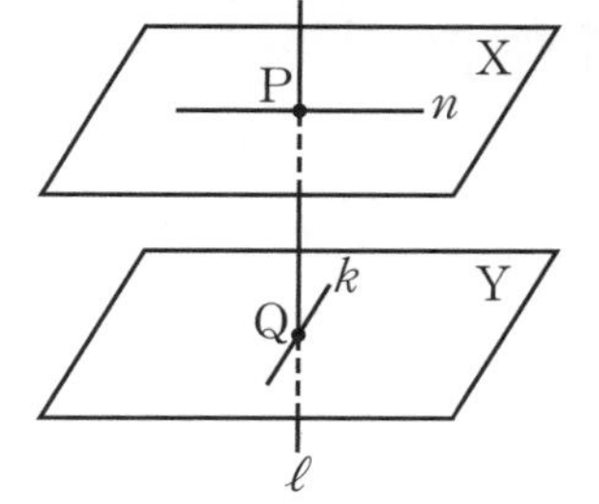

3 答 (1) $n /\!/ X$ (2) $\ell \perp m$
(3) $n /\!/ k$ (4) $Z /\!/ X$
(5) いえる

> **考え方**
> (1) $\ell \perp X$，$\ell \perp n$であるから，直線nと平面Xは平行になる。

4 答 (1) いえる (2) いえる
(3) いえる (4) いえない
(5) $n \perp k$ (6) いえる

> **考え方**
> (4) 平面Z上にある直線nに平行な直線は，直線ℓとも平行になる。

45 直線と平面② P.92-93

1 答 (1) ① ある ② ある
③ ある ④ ない ⑤ ない
⑥ ある ⑦ ある
(2) ① 平行である ② 交わる
③ 平行である
④ ねじれの位置にある
⑤ ねじれの位置にある
⑥ 平行である ⑦ 交わる

2 答 (1) 直線AD，BE，AC，BC
(2) 直線DE (3) 直線DF，EF，CF

> **考え方**
> (1) 頂点A，Bを通る直線である。
> (3) 直線ABと交わらず，平行でない直線をさがす。

3 答 (1) 直線EF，GH，FG，EH
(2) 直線AB，EF，AE，BF
(3) 直線AD，BC，FG，EH
(4) 直線AB，CD，EF，GH

4 答 (1) 平面EFGH (2) 平面DHGC
(3) 平面AEHD
(4) 直線CD，CG，GH，DH
(5) 直線EF，FG，GH，EH
(6) 直線AD，BC，FG，EH
(7) 直線AE，BF，CG，DH
(8) 直線BC

46 直線と平面③ P.94-95

1 答 (1) 辺CD，GH，FE
(2) 辺AE，BF，AD，BC
(3) 辺CG，DH，EH，FG
(4) 辺CD，GH，CG，DH
(5) 面DCGH
(6) 辺AE，BF，CG，DH
(7) 辺AB，CD，GH，EF

2 答 (1) 辺BE，DE，EF
(2) 辺AD　(3) 辺AD，BE，CF
(4) 面DEF　(5) 辺BC，EF

3 答 (1) 4 cm　(2) 3 cm
(3) 3 cm　(4) 3 cm　(5) 3 cm
(6) 6 cm　(7) 直線FG
(8) 直線BF

考え方
(1) 直線ABの長さになる。
(2) 直線BF(＝AE) の長さになる。
(6) 直線ADの長さになる。

4 答 (1) 辺AF，EJ，DI
(2) 面ABCDE，FGHIJ
(3) 面ABCDEと面FGHIJ
(4) 面FGHIJ
(5) 辺BG，AF，EJ，DI
(6) 辺AB，AE，DE，FG，FJ，IJ
(7) 7つ

考え方
(7) 辺AF，EJ，DI，FG，FJ，IJ，HIの7つになる。辺AE，EDは同一平面上にあるので，ねじれの位置にはない。

47 直線と平面④ P.96-97

1 答 (1) 辺OD，OC，BC，AD
(2) 辺CD　(3) 辺OD，OC
(4) 辺AD，CD
(5) 辺OA，OB，AB

2 答 (1) 点H　(2) 辺AE，CG
(3) 辺BF，DH　(4) 直線FH

3 答 (1) いえない　(2) いえる

考え方
(1) 直方体の図で考えるとわかりやすい。例えば，右の図で，直線ℓを辺CG，平面Xを面ABFE，平面Yを面AEHDと考えると，面ABFEと面AEHDはともに辺CGに平行であるが，面ABFEと面AEHDは交わっているので，平行ではない。

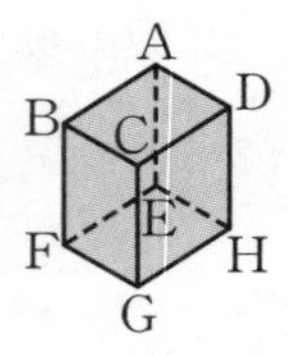

4 答 (1) 面㋔　(2) 辺ED
(3) 面㋐と面㋔
(4) 垂直である(AB⊥GD)
(5) ねじれの位置にある

考え方
展開図を組み立てて考えるとわかりやすい。

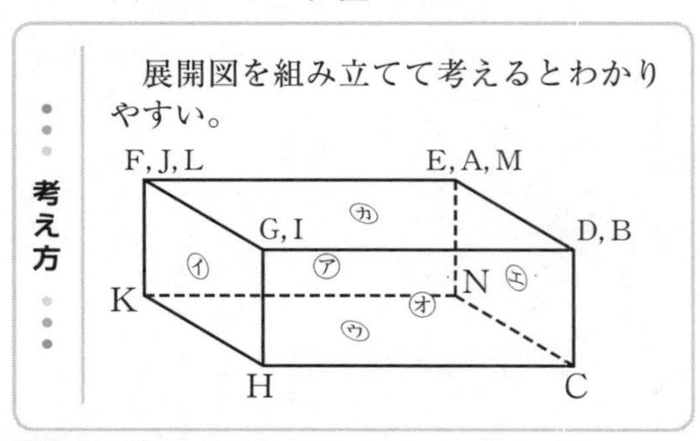

5 答 (1) 面㋐と面㋒　(2) 点J
(3) 面㋓　(4) 辺ED
(5) 辺BC(CD)，IH(GH)
(6) 辺CH　(7) 面㋔

考え方
展開図を組み立てて考えるとわかりやすい。

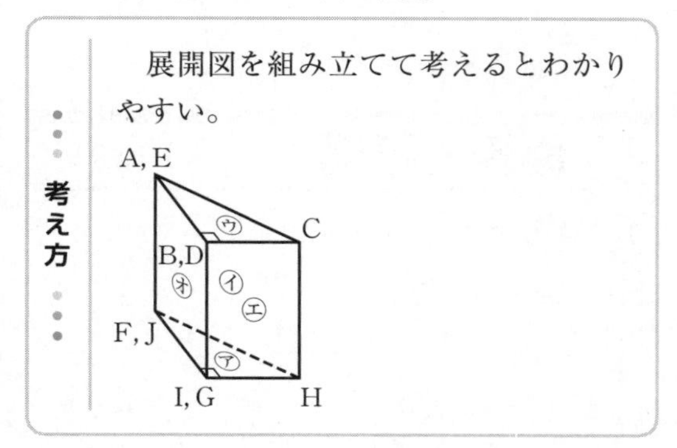

48 直線と平面⑤ P.98-99

1 答 (1) 面EDJK　(2) 4組
(3) 辺GH，ED，KJ　(4) 8つ
(5) 6つ

考え方
(4) 辺FL，EK，DJ，CI，HI，IJ，KL，LGの8つある。
(5) 辺AG，BH，CI，DJ，EK，FLの6つある。

2 答 (1) 面㋔　(2) 辺ED
(3) 面㋒，㋕
(4) ねじれの位置にある。
(5) 下の図の対角線FJ

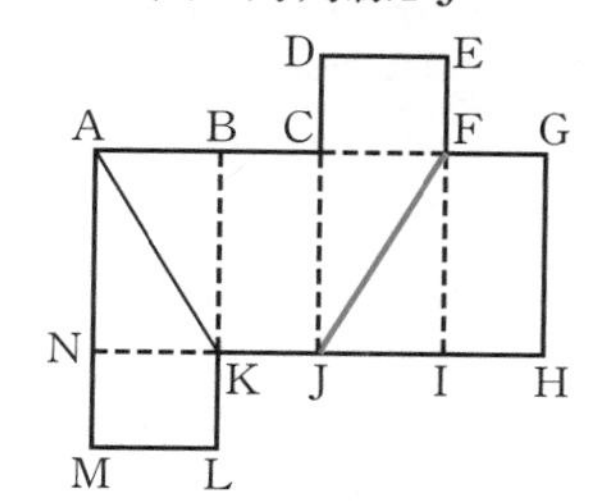

3 答 (1) $\ell /\!/ Y$　(2) $m \perp X$
(3) $\ell \perp Y$　(4) $\ell /\!/ m$

4 答 (番号に○をつけるもの)
②，④

5 答 (1) 面㋑，㋕
(2) 面㋐と面㋓　(3) 面㋕
(4) 面㋒，㋔

49 回転体① P.100-101

1 答 (1) 5，3，長方形
(2) 5，正方形　(3) 5，円
(4) 10，5，直方体(正四角柱)，立方体
(5) 5，5，円柱　(6) 三角柱

2 答 (1) 3，5，円柱
(2) 3，4，円錐

3 答 (1) イ　(2) オ　(3) ア
(4) ウ　(5) エ

4 答 円錐，円柱，球

50 回転体② P.102-103

1 答 (1) イ　(2) エ　(3) オ
(4) ア

2 答 (1) 90°　(2) 30°　(3) 90°

3 答 (1) 60°
(2) 面ABC//面A′B′C′
(3) 面ABC，面A′B′C′

4 答 (1) ⊥　(2) 45°
(3) 正三角形　(4) いえる
(5) 面BFC

考え方
(4) CB＝CD＝CF だから，△BDF は正三角形である。

51 投影図 P.104-105

1 答 (1)　(2)

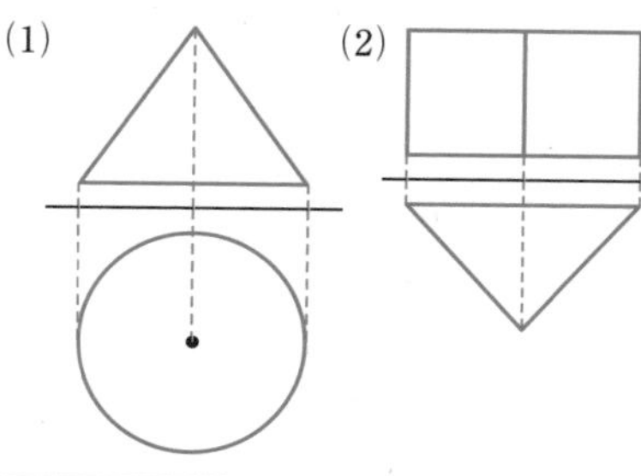

(3)　(4)

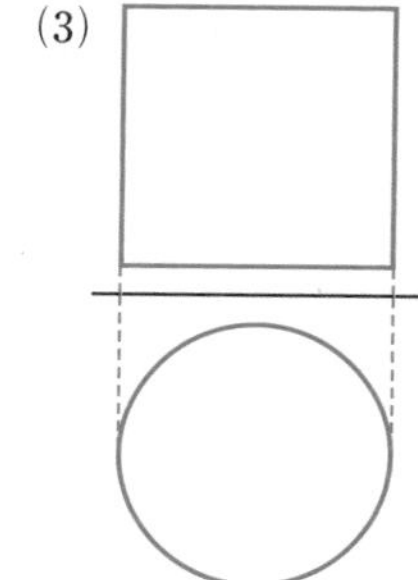

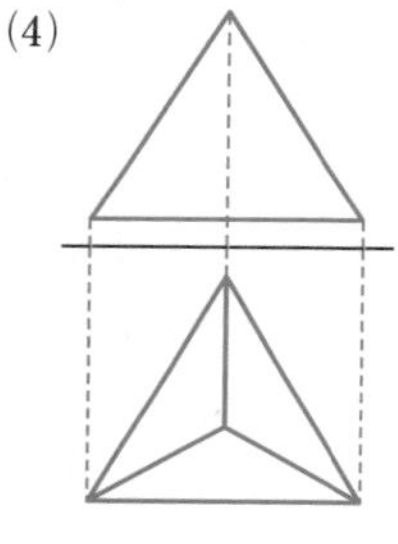

(5)

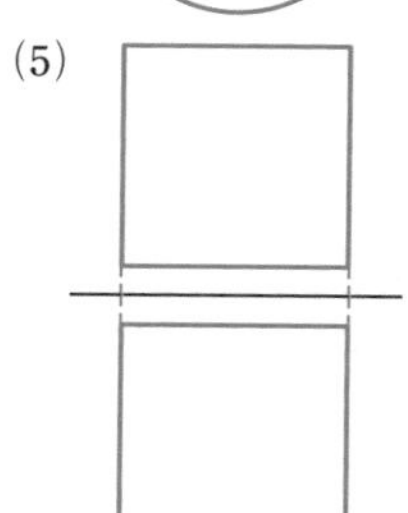

2 答 (1)　(2)

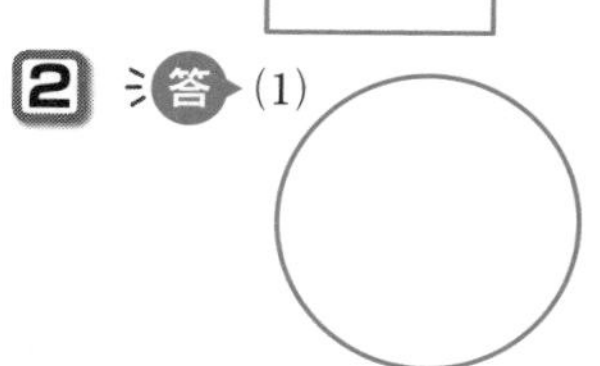

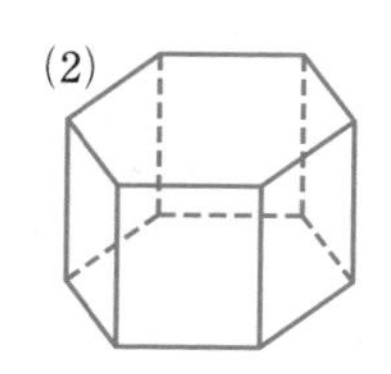

球　(正)六角柱

(3)　(4)

(正)四角柱(直方体)　円錐台

(5)

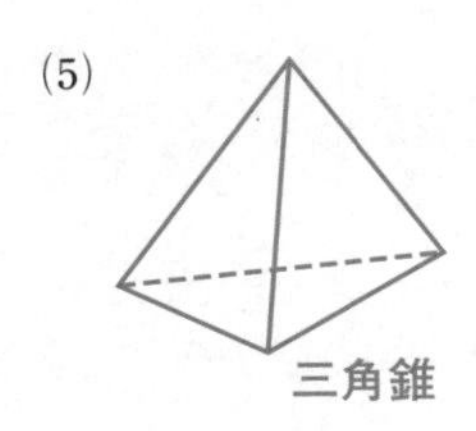

三角錐

52 角柱・円柱の表面積 P.106-107

1 答 (1) $60\,cm^2$　(2) $9\,cm^2$
(3) $78\,cm^2$

考え方
(1) $5\times(3\times4)=60(cm^2)$
(3) (表面積)
$=$(側面積)$+$(底面積)$\times2$
よって，$60+9\times2=78(cm^2)$

2 答 (1) $160\,cm^2$　(2) $96\,cm^2$

考え方
(1) $8\times(4\times4)+4\times4\times2=160(cm^2)$

(2) $7\times(3+4+5)+\left(\frac{1}{2}\times3\times4\right)\times2$
$=96(cm^2)$

3 答 (1) $10\pi\,cm$　(2) $100\pi\,cm^2$
(3) $25\pi\,cm^2$　(4) $150\pi\,cm^2$

考え方
(1) 辺ABの長さは，底面の円周の長さに等しい。
よって，$2\pi\times5=10\pi(cm)$
(2) $10\times10\pi=100\pi(cm^2)$
(3) $\pi\times5^2=25\pi(cm^2)$
(4) $100\pi+25\pi\times2=150\pi(cm^2)$

4 答 (1) $128\pi\,cm^2$　(2) $32\pi\,cm^2$

考え方
(1) (表面積)
$=$(側面積)$+$(底面積)$\times2$
$=12\times(2\pi\times4)+(\pi\times4^2)\times2$
$=128\pi(cm^2)$
(2) $6\times(2\pi\times2)+(\pi\times2^2)\times2$
$=32\pi(cm^2)$

53 角錐の表面積 P.108-109

1 答 (1) 二等辺三角形　(2) $25cm^2$
(3) $100\,cm^2$　(4) $25\,cm^2$
(5) $125\,cm^2$

2 答 (1) 正四角錐　(2) $64\,cm^2$
(3) $16\,cm^2$　(4) $80\,cm^2$

3 答 (1) $400\,cm^2$　(2) $189\,cm^2$

考え方
(1) (表面積)$=$(側面積)$+$(底面積)
$=\left(\frac{1}{2}\times10\times15\right)\times4+10\times10$
$=400(cm^2)$
(2) $\left(\frac{1}{2}\times7\times10\right)\times4+7\times7=189(cm^2)$

4 答 (1) $96\,cm^2$　(2) $132\,cm^2$
(3) $81\,cm^2$　(4) $105\,cm^2$

考え方
(表面積)$=$(側面積)$+$(底面積)で求める。
(1) $\left(\frac{1}{2}\times4\times10\right)\times4+4\times4=96(cm^2)$
(2) $\left(\frac{1}{2}\times6\times8\right)\times4+6\times6=132(cm^2)$
(3) $\left(\frac{1}{2}\times3\times12\right)\times4+3\times3=81(cm^2)$
(4) $\left(\frac{1}{2}\times5\times8\right)\times4+5\times5=105(cm^2)$

54 円錐の表面積 P.110-111

1 答 (1) $6\pi\,cm$　(2) $27\pi\,cm^2$
(3) $2\pi x=6\pi$　(4) $x=3$
(5) $9\pi\,cm^2$　(6) $36\pi\,cm^2$

考え方

(1) 中心角$a°$，半径rのおうぎ形の弧の長さは，$2\pi r \times \frac{a}{360}$で求められる。

$2\pi \times 9 \times \frac{120}{360} = 6\pi$ (cm)

(2) （おうぎ形の面積）$= \pi r^2 \times \frac{a}{360}$で求められる。

$\pi \times 9^2 \times \frac{120}{360} = 27\pi$ (cm²)

(5) $\pi \times 3^2 = 9\pi$ (cm²)

(6) (表面積)＝(側面積)＋(底面積)

$= 27\pi + 9\pi = 36\pi$ (cm²)

  (1) 10π cm　(2) $\frac{\pi a}{15}$ cm

(3) $a = 150$　(4) 60π cm²

(5) 85π cm²

考え方

(1) $2\pi \times 5 = 10\pi$ (cm)

(2) $2\pi \times 12 \times \frac{a}{360} = \frac{\pi a}{15}$ (cm)

(3) (1)，(2)より，$10\pi = \frac{\pi a}{15}$

$a = 150$

(4) $\pi \times 12^2 \times \frac{150}{360} = 60\pi$ (cm²)

(5) (表面積)＝(側面積)＋(底面積)

$= 60\pi + 25\pi = 85\pi$ (cm²)

  (1) 2 cm　(2) 12π cm²

考え方

(1) おうぎ形の弧の長さは，

$2\pi \times 4 \times \frac{1}{2} = 4\pi$ (cm)

底面の半径をr cmとすると，円周の長さは$2\pi r$と表される。

底面の円周の長さは，おうぎ形の弧の長さに等しいから，$4\pi = 2\pi r$

したがって，$r = 2$

(2) 側面積は，

$\pi \times 4^2 \times \frac{1}{2} = 8\pi$ (cm²)

底面積は，$\pi \times 2^2 = 4\pi$ (cm²)

よって，表面積は，

$8\pi + 4\pi = 12\pi$ (cm²)

55 角柱・円柱の体積 P.112-113

1 答 (1) 15 cm²　(2) 150 cm³

考え方

(1) $\frac{1}{2} \times 6 \times 5 = 15$ (cm²)

(2) $15 \times 10 = 150$ (cm³)

2 答 (1) 16 cm²　(2) 112 cm³

考え方

(1) $4 \times 4 = 16$ (cm²)

(2) $16 \times 7 = 112$ (cm³)

3 答 (1) 288 cm³　(2) 288 cm³

考え方

(1) $\frac{1}{2} \times 8 \times 6 \times 12 = 288$ (cm³)

(2) $6 \times 6 \times 8 = 288$ (cm³)

4 答 (1) 25π cm²　(2) 250π cm³

考え方

(1) $\pi \times 5^2 = 25\pi$ (cm²)

(2) $25\pi \times 10 = 250\pi$ (cm³)

5 答 (1) 80π cm³　(2) 175π cm³

考え方

(1) $\pi \times 4^2 \times 5 = 80\pi$ (cm³)

(2) 底面の半径は，$10 \div 2 = 5$ (cm) だから，

$\pi \times 5^2 \times 7 = 175\pi$ (cm³)

6 答 (1) 300 cm³　(2) 240π cm³

考え方

(1) 底面が台形の四角柱の体積は，

$\frac{1}{2} \times (5+7) \times 5 \times 10 = 300$ (cm³)

(2) 底面の半径は，$8 \div 2 = 4$ (cm) だから，

$\pi \times 4^2 \times 15 = 240\pi$ (cm³)

56 角錐・円錐の体積 P.114-115

1  (1) 25 cm²　(2) 75 cm³

考え方

(1) $5 \times 5 = 25$ (cm²)

(2) $\frac{1}{3} \times 25 \times 9 = 75$ (cm³)

2 答 (1) 40 cm³　(2) 500 cm³

考え方
(1) $\frac{1}{3}\times20\times6=40(\text{cm}^3)$
(2) $\frac{1}{3}\times10\times10\times15=500(\text{cm}^3)$

3 答 (1) **120cm^3**　(2) **12cm**

考え方
(1) $\frac{1}{3}\times6\times6\times10=120(\text{cm}^3)$
(2) 高さを$x$cmとすると，
$\frac{1}{3}\times10\times10\times x=400$
$100x=1200$　$x=12$

4 答 (1) **$36\pi\,\text{cm}^2$**　(2) **$180\pi\,\text{cm}^3$**

考え方
(1) $\pi\times6^2=36\pi(\text{cm}^2)$
(2) $\frac{1}{3}\times36\pi\times15=180\pi(\text{cm}^3)$

5 答 (1) **$30\pi\,\text{cm}^3$**　(2) **$32\pi\,\text{cm}^3$**

考え方
(1) $\frac{1}{3}\pi\times3^2\times10=30\pi(\text{cm}^3)$
(2) 底面の半径は，
$8\div2=4(\text{cm})$ だから，
$\frac{1}{3}\pi\times4^2\times6=32\pi(\text{cm}^3)$

6 答 (1) **$144\pi\,\text{cm}^3$**　(2) **21cm**

考え方
(1) $\frac{1}{3}\times\pi\times6^2\times12=144\pi(\text{cm}^3)$
(2) この円錐の高さを$x$cmとすると，
$\frac{1}{3}\pi\times7^2\times x=343\pi$
$\frac{49}{3}\pi x=343\pi$　$x=21$

 球の表面積と体積 P.116-117

1 答 (1) **$100\pi\,\text{cm}^2$**　(2) **$400\pi\,\text{cm}^2$**

考え方
(1) $4\pi\times5^2=100\pi(\text{cm}^2)$
(2) $4\pi\times10^2=400\pi(\text{cm}^2)$

2 答 (1) **$36\pi\,\text{cm}^3$**　(2) **$288\pi\,\text{cm}^3$**

考え方
(1) 半径がrの球の体積は$\frac{4}{3}\pi r^3$
だから，半径が3 cmの球の体積は，
$\frac{4}{3}\pi\times3^3=36\pi(\text{cm}^3)$

3 答 (1) **球**　(2) **$36\pi\,\text{cm}^2$**
(3) **$36\pi\,\text{cm}^3$**

4 答 (1) **$\frac{128}{3}\pi\,\text{cm}^3$**　(2) **$48\pi\,\text{cm}^2$**

考え方
(1) 求める体積は，半径が4 cmの球の体積の半分だから，
$\frac{4}{3}\pi\times4^3\times\frac{1}{2}=\frac{128}{3}\pi(\text{cm}^3)$
(2) 半径が4 cmの球の表面積の半分は，$4\pi\times4^2\times\frac{1}{2}=32\pi(\text{cm}^2)$
切り口の円の面積は，
$\pi\times4^2=16\pi(\text{cm}^2)$
よって，この立体の表面積は，
$32\pi+16\pi=48\pi(\text{cm}^2)$

5 答 (1) **$\frac{4}{3}\pi\,\text{cm}^3$**　(2) **$\frac{\pi}{6}$倍**

考え方
(1) 半径が1 cmの球だから，その体積は，$\frac{4}{3}\pi\times1^3=\frac{4}{3}\pi(\text{cm}^3)$
(2) 立方体の体積は，$2^3=8(\text{cm}^3)$
よって，$\frac{4}{3}\pi\div8=\frac{\pi}{6}$(倍)
(立方体の体積の約0.52倍である。)

58 空間図形のまとめ P.118-119

1 答 (1) **184cm^2**　(2) **$192\pi\,\text{cm}^2$**

考え方
(1) $2\times6\times2+6\times10\times2+2\times10\times2$
$=184(\text{cm}^2)$
(2) $10\times2\pi\times6+\pi\times6^2\times2$
$=192\pi(\text{cm}^2)$

2 答 (1) **$16\pi\,\text{cm}^3$**　(2) **$12\pi\,\text{cm}^3$**

考え方
(1) $\frac{1}{3}\pi\times4^2\times3=16\pi(\text{cm}^3)$
(2) $\frac{1}{3}\pi\times3^2\times4=12\pi(\text{cm}^3)$

3 答 (1) **辺EF，辺AB，辺DC**
(2) **4つ**
(3) **面ABCD，面EFGH**

考え方
(2) 辺BF，辺CG，辺EF，辺HGの4つである。

4 答 (1) **108 cm²** (2) **48 cm³**

考え方

(1) (表面積)
$=(側面積)+(底面積)\times2$
$=8\times(3+4+5)+\left(\frac{1}{2}\times3\times4\right)\times2$
$=108(\text{cm}^2)$
この三角柱の展開図は，次の図のようになる。

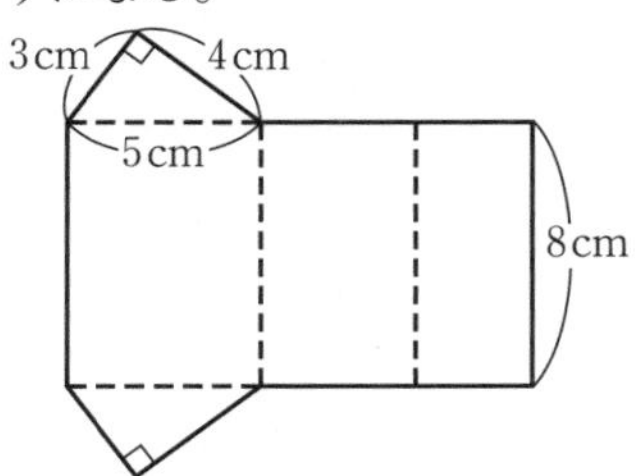

(2) (角柱の体積)
$=(底面積)\times(高さ)$
$=\frac{1}{2}\times4\times3\times8=48(\text{cm}^3)$

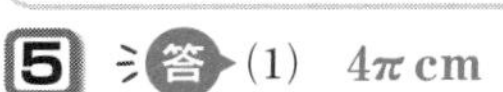

5 答 (1) **4π cm** (2) **2 cm**
(3) **12π cm²** (4) **16π cm²**

考え方

(1) 中心角$a°$，半径rのおうぎ形の弧の長さは，$2\pi r\times\frac{a}{360}$で求められるから，
$2\pi\times6\times\frac{120}{360}=4\pi(\text{cm})$

(2) 底面の半径をr cmとする。
底面の円周の長さとおうぎ形の弧の長さは等しいので，
$2\pi r=4\pi$　　$r=2$

(3) 中心角$a°$，半径rのおうぎ形の面積は$\pi r^2\times\frac{a}{360}$で求められるから，
$\pi\times6^2\times\frac{120}{360}=12\pi(\text{cm}^2)$

(4) (表面積)
$=(側面積)+(底面積)$
$=12\pi+\pi\times2^2=16\pi(\text{cm}^2)$

6 答 (1) **54π cm³** (2) **18π cm³**
(3) **3 : 1**

考え方

(1) $\pi\times3^2\times6=54\pi(\text{cm}^3)$

(2) $\frac{1}{3}\pi\times3^2\times6=18\pi(\text{cm}^3)$

(3) $54\pi:18\pi=3:1$

59 度数分布①

P.120-121

1 答

身　長(cm)	度数(人)
160以上～165未満	4
165　～170	7
170　～175	7
175　～180	3
180　～185	3
合　計	24

2 答 (1) **40人** (2) **10点** (3) **10人**

3 答 (1) **$x=5$** (2) **12人**

(3)

記　録(m)	度数(人)	累計度数(人)
20以上～25未満	2	2
25　～30	3	5
30　～35	7	12
35　～40	5	17
40　～45	8	25
45　～50	4	29
50　～55	1	30
合　計	30	

(4) **12人**

考え方

(1) $2+3+7+x+8+4+1=30$より，
$x=5$

(2) 40m以上50m未満の人数は，40m以上45m未満，45m以上50m未満の2つの階級に入る人数を合わせる。

4 答

得　点(点)	度数(人)
40以上～ 50未満	2
50　～ 60	5
60　～ 70	6
70　～ 80	9
80　～ 90	7
90　～100	3
合　計	32

5 答

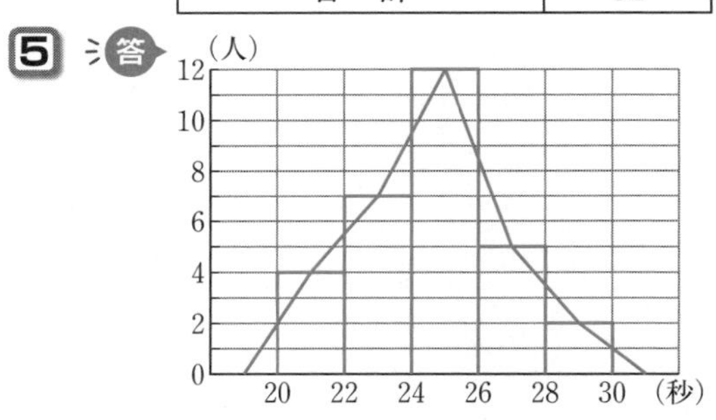

考え方

度数折れ線(度数分布多角形)は，ヒストグラムの１つ１つの長方形の上の辺の中点を順に線分で結び，両端は度数０の階級があるものと考えて，線分を横軸までのばす。

60 度数分布②

P.122-123

1 答 (1)(2)

得　点(点)	度数(人)	相対度数	累積相対度数
40以上～ 50未満	3	0.075	0.075
50　～ 60	9	0.225	0.300
60　～ 70	14	**0.350**	**0.650**
70　～ 80	8	**0.200**	**0.850**
80　～ 90	5	**0.125**	**0.975**
90　～100	1	**0.025**	**1.000**
合　計	40	1.000	

(3) **15%**　(4) **65%**

考え方

(1)(2) 相対度数，累積相対度数は，小数点以下の桁数をそろえて表す。
(3) 80点以上90点未満の階級と90点以上100点未満の階級の相対度数の合計は，0.125＋0.025＝0.150
よって，15%である。
(4) 70点未満の相対度数は，60点以上70点未満の階級の累積相対度数に等しく，0.650であるから，65%である。

2 答 最小値…**10.2℃**
最大値…**25.8℃**
範囲…**15.6℃**

3 答 (1)

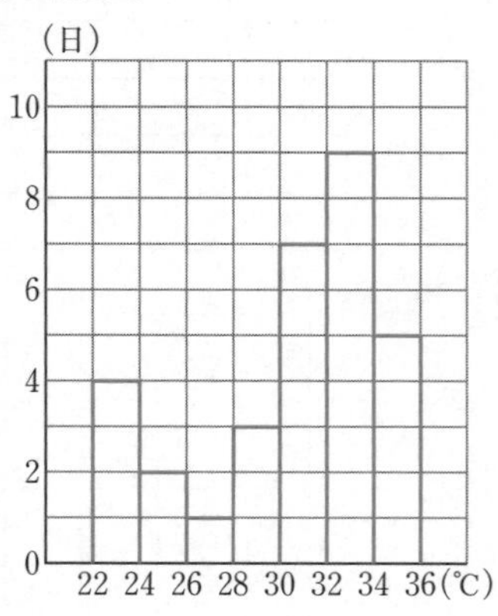

(2)

最高気温(℃)	階級値(℃)	度数(日)	(階級値)×(度数)
22以上～24未満	23	4	92
24　～26	25	2	50
26　～28	27	1	27
28　～30	29	3	87
30　～32	31	7	**217**
32　～34	33	9	**297**
34　～36	35	5	**175**
合　計		31	**945**

(3) **30.5℃**　(4) **33℃**　(5) **最頻値**
(6) **平均値**

考え方

(3) 945÷31＝30.48…(℃)
(4) 32℃以上34℃未満の日数がもっとも多い。その階級値は33℃だから，最頻値は33℃である。
(5) 気温の低い日は雨の日やくもりの日と考えられるので，晴れた日だけを考えるなら平均値ではなく，もっとも日数の多かった最高気温，つまり最頻値を用いるのが望ましい。
(6) 長い期間のデータを比較するときには，最高気温の平均値で比べるのが望ましい。

61 ことがらの起こりやすさ

P.124-125

1 答 (1) A…**0.540**
B…**0.495**
C…**0.505**
D…**0.500**

(2) **0.500**

考え方

(1) 表が出た相対度数

$$=\frac{表が出た回数}{投げた回数}$$

だから，Aは，$\frac{54}{100}=0.540$

B，C，Dも同様にして求める。

2 答 (1) **0.45**　(2) **4500回**

考え方

(1) 表が出る相対度数は，左から順に，0.430，0.455，0.433，0.454，0.452，0.449である。
(2) 10000×0.45＝4500(回)

3 答 (1)　ア…0.24　イ…0.42

(2)　ウ…0.78　エ…1.00

(3)　25分以上30分未満

(4)　25分未満　　(5)　0.78

考え方

(3)　各階級の相対度数が，起こりやすさを表している。相対度数がもっとも大きいのは，25分以上30分未満である。

(4)　25分未満の相対度数は，20分以上25分未満の階級の累積相対度数に等しく0.36，30分以上の相対度数は，0.19＋0.03＝0.22

(5)　30分未満の相対度数は，25分以上30分未満の階級の累積相対度数である0.78であるから，確率は0.78である。

62 データの活用のまとめ P.126-127

1 答 (1)　最小値…0冊　最大値…13冊

範囲…13冊

(2)

冊　数(冊)	度数(人)
0以上～ 3未満	6
3　～ 6	11
6　～ 9	7
9　～12	5
12　～15	1
合　計	30

考え方

(1)　(範囲)＝(最大値)－(最小値)

2 答 (1)　ア…0.175　イ…0.165

ウ…0.167

(2)　0.167

(3)　835回

考え方

(3)　5000×0.167＝835(回)

3 答 (1)

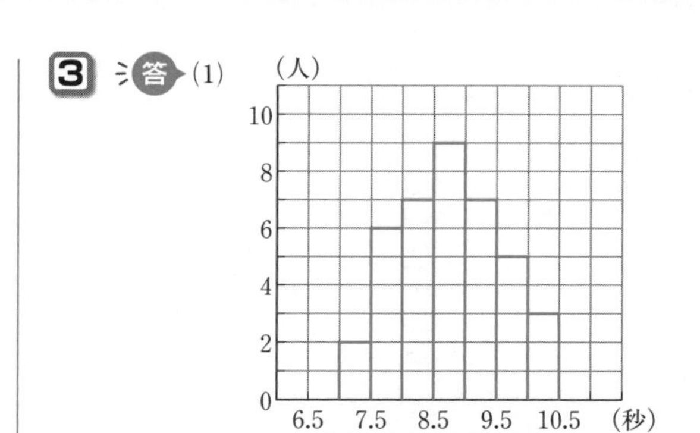

(2)　B組　　　　(3)　A組

(4)　7.5秒以上8.0秒未満の階級

(5)　A組

考え方

(2)　分布の範囲は，A組が6.5秒以上11.0秒未満，B組が7.0秒以上10.5秒未満だから，A組よりB組の方が散らばりぐあいが小さいといえる。

(3)　A組の相対度数は，

8÷34＝0.235……

B組の相対度数は，

9÷39＝0.230……

だから，B組よりA組の方が大きい。

(4)　6.5秒以上7.0秒未満の生徒が0人，7.0秒以上7.5秒未満の生徒が2人いるから，速い方から5番目の生徒は7.5秒以上8.0秒未満の階級に入っている。

(5)　それぞれの階級の人のタイムを，その中間のタイム（階級値という。たとえば，6.5秒以上7.0秒未満は6.75秒）として考えると，

A組の合計タイムは，

6.75＋7.25×3＝28.5(秒)

B組の合計タイムは，

7.25×2＋7.75×2＝30.0(秒)

よって，A組の方が速いと予想される。

③　図形と対称

(1)　線対称な図形…１つの直線 ℓ を折り目として２つに折ると重なる図形

(2)　点対象な図形…１つの点Oを中心として180°回すと重なる図形

(1)
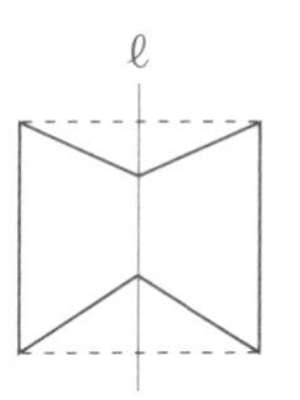

(2)
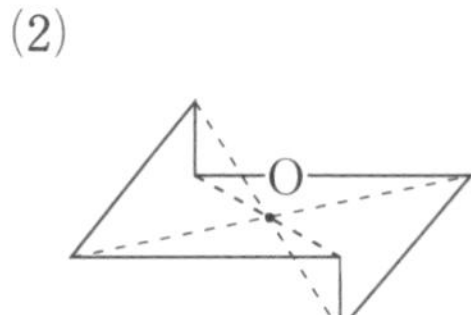

空間図形

①　空間内の２直線の位置関係

(1)　交わる ⎫
(2)　平行 ⎭ …………同一平面上にある

(3)　ねじれの位置……同一平面上にない

(1)

(2)
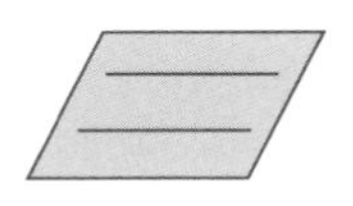
(3)
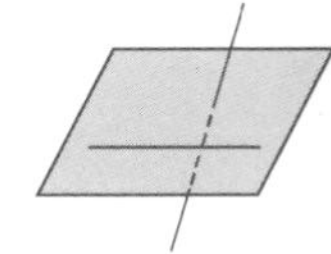

②　直線と平面の位置関係

(1)　直線が平面にふくまれる

(2)　交わる（このうち，直線が，交点を通る平面上のすべての直線と垂直であるとき，この直線と平面は垂直である。）

(3)　平行

(1)
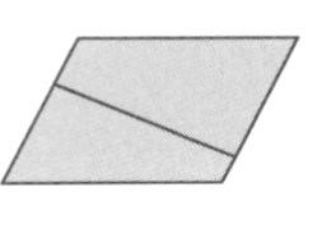
(2)
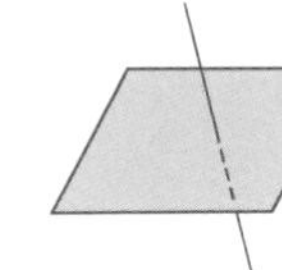
(3)
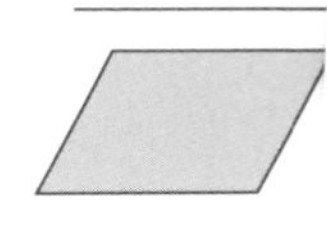

③　２平面の位置関係

(1)　平行

(2)　交わる

(1)
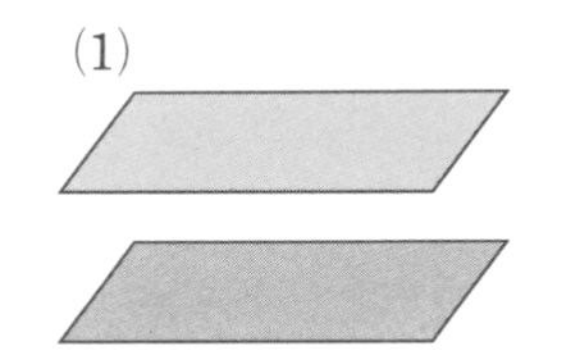
(2)
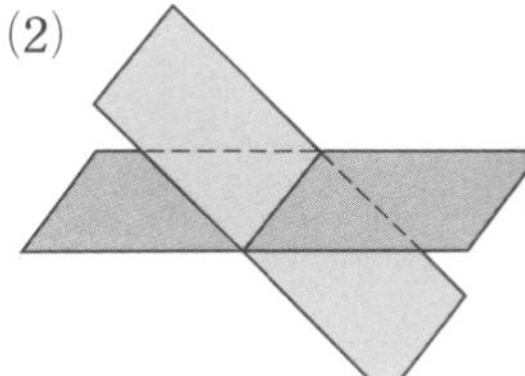

④　立体の体積・表面積

(1)　角柱の体積　$V=Sh$

円柱の体積　$V=\pi r^2 h$

(2)　角すいの体積 $V=\dfrac{1}{3}Sh$

円すいの体積 $V=\dfrac{1}{3}\pi r^2 h$

(1)
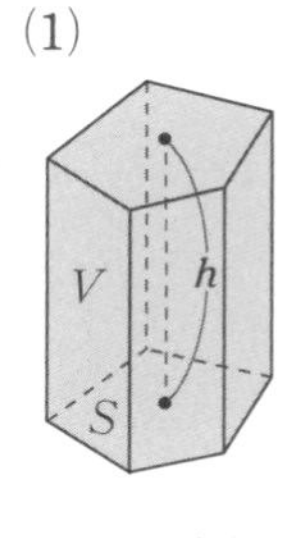

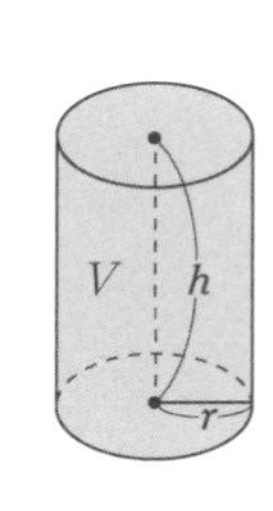

(2)
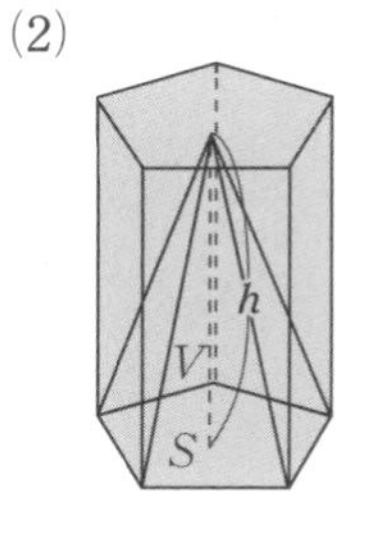

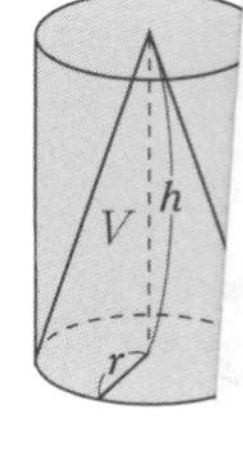

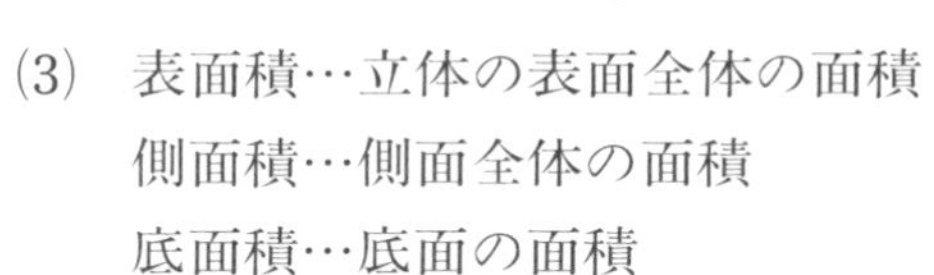

(3)　表面積…立体の表面全体の面積

側面積…側面全体の面積

底面積…底面の面積

(4)　おうぎ形の弧の長さと面積

半径を r，中心角を a°とすると，

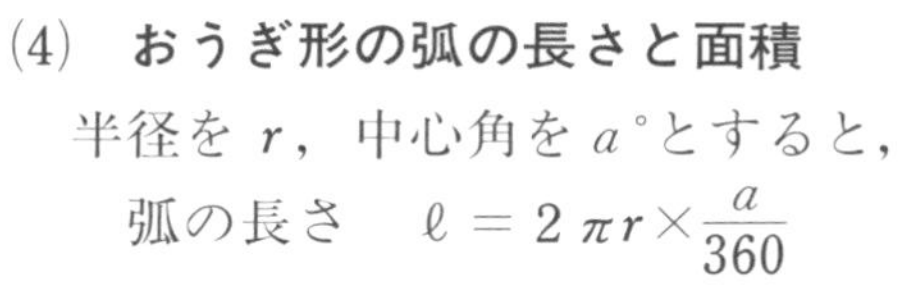

弧の長さ　$\ell=2\pi r\times\dfrac{a}{360}$

面積　$S=\pi r^2\times\dfrac{a}{360}$

(3)　(4)
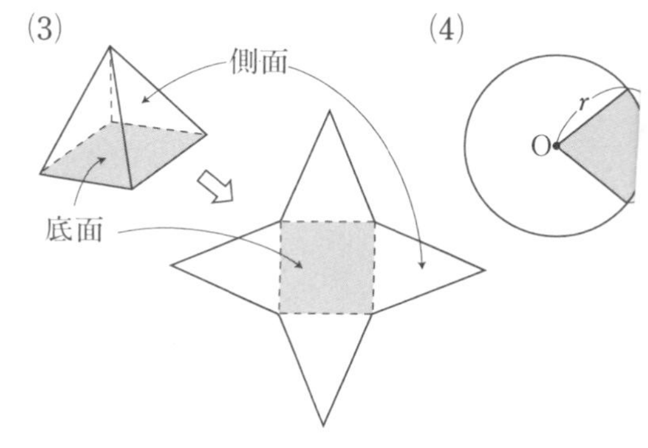